国家科技支撑计划项目（2015BAL01B04）
Projects in the National Science & Technology Pillar Program（2015BAL01B04）
陕西省自然科学基础研究计划项目（2018JM5109）
Natural Science Basic Research Plan in Shaanxi Province（2018JM5109）
西北大学“双一流”建设项目资助
Sponsored by First-class Universities and Academic Programs of Northwest University

美丽乡村建设规划丛书

乡村振兴战略下的村庄规划研究

李建伟　著

科学出版社
北京

内 容 简 介

本书着眼于解决城乡转型发展进程中乡村地域系统面临的现实困境，以村庄规划为研究对象，围绕“多规合一”的实用性村庄规划编制体系及其主要内容展开研究。本书提出了乡村振兴战略背景下村庄规划的编制体系和编制内容，以及产业发展规划、土地利用规划、人居环境建设规划、历史文化遗产保护规划、生态环境保护规划和管理信息平台建设等的相关理论与方法，为实现乡村振兴和村庄发展建设提供参考。

本书可供城乡规划、人文地理等领域，特别是乡村发展、乡村振兴等领域的科研人员、高校师生，以及从事乡村规划与管理的专业人员参考。

图书在版编目(CIP)数据

乡村振兴战略下的村庄规划研究／李建伟著. —北京：科学出版社，2019. 12

（美丽乡村建设规划丛书）

ISBN 978-7-03-064100-7

Ⅰ. ①乡… Ⅱ. ①李… Ⅲ. ①乡村规划-研究-中国 Ⅳ. ①TU982. 29

中国版本图书馆 CIP 数据核字（2019）第 299900 号

责任编辑：刘　超／责任校对：樊雅琼
责任印制：吴兆东／封面设计：无极书装

科 学 出 版 社 出版
北京东黄城根北街 16 号
邮政编码：100717
http://www.sciencep.com

北京建宏印刷有限公司印刷
科学出版社发行　各地新华书店经销

*

2019 年 12 月第　一　版　开本：720×1000　1/16
2025 年 1 月第四次印刷　印张：18 1/2
字数：373 000

定价：208. 00 元

（如有印装质量问题，我社负责调换）

总　　序

改革开放以来，我国社会主义现代化建设取得了举世瞩目的成就，经济高速发展，人民生活水平不断提高，但从全局看，区域之间发展的不协调、不充分问题仍然十分明显，突出地反映在“三农”问题上。针对长期存在的城乡发展不平衡的基本国情，党和政府十分重视“三农”问题，坚持把解决“三农”问题作为全党工作的重中之重，坚持农业农村优先发展。自2004年以来，中央一号文件连续16年聚焦于“三农”工作，充分体现了党中央对解决“三农”问题的高度重视和强大决心。实施乡村振兴战略，是党的十九大做出的重大决策部署，是新时代做好“三农”工作的总抓手，也是社会主义新农村建设、美丽乡村建设工作的延续和深化，对系统解决我国城乡发展不平衡、不充分等重大问题，有效缩小城乡差距，全面推进脱贫攻坚具有十分重大而深远的意义。解决好广大农民群众日益增长的对美好生活的向往和需求与农业发展、乡村人居环境改善、农村基本公共服务供给的不平衡、不充分之间的矛盾，成为当前乡村振兴战略的重要任务。

伴随着我国社会经济的快速发展，农村人口规模、社会结构、生产生活方式等都发生了显著变化，“三农”问题和城乡差距的表现也随之演变。这些演变，进一步影响着“三农”问题的解决路径和难度，也进一步呈现出城乡二元结构的新特点。解决“三农”问题，实现城乡融合发展蓝图，必须深入调查研究，开拓新的更广阔的思路。

在我国，中心城市和城市带（群）是发展要素的主要载体。从城市空间形态上看，城市大体可分城市市区和城市郊区。城市郊区具有城乡结合部某些特征，近些年来的发展，由于其极具过渡性和动态性，而呈现出美丽多彩的变化，为城乡区域规划者、建设者和管理者提供了巨大的丰富的研究和实践平台。我国幅员辽阔，地理环境差异显著，不同区域、不同类型的乡村发展条件差距明显，如何按照“产业兴旺、生态宜居、乡风文明、治理有效、生活富裕”的乡村振兴战略总要求，因地制宜地推进农业和农村现代化目标的实现，既需要我们加大投入并不懈努力推动乡村地区发展建设，更需要针对不同区域、不同发展条件和不同类型的乡村开展深入实际的调查研究和试验示范，从而为乡村振兴战略的实施提供因地制宜的经验参考乃至理论方法的指导。

《美丽乡村建设规划》丛书是西北大学杨海娟团队承担的国家科技支撑计划项目——产业延伸类城郊型美丽乡村建设综合技术集成与示范课（2015BAL01B04）的部分研究成果。该成果是研究团队在对西安市郊区多个村庄资源环境、经济社会发展、土地利用、村庄建设与人居环境整治状况的系列调研和在陕西省富平县梅家坪镇岔口村的试验示范基础上完成的，涵盖城郊型美丽乡村发展、村庄规划和乡村人居环境整治等三个方面。其中，《城郊型美丽乡村发展研究》从乡村人口构成、资源利用与产业发展、居民收入构成、村庄空间结构演变、村容村貌及建设状况评价、村民福祉评价、村庄发展转型等方面对城郊型乡村发展转型作了较为系统的研究，是课题调研成果的综合分析和试验示范工作的理论总结；《乡村振兴战略下村庄规划研究》从村庄规划编制体系、产业发展规划、土地利用规划、人居环境建设规划、历史文化遗产保护规划、生态环境保护规划、信息平台建设等多个方面对“多规合一”的实用性村庄规划进行了系统阐释，是乡村规划研究与实践工作的理论与方法总结；《城郊型美丽乡村人居环境整治规划研究》在分析城郊型乡村人居环境存在的主要问题和形成原因的基础上，对该类型乡村人居环境整治的重点内容和规划模式进行了研究，是课题城郊型乡村人居环境整治规划实践研究成果。相信该系列丛书的出版对西安市城郊及类似区域乡村经济社会发展、“多规合一”的实用性村庄规划编制和村庄人居环境的整治提升具有很好的参考价值。

新时期，按照新的发展理念，加强不同类型区域的乡村经济社会发展、资源和空间保护利用与村庄建设规划、人居环境改善提升规划设计研究，为乡村振兴战略的扎实推进提供科学可靠的决策信息和实用可行的解决方案，具有十分重要的现实意义。希望本丛书作者杨海娟、李建伟、吴欣、崔鹏、刘林等几位年轻学人，发扬西北大学“公诚勤朴”的精神，保持求真务实、科学严谨和理论联系实际的优良学风，取得更好更多的研究成果，为“三农”问题研究和乡村振兴发展贡献力量。匆匆数语，是为之序。

陈宗兴

2019年10月

前　言

村庄是以农业为主要经济活动的空间聚落，也是乡村聚居社会的载体和农村居民发展的平台。我国是一个传统农业国家，村庄在我国历史发展的长河中具有重要的历史地位，是我国社会文明的发源地。目前，我国仍有将近一半的人口生活在农村，对村庄规划进行深入研究有利于实现全面建成小康社会的目标和促进社会和谐发展。改革开放40余年以来，受城镇化的影响，村庄封闭的经济结构被打破，生产生活方式不断变革，社会网络不断解构。在这个过程中，村庄出现了一系列问题，如土地利用效率低、空心化、设施配置水平低、环境污染严重、城乡收入差距不断扩大等。党和国家高度关注“三农”问题，出台了一系列旨在促进农村发展的政策和文件。社会主义新农村建设、美丽乡村建设的全面推进极大地推动了我国农村各项事业的发展，特别是党的十九大提出实施乡村振兴战略，更是将乡村发展建设提升到了一个新的高度。

近年来，围绕美丽乡村建设和村庄规划设计，我们团队先后主持了国家科技支撑计划项目“产业延伸升级类型城郊美丽乡村建设综合技术集成与示范”（2015BAL01B04）、陕西省自然科学基础研究计划项目“城郊乡村空间转型演化特征、机理与调控模式研究”（2018JM5109）、陕西省地方标准《美丽乡村污水处理及管理规范》（SDBXM 85—2017）、《陕西省传统村落保护规范》（SDBXM 86—2017）、《美丽乡村风貌整治规范》（SDBXM 87—2017）、《美丽乡村公共服务建设与管理规范》（SDBXM 88—2017）编制等，并承担了西安市住房和城乡建设局《西安市美丽乡村建设技术导则》和铜川市耀州区城乡统筹发展办公室《铜川市耀州区美丽乡村规划建设管理技术导则》的编制工作，参与了2017～2019年西安市“美丽县城、美丽镇街、美丽乡村”建设第三方评估工作。同时还进行了多个村庄的规划编制实践工作。本书以村庄规划为研究对象，按照“多规合一”实用性村庄规划编制体系的要求，基于近年来的研究成果和实践经验，探究村庄规划编制体系，并就村庄规划中的产业发展规划、土地利用规划、人居环境建设规划、历史文化遗产保护规划、生态环境保护规划和管理信息平台建设等内容进行深入的系统探讨。

本书形成的主要结论包括以下几部分：①基于法理基础和行政管理视角，提出“多规合一”实用性村庄规划编制体系，包括发展战略、产业发展、土地利用、支撑体系、人居环境整治和近期建设六方面内容。②按照培育壮大农村集体经济，促进第一、第二、第三产业融合发展的策略，结合陕西省村庄的立地条件，将村庄划分为城郊集约型、现代农业型、休闲旅游型、路域经济型和文化传承型五种模式。③在对村级土地分类研究的基础上，提出按照用地适宜性评价—村庄发展规模预测—“两规”差异对比分析—管控边界划定的基本步骤进行村庄空间管控边界划定的方案。④人居环境建设以环境卫生整治、设施配套完善、建筑特色塑造及绿色家园营建为重点，并提出相应的规划设计方法。⑤按照村庄评估—明确对象—制定策略的思路，将村庄历史文化遗产保护分为自然生态空间保护、人工物质空间保护和精神文化空间保护三部分，并提出相应的保护策略。⑥针对农村生态环境污染、生态资源破坏和生态景观异化等问题，坚持以人为本、因地制宜、科学修复和积极营建的原则，将保护与修复要求融为一体，从山体、水体、农田和棕地四个要素开展农村生态环境保护与修复规划。⑦依托 GIS 数据处理、空间分析及可视化表达功能，“多规合一”的实用性村庄规划及建设管理信息平台总体架构包括基础设施层、数据资源层、平台服务层和应用系统层四个方面。

本书内容共分 10 章，提纲由李建伟提出，前言、第 1 章、第 2 章（2.1～2.3 节）、第 4 章、第 6 章、第 10 章由李建伟执笔；第 2 章（2.4～2.6 节），第 5 章（5.3 节），第 8 章（8.1～8.4.1 节，8.5 节）由李金刚、李建伟执笔；第 3 章由李建伟、张书魁、李金刚执笔；第 5 章（5.1 节，5.2 节，5.4 节，5.5 节）由杨海娟、李梦、李建伟、雷敏、李金刚执笔；第 7 章、第 8 章（8.4.2 节）由王月英、李建伟执笔；第 9 章由程永辉、刘科伟、李建伟、杨海娟执笔。书稿最后由李建伟、李金刚进行统稿，刘林、李贵芳、孙圣举、郑拓、赵睿、高莉、刘傲然、邵震等对书中插图和图表进行绘制，并进行了部分资料整理和文字校对。对各位同仁和研究生的辛勤工作在此表示深切的谢意！村庄规划的研究涉及城乡规划学、乡村地理学、经济学和管理学等众多交叉学科，研究范围十分广泛，理论和方法处于不断发展和完善之中。由于笔者的水平有限，难免会有不足之处，敬请大家批评赐教。

李建伟

2019 年 12 月

目　录

总序
前言
第 1 章　绪论 …… 1
1.1　研究背景 …… 1
1.2　研究意义 …… 2
1.3　概念解析 …… 4
1.4　研究方法 …… 8
1.5　研究内容与框架 …… 9
参考文献 …… 11
第 2 章　国内外研究进展 …… 12
2.1　村庄规划的编制体系 …… 13
2.2　产业发展与功能转型 …… 15
2.3　土地利用演化及重构 …… 17
2.4　人居环境评价及营建 …… 19
2.5　生态环境保护的建构 …… 21
2.6　研究述评 …… 23
参考文献 …… 23
第 3 章　规划编制体系 …… 31
3.1　发展历程 …… 31
3.2　现实困境 …… 43
3.3　价值取向 …… 47
3.4　规划体系建构 …… 51
3.5　规划编制内容 …… 54
3.6　本章小结 …… 59
参考文献 …… 60
第 4 章　产业发展规划 …… 65
4.1　产业发展特征 …… 65
4.2　产业发展策略 …… 74

4.3 产业发展模式 …… 78
4.4 本章小结 …… 97
参考文献 …… 98
第5章 土地利用规划 …… 102
5.1 村级土地分类标准 …… 102
5.2 用地适宜性评价 …… 109
5.3 空间管控边界划定与空间优化 …… 124
5.4 实证案例研究 …… 131
5.5 本章小结 …… 145
参考文献 …… 146
第6章 人居环境建设规划 …… 150
6.1 乡村人居环境解读 …… 150
6.2 环境卫生整治 …… 154
6.3 设施配套完善 …… 161
6.4 建筑特色塑造 …… 166
6.5 绿色家园营建 …… 171
6.6 实证案例研究 …… 175
6.7 本章小结 …… 188
参考文献 …… 188
第7章 历史文化遗产保护规划 …… 191
7.1 历史文化遗产保护的困境 …… 191
7.2 历史文化遗产保护的基本原则与框架体系 …… 194
7.3 历史文化遗产的保护策略 …… 201
7.4 实证案例研究 …… 205
7.5 本章小结 …… 227
参考文献 …… 228
第8章 生态环境保护规划 …… 231
8.1 生态环境问题与成因 …… 231
8.2 生态环境保护规划原则 …… 240
8.3 生态环境保护与修复导向 …… 242
8.4 实证案例研究 …… 249
8.5 本章小结 …… 265
参考文献 …… 265

第 9 章　信息管理平台建设 ……………………………………………… 269
9. 1　平台功能需求分析 …………………………………………………… 269
9. 2　平台总体设计 ………………………………………………………… 271
9. 3　平台系统建设 ………………………………………………………… 275
9. 4　结论 …………………………………………………………………… 282
参考文献 ……………………………………………………………………… 282
第 10 章　主要结论 …………………………………………………………… 284

第1章 绪　论

1.1 研究背景

长期以来，乡村地区发展的问题日益凸显。在快速城镇化进程中，乡村发展受到传统思想观念的束缚和城乡二元经济结构的影响，面临着产业发展乏力、土地管理粗放、人居环境堪忧等问题。一是产业发展乏力，乡村经济滞后。改革开放以来，我国农业现代化水平虽然得到了快速提升，但在城乡二元经济结构的影响下仍滞后于城镇化、工业化进程。我国农业增加值占比自 2009 年首次下降到 10% 以下，此后 8 年该比值仅下降 1.23 个百分点，按照这一速度推算，到 2041 年我国农业增加值占比才能下降到 5% 左右（魏后凯等，2018）。同时，农产品加工业严重滞后，产品结构层次低，农产品增值非常困难；农业生产经营方式落后，难以形成规模效益；缺乏科学合理的区域布局等问题仍将是今后农业生产发展面临的主要问题。如何重构农业地域分工体系，发展乡村非农经济等是村庄规划所面临的重要挑战（房艳刚，2017）。二是土地管理粗放，资源浪费现象严重。农村居民点建设布局散乱，存在接近 30% 的闲置宅基地，表明农村土地资源浪费现象严重；同时，乡村规划许可证制度在农村基本未得到推行，农民建房、村级场馆设施、旅游开发服务设施等基本未纳入村庄规划管理的范畴，存在大量的“未批先建、只建不批”的现象，永久基本农田被侵占的现象时有发生。村庄空心化引起的建设用地闲置或低效利用，新增住房不断侵蚀耕地等问题亟待解决。三是人居环境堪忧，急需提升改造。《农村人居环境整治三年行动方案》指出，我国农村人居环境状况很不平衡，脏乱差问题在一些地区还比较突出，与全面建成小康社会要求和农民群众期盼还有较大差距，仍然是经济社会发展的突出短板。农村人口老龄化、稀疏化给人居环境提升带来了重大挑战。给水、排水等基础设施管网建设及生活垃圾处理设施仍十分滞后，如饮用水水质和水量难以达到相关规范标准要求，尚未得到有效处理的生活污水致使地下水受到污染，生活垃圾随处堆放；教育、医疗、文化等公共服务设施水平亟待提高，如农村公共文化资源十分短缺，文化活动场所和设施匮乏、破旧残损、年久失修的现象仍比较突出；农业生产污染加剧，工业污染导致农村、自然生态环境遭到破坏，农村生态环境问题日趋严重，生态环境保护亟待加强。

近年来，乡村发展成为政府乃至全社会的关注焦点。自十一届三中全会以来，我国社会经济发生了翻天覆地的变化，城镇化水平接近60%，国家经济水平稳步上升，人民生活水平不断提高。但相对于城市而言，广大的农村地区则处于缓慢、落后的发展状态。进入21世纪，为了缩小城乡差距，中央一号文件多年持续关注“三农”问题。党的十九大更是把乡村振兴战略作为国家宏观战略提到了党和政府工作的重要议事日程上来，明确了乡村振兴战略的目标任务和工作要求（范建华，2018）。生态文明、美丽中国、新型城镇化等概念赋予乡村发展新的内涵，构建新型的工农关系、城乡关系，构建农业发展新格局是目前乡村发展的时代背景。“三农”问题是关系国计民生的根本性问题。2013年10月9日，全国改善农村人居环境工作会议在浙江桐庐举行，研究部署推进农村人居环境改善工作，抓好社会主义新农村建设。在此背景下，全国范围内兴起了探索乡村振兴之路的热潮，村庄规划成为乡村发展的有力抓手和行动纲领。随着乡村振兴战略的逐步实施，乡村将成为支持国家经济转型发展的重要支撑点，因此迫切需要科学的规划来引领高质量的发展，实现乡村全面振兴。然而，面对类型各异的乡村和体量巨大的农业发展，乡村振兴并无成熟的经验可供借鉴，致使实施难度很大。

1.2 研究意义

村庄规划研究在近十年来成为关注的焦点（孙莹和张尚武，2017），但现有的村庄规划理论严重滞后于规划实践的发展（吴晓松等，2015）。一是村庄规划的理论和方法有待进一步加强。村庄规划在问题导向、目标价值、发展特征、影响机理等诸多方面与城市规划都存在本质的区别，既不同于城市居住区的规划，也不同于城市的旧城改造，然而现有村庄规划多采用“一刀切”的模式，对城市规划和村庄规划的差异认识不足，寄希望于通过一套统一的标准对乡村进行规划，忽视了乡村的多元化和差异性（城乡差异、地域差异和类型差异等），结果导致规划的空洞性和理想化（王冠贤和朱倩琼，2012）。目前，村庄规划受传统城市规划模式的影响，更为注重物质层面的塑造，而忽视了产业发展支撑，致使村庄无法获得内生动力（张尚武和李京生，2014）；甚至一些地区的村庄规划没有进行深入细致的调查，粗制滥造，规划成果与乡村发展实际严重脱节。二是村庄规划理论体系亟待架构。由于我国乡村千差万别、类型多样，村庄规划难以通过一个统一的规划体系指导所有的乡村发展，且缺乏上下衔接和整体统筹。目前，现行的村庄规划的上位规划包括县域乡村建设规划、城乡一体化规划（城乡统筹规划）、村庄布点规划及镇村体系规划等，侧重于宏观层面的原则性和引导性，而缺乏微观层面针对性的引导，对村庄的发展与建设的指导性不强，在一些地方则完全流于形式，对村庄规划下位规划指导性也不强；下位规划包括村庄整治规划、人居环境建设规划和美丽乡村建设专项规划等，侧重于对物质空间建设的引导，而对村庄发展、产业发展、土地利用等缺乏引导；对村民参与规划编制及建设过程的研究不足，同时完善的村庄规划监督实施机制也尚未形成。面对乡村复杂的系统环境，村庄规划不仅是对物质环境的技术关注，更应涉及乡村发展的综合性问题；不仅需要应对国家新农村建设的技术需求，满足人居环境提升的专业要求，更要促进乡村可持续发展。特别是面对新常态经济和城镇化演化过程中乡村转型的内在规律和演化特点，难以套用城市规划已有的技术方法体系和编制流程，可见，传统的城市规划理论和方法对乡村发展的指导性不强（周岚和于春，2014）。

在乡村全面振兴的时代背景下，科学把握城镇化的发展进程，着眼村庄规划编制体系的建构，分析乡村人口变迁和经济社会发展规律，科学设计乡村产业布局，因地制宜优化村庄空间布局，提升村庄人居环境质量，研究“多规合一”的实用性村庄规划的基础理论及规划模式就显得尤为必要。2015 年，住房和城乡建设部在《住房城乡建设部关于改革创新、全面有效推进乡村规划工作的指导意见》（建村〔2015〕187 号）中明确指出，从全国来看，乡村无规划、乡村建设无序的问题仍然严重，乡村规划照搬城市规划理念和方法、脱离农村实际、实用性差的问题更为普遍；2018 年，住房和城乡建设部在《住房城乡建设部关于进一步加强村庄建设规划工作的通知》（建村〔2018〕89 号）中再次指出，近年来，各地稳步推进村庄建设规划，各项工作取得积极成效。但村庄建设无规划、乱规划和“被规划”问题仍时有发生，照搬照抄城市规划现象未得到根本性改变。2019 年 3 月 8 日，习近平总书记在参加十三届全国人大二次会议河南代表团的审议时指出，要补齐农村基础设施这个短板。按照先规划后建设的原则，通盘考虑土地利用、产业发展、居民点布局、人居环境整治、生态保护和历史文化传承，编制多规合一的实用性村庄规划。因此，从全域发展视角全面厘清乡村发展运行规律，促进生产、生活、生态空间（简称“三生”空间）融合，架构一套“多规合一”的实用性村庄规划模式具有重要的理论价值。

20 世纪 90 年代以来，在工业化、城市化、市场化和全球化的浪潮下，乡村地区长期作为城市“输血者”的角色，成为城市第二、第三产业转嫁发展成本的“受体”，以乡促城，以农支工，但在城乡二元体制的影响下，乡村问题（亦称“乡村病”）日益凸显（朱霞等，2015）。乡村劳动力、土地和资本等生产要素的单向流失，引发了农村基础设施落后、城乡差距拉大、乡村衰退与贫困化等问题（刘正佳等，2018）。“三农”问题成为党、国家和社会各界关注的焦点。中央一号文件和中央农村工作会议也将解决“三农”问题放在首位，新农村建设、城乡统筹、美丽乡村、新型城镇化、乡村振兴等宏观战略也一再强调乡村对中国现代化发展的战略意义。在这样的背景下，城乡规划学界、人文地理学界对村庄规划的关注度不断提高，取得了较为丰富的理论成果和实践经验（详见第2章）。然而，现有的村庄规划模式、编制体系和内容深度还略显不足（详见第2章），在村庄规划中仍存在规划模式“一刀切”、重物质空间营造轻发展动力提升等问题。因此，面对城乡差距、乡村转型、乡村振兴等宏观发展背景，村庄规划的研究具有重要的理论意义和实践意义。

1.3 概念解析

1.3.1 乡村、村庄与村域

乡村（rural 或 country），是指以农业生产活动为基本内容的聚落的总称，又称农村。乡村是我国农民聚居生活的基层社区，也是国家政治经济和社会管理的基础单元。在《辞源》一书中，乡村被解释为主要从事农业、人口分布较城镇分散的地方。可以看出，相对于城市聚落而言，乡村具有三个方面的主要特征：乡村的主体是农民，经济基础是农业，建设强度相对较低。但随着城镇化快速发展和城乡高度融合，现代意义上的乡村已经发生了很大的变化，特别是城市功能外溢和以第三产业（乡村旅游）为主导的经济冲击，使得部分乡村的经济基础发生了根本性的变化，进而引起农民职业的悄然演变，以及乡村景观环境的异质性变化。但这种转变并未使乡村发生本质性的变化，其内核仍以“乡村性”为主，具有迥异于城市的某些特征，包括人口规模仍比较小、产业化程度仍比较低、农业仍是一个重要的经济门类、村庄建设开发强度仍较低、文化要素仍具有鲜明的乡土特色等。

村庄（village），也称为村落，是村民聚居的空间场所或乡村聚落，包括所有的村民居住建筑和拥有少量工业企业及商业服务设施，但未达到建制镇标准的乡村集镇（陈晓键，1999；叶玮等，2012）。根据《镇规划标准》（GB 50188—2007）中的术语表述，村庄指农村居民生活和生产的聚居点。村庄是乡村社会最基本的单元，是乡村社会发展过程的物质空间载体，是乡村社会发展和乡村问题的集中体现；作为村民集中连片居住的空间载体，村庄是村域范围内建设发展的重心和焦点。村域，在行政层面是指行政村所管辖的范围，在地理空间要素上既包括村庄，也包括山、水、林、田、湖等各个要素。可以看出，村域是村民从事农业生产活动的主要经济场所，而村庄是村民集中连片生活居住的主要空间载体。

1.3.2 行政村与自然村

行政村（administrative village）顾名思义就是，具有行政建制的村庄。根据《陕西省村庄规划编制技术规范》（DBJ61/T 109—2015）中的术语表述，行政村是依据《中华人民共和国村民委员会组织法》设立的村民委员会进行村民自治的管理范围，是中国基层群众性自治单位。可以看出，行政村属于行政学范畴内的概念，是指乡镇政府为了便于管理而设立的一个村级行政单位（村民委员会和党支部委员会），是中国农村经济社会活动的基本单元，承载着农村家庭联产、农民日常生活、农村社区发展等诸多农村居民的生产生活行为，具有生活性、生产性和生态性的综合特征。行政村是在自然村的基础上建构起来的，除了血缘关系外，还主要受到行政因素的影响。

自然村是指经过村民长时间聚居而自然形成的村落。自然村相对于行政村而言，无行政建制，但也属于行政学范畴内的概念。作为村民日常生活和交往单位的自然村，往往以血缘关系（由一个或多个以家族、户族、氏族或其他原因自然形成的血缘关系）与其他因素（自然地理环境、经济条件、生产生活方式等）共同作为社会建构的基础，虽不是一个社会管理单位，但村民小组往往结合自然村进行设置。自然村数量大、分布广、规模大小不一，有仅个别住户的孤村（如在人口稀疏的山区），也有数百人口的大村（如在人口稠密的平原地区）（徐勇，2016）。自然村经济结构较单一，以第一产业中的种植业、养殖业为主，间或有第三产业的旅游服务业，而第二产业则相对较少。可见，自然村与行政村的根本区别在于行政建制，行政村建立村民委员会和党支部委员会，而自然村则一般只建立村民小组，隶属于村委会；行政村一般由一个或几个自然村组成，但一般来说自然村的规模小于行政村的规模。

1.3.3 中心村与基层村

根据《镇规划标准》（GB 50188—2007）中的术语表述，中心村（key village）指镇域镇村体系规划中，设有兼为周围村服务的公共设施的村；基层村（basic—level village）指镇域镇村体系规划中，中心村以外的村。而在《陕西省村庄规划编制技术规范》（DBJ61/T 109—2015）中，中心村指县域规划或乡镇规划中确定的，具有一定规模并辐射带动周边村庄，为周边村庄提供一定服务职能的行政村；基层村指县域规划或乡镇规划中确定的，中心村以外的行政村。可见：①中心村和基层村均为城乡规划的概念，而并非行政概念，是规划设计人员进行县域规划或乡镇规划时的一种称呼；②中心村和基层村均为行政村，而非自然村；③一般来说，中心村具有较好的发展基础和条件，具备较大集聚发展潜力，具有一定人口规模和较为齐全的公共设施的农村社区，能够为若干行政村提供公共服务，而基层村是直接与生产、生活相关，直接参与、从事生产生活的社会组成部分，与中心村最根本的区别在于接受来自中心村的辐射和服务。当然，有无公共服务设施并非判定中心村与基层村的唯一标准，如在北方平原地区，村庄人口聚集的规模较大，每个村庄都设有中心村级的基本生活设施，则将其全部划定为中心村，而可以没有基层村这一层次。

1.3.4 村庄规划与村规划

村庄规划又被称为农村规划、乡村规划（张晓和王南，2018）。根据1993年国务院颁布的《村庄和集镇规划建设管理条例》，通过村庄规划来完善农村生产生活、交通居住条件和基础设施，可分为村庄总体规划和村庄建设规划两个阶段进行[①]。村庄被界定为“农村村民居住和从事各种生产的聚居点”，村庄规划内容主要涉及乡村地区中的集中居民点，而不包含居民点之外的生态、耕种区域。根据《中华人民共和国城乡规划法》，村庄规划应当从农村实际出发，尊重村民意愿，体现地方和农村特色[②]。编制村庄规划不但需要满足村民的主体需求，而且需要充分考虑乡村地区特有的经济、社会和制度情境（张晓和王南，2018）。而如何理解乡村地区特有的社会经济关系、土地产权制度、文化习俗，以及这些要素受城镇化影响所引发的变化是村庄规划问题的重点，同时也是编制村庄规划的前提。可以看出，狭义的村庄规划是指以建设发展为核心命题的村庄（聚居点）规划，规划对象为村庄现状及未来的建设区，可理解为仅包括居民点的村庄规划；而广义的村庄规划则可理解为以村庄综合发展为核心命题的村庄（包含聚

---

① 村庄总体规划的主要内容包括：乡级行政区域的村庄布点，村庄的选址位置、性质、规模和发展方向，村庄的交通、供水、供电、邮电、商业、绿化等生产和生活服务设施的配置。村庄建设规划应当在村庄总体规划指导下，具体安排村庄的各项建设。村庄建设规划的主要内容，可以根据本地区经济发展水平，参照集镇建设规划的编制内容，主要对住宅和供水、供电、道路、绿化、环境卫生及生产配套设施做出具体安排。

② 村庄规划的内容应当包括：规划区范围，住宅、道路、供水、排水、供电、垃圾收集、畜禽养殖场所等农村生产、生活服务设施、公益事业等各项建设的用地布局、建设要求，以及对耕地等自然资源和历史文化遗产保护、防灾减灾等的具体安排。

居点在内）规划，规划对象为村域范围，可理解为包括村域全部要素在内的村庄规划。故村庄规划的范围应由村庄的“点”向行政管辖的“面”拓展（张晓和王南，2018），直至涵盖整个村域范围，意即村庄规划应为广义的村域范围的统筹规划，严格意义上应表述为“村规划”。基于已有学者的认可度，为了表述方便，本书所说的村庄规划均为广义上的“村规划”。随着村庄规划范围的拓展，规划内容也应进行相应的调整，在传统规划的基础上向上应包括产业规划、空间规划，向下应包括人居环境规划等。

1.3.5 美丽乡村与乡村振兴

美丽乡村（beautiful village），是指经济、政治、文化、社会和生态文明协调发展，规划科学、生产发展、生活宽裕、乡风文明、村容整洁、管理民主，宜居、宜业的可持续发展乡村（包括建制村和自然村）[美丽乡村建设指南（GBT 32000—2015）]。建设内容包括村庄规划、村庄建设、生态环境、经济发展、公共服务、乡风文明等诸多方面。显然，用“美丽”描述乡村，是一种非量化的、带有政治性质的愿景型阐述，也是一种带有心情、心态和社会学属性的描述，还是一种对未来的美好憧憬。因此，更应该关注乡村发展的美丽内涵，即在产业发展方面，强调持续生长的活力；在生态建设方面，强调优美的自然环境；在文化建设方面，强调历史记忆的乡愁；在社会治理方面，强调有效的乡村治理；在生活方面，强调便捷完善的服务。为此，美丽乡村规划是以美丽乡村为建设目标的村庄规划，是一种以目标导向为主的规划。

党的十九大提出的乡村振兴战略是一个面向未来的，需要持之以恒实施建设的战略，是关系全面建设社会主义现代化国家的全局性、历史性任务，是新时代“三农”工作总抓手。乡村振兴战略的总要求是“产业兴旺、生态宜居、乡风文明、治理有效、生活富裕”，根本目标是解决城乡之间发展的不平衡不充分问题，补齐“三农”问题的短板。美丽乡村建设恰逢其时，在全面贯彻落实乡村振兴总要求、总部署的同时，会在基层建设实践中与乡村振兴融为一体，进而得到更大发展，发挥更大作用（魏玉栋，2018）。乡村振兴规划是在城乡二元社会经济转型背景下对乡村地区发展的宏观把握与战略引导，具有宏观性、战略性、综合性、指导性和政策性等特点，包含了乡村地区发展的方方面面，包括构建乡村振兴新格局、加快农业现代化步伐、发展壮大乡村产业、建设生态宜居的美丽乡村、繁荣发展乡村文化、健全现代乡村治理体系、保障和改善农村民生、完善城乡融合发展政策体系等内容。

1.4 研究方法

1.4.1 社会调查法

社会调查法是有目的、有计划、有系统地搜集有关研究对象社会现实状况或历史状况材料的方法。研究基于“产业延伸升级类型城郊美丽乡村建设综合技术集成与示范”（2015BAL01B04）、“城郊乡村空间转型演化特征、机理与调控模式研究”（2018JM5109）两个纵向课题及《西安市美丽乡村建设技术导则》、2017年和2018年西安市美丽乡村建设第三方评估及部分村庄规划实践项目，对陕西省乡村的产业发展和村庄建设情况进行调查，并选取部分典型村庄，通过采用实地调研、问卷调查和半结构式访谈等方法，系统、直接地对生活在乡村地域的村民群体的社会结构、经济行为及集体观念意识等包含社会事实的信息资料进行收集，对村民群体关于乡村空间的认知、使用和建设行为进行理性判读。

1.4.2 量化分析法

量化分析法即是通过将不具体、模糊的因素转化为可度量的具体指标对问题进行分析的方法。研究运用模糊层次分析法（fuzzy analytical hierarchy process，FAHP）对村级土地进行评价研究，以期能够得到更为精确、合理、贴近实际的评价结果，从而使评价结果能够更加科学合理地应用到村庄规划的实际当中，为土地合理布局提供更加科学可信的依据。在此基础上，运用多目标规划模型对土地利用结构进行优化，分别基于生态、经济和社会效益优化农村土地利用结构，为农村土地科学合理的布局提供理论和实践指导。

1.4.3 GIS 空间分析

地理信息系统（geographic information system，GIS）空间分析指借助 ArcGIS 空间分析平台挖掘空间目标的潜在信息，即从空间数据中获取有关地理对象的空间位置、分布、形态、形成和演变等信息并进行分析。研究首先借助 GIS 的空间分析和统计功能，在数据整理阶段，将所收集的资料进行分析综合；其次利用坡度坡向、叠加、距离分析工具，对村庄规划中的相关因子进行详细划分和分析；最后利用 GIS 可视化手段，制作现状图、评价图或分析图等。

1.4.4 实证研究法

在对村庄规划编制体系和内容、土地利用规划分类标准和评价方法、产业发展模式和路径、人居环境的内涵及建设策略、生态环境特征与构成要素进行系统论述、识别、解析和构建的基础上，分别从土地利用、产业发展、人居环境建设和生态环境保护等方面选取陕西省渭南市富平县梅家坪镇岔口村、延安市延长县郭旗乡樊家圪台村、商洛市镇安县云盖寺镇云镇村、延安市子长县安定镇安定村、汉中市城固县原公镇青龙寺村、渭南市经济技术开发区龙背镇东风村等为实证研究案例，将所构建的理论框架和技术方法应用于实证研究案例中，为相关自然条件和社会经济背景的区域提供借鉴和参考。

1.5 研究内容与框架

1.5.1 研究内容

本书的研究内容包括以下几方面。

1）在对村庄规划发展历程进行解析的基础上，明确现行村庄规划所存在的现实困境及乡村振兴战略背景下村庄规划的价值取向，从而对我国村庄规划体系进行建构，并提出村庄规划编制的具体内容。

2）通过对我国村庄产业发展特征的研判，提出产业发展的基本策略，并根据村庄不同的自然、区位、社会经济和建设条件提出村庄产业发展的模式。在此基础上，详细解析各种产业发展模式的基本特征，并构建具有针对性的发展路径，同时结合具体的规划案例，对各产业发展模式进行实证研究。

3）通过对现行村庄土地分类标准进行梳理，明确所存在的问题，厘清村级土地利用分类标准；在此基础上，构建村庄用地适宜性评价指标体系和综合评价模型，并提出村庄空间管控边界的划定流程和空间优化措施，结合实证案例，构建“多规合一”的村庄空间规划体系。

4）在对乡村人居环境的内涵和核心议题进行解读的基础上，构建乡村人居环境建设的框架体系，确定乡村人居环境提升的重点，并明确乡村人居环境提升的具体内容，同时提出相应的整治方法和措施，结合实证案例，进行人居环境建设规划。

5）通过对村庄历史文化遗产保护面临困境的解析，明确村庄历史文化遗产保护的基本原则，构建乡村历史文化遗产保护的框架体系，同时提出村庄历史文化遗产保护的基本策略，结合实证案例，进行村庄历史文化遗产保护规划。

6）在对村庄生态环境问题和成因深入解析的基础上，研判村庄生态环境保护规划的基本原则，分析生态环境保护和修复的主要要素，并提出生态环境保护和修复的规划设计原则与导向，结合实证案例，进行生态环境保护规划设计。

7）以乡村振兴战略实施为背景，解析乡村信息管理平台的基本功能需求，同时明确乡村信息管理平台的总体设计原则、架构和关键技术，在此基础上，确定乡村信息管理平台的系统建设内容。

1.5.2 研究框架

本书的研究框架如图 1-1 所示。

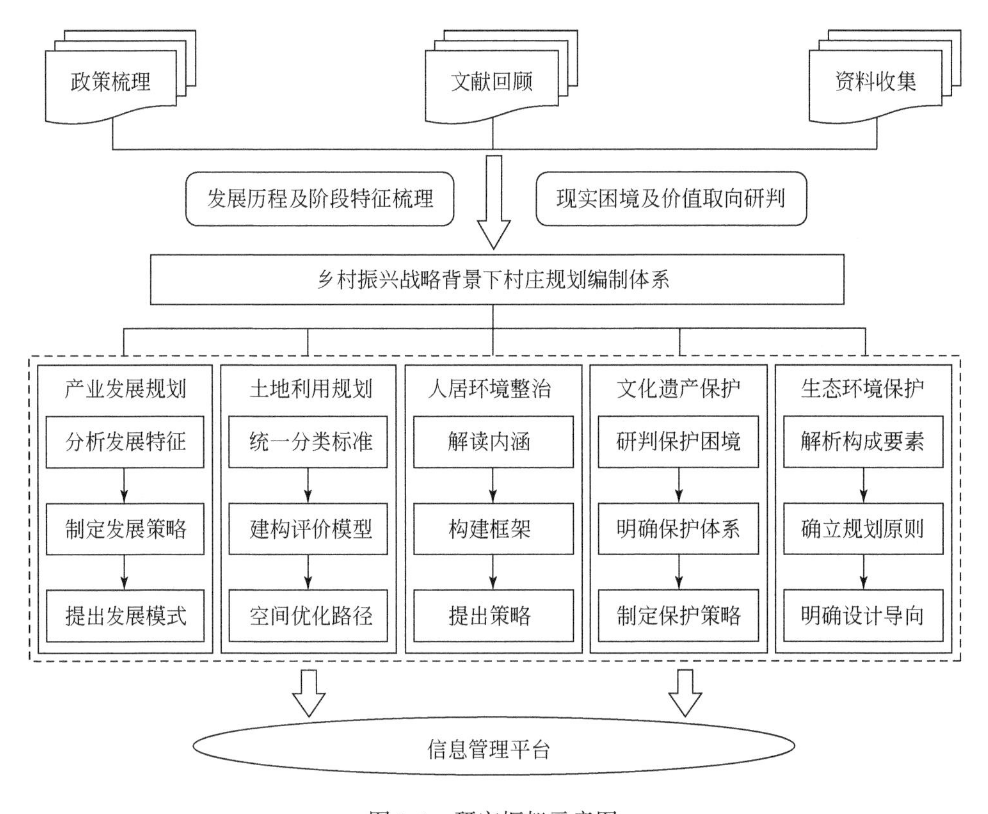

图 1-1　研究框架示意图

参考文献

陈婷婷，熊莎莎. 2017. 美丽乡村建设与乡村旅游发展的耦合互动关系研究——以浙江省安吉县为例［J］. 珞珈管理评论，27（3）：173-184.

陈晓键. 1999. 乡村聚居环境可持续发展初探［J］. 地域研究与开发，18（1）：30-33.

范建华. 2018. 乡村振兴战略的时代意义［J］. 行政管理改革，（2）：16-21.

房艳刚. 2017. 乡村规划：管理乡村变化的挑战［J］. 城市规划，41（2）：85-93.

刘正佳，李裕瑞，王介勇. 2018. 新时代乡村振兴战略及其前沿观点——2018 年博鳌亚洲论坛相关主题评述［J］. 地理学报，73（8）：214-217.

孙莹，张尚武. 2017. 我国乡村规划研究评述与展望［J］. 城市规划学刊，（4）：74-80.

王冠贤，朱倩琼. 2012. 广州市村庄规划编制与实施的实践、问题及建议［J］. 规划师，28（5）：81-85.

魏后凯，张瑞娟，王颂吉，等. 2018-8-2. 走中国特色的乡村全面振兴之路［N］. 经济日报，（第 16 版）.

魏玉栋. 2018. 新时代美丽乡村开启新征程［J］. 中国农村科技，（2）：58-61.

吴晓松，王妙妙，曹小曙. 2015. 广州市城郊村庄发展特征、趋势与规划研究——以从化赤草村为例［J］. 西部人居环境学刊，30（2）：76-81.

徐勇. 2016. “分”与“合”：质性研究视角下农村区域性村庄分类［J］. 山东社会科学，（7）：30-40.

叶玮，黄中伟，周亮亮. 2012. 影响金华市乡村聚落空间集聚规律的因素分析［J］. 浙江师范大学学报（自然科学版），35（3）：346-351.

张尚武，李京生. 2014. 保护乡村地区活力是新型城镇化的战略任务［J］. 城市规划，38（11）：28-29.

张晓，王南. 2018. 建立基于社区情境的规划：乡村规划多样性和差异性文献分析［J］. 城市发展研究，25（1）：70-76.

周岚，于春. 2014. 乡村规划建设的国际经验和江苏实践的专业思考［J］. 国际城市规划，29（6）：1-7.

朱霞，周阳月，单卓然. 2015. 中国乡村转型与复兴的策略及路径——基于乡村主体性视角［J］. 城市发展研究，22（8）：38-45，72.

第 2 章　国内外研究进展

近年来，村庄规划研究成为关注的焦点（孙莹和张尚武，2017），但现有的村庄规划理论严重滞后于村庄规划实践（吴晓松等，2015）。究其原因，当前的村庄规划多采用“一刀切”的模式，希冀通过一套统一的标准对村庄进行规划（黄华和肖大威，2016），忽视了村庄的多元性和差异性（城乡差异、地域差异和类型差异等），结果导致村庄规划的空洞化和理想化（王冠贤和朱琼倩，2012）；同时，村庄规划受传统城市规划模式的影响，更为注重物质层面的塑造，而忽视了产业发展的支撑，致使村庄缺乏内生动力（张尚武等，2014），传统的城市规划理论和方法对村庄发展的指导性不强（周岚和于春，2014）。因此，转型重构需求下的村庄规划基础理论及规划模式研究亟待加强。从社会主义新农村建设到美丽乡村建设，再到乡村振兴战略，均为城乡规划学实践探索和理论总结提供了前所未有的新机遇，然而关于村庄研究整体上还比较碎片化、零散化，村庄规划尚未形成一个成熟、系统的理论体系（周游等，2014；乔杰和洪亮平，2017）。因此，全面厘清村庄发展特点和运行规律（孙莹和张尚武，2017），架构一套“多规合一”的实用性村庄规划模式具有重要的理论价值。

国内外学者对村庄规划研究的发展历程有所不同。从国外学者研究来看，20世纪50年代，国外学者将村庄发展建设纳入研究范围，注重物质功能空间研究，关注人类决策行为对改变聚落分布、形态和结构的作用（Bathelt and Glucker，2003；段德忠和刘承良，2014）。到80年代，国外学者开始关注社会因素对村庄发展的影响，认为村庄的重要性体现在其社会、文化和道德价值层面。而进入21世纪，研究视角逐步转向村庄的再现表征（representation），注重传统村庄记忆的传承与重构（张小林和盛明，2002；Woods，2010）。从国内学者研究来看，由于环境背景和发展阶段不同，我国的村庄发展特征及作用机制与国外相比，体现了更多的阶段性和异质性。70年代，以乡村区域地理环境与空间格局为基本特征，国内学者开始关注乡镇企业与农村城镇化的研究；90年代，国内学者开始注重城乡关系、村庄空间结构等问题，侧重于村庄发展演变及其动因研究；进入21世纪，国内学者日益重视村庄转型重构与规划对策方法研究。近年来，针对村庄规划的研究逐步深化，研究内容各异，研究成果颇丰，国内外学者主要聚焦于村庄规划的编制体系、产业发展与功能转型、土地利用演化及重构、人居环境评价及营建、生态环境保护的构建等几个方面。

2.1 村庄规划的编制体系

国外的村庄规划以问题为导向，旨在缩小城乡差别，引导村庄有序建设。为了解决城市化过程中村庄的转型发展问题，德国开始实行村庄更新规划。德国的村庄更新大致经历了设施更新—彰显特色—整体发展三个阶段。20 世纪 70 年代德国的村庄更新以基础设施和公共服务设施的提升和改善为核心，但随之产生了如村庄地域特色和文化特色消失、村庄肌理被破坏等问题。为此，80 年代德国的村庄规划转向关注村庄特色的保护，90 年代则关注村庄的全面发展和公众参与（周岚和于春，2014）。英国则更为关注乡村的保护与发展，通过积极推行居民点紧凑发展策略，以实现公共设施、基础设施和村庄住宅的整体改善。为了缓解大城市压力，带动周边村庄的发展，法国相继提出了一系列村庄复兴政策和相应的法律法规，明确了村庄规划的法定地位，有力地促进了村庄设施改善、人口回流和资金积累。在经济快速发展的背景下，为了解决城乡差距过大的问题，日本提出了新村运动和村镇综合建设规划，韩国提出了新村运动战略以促进村庄的发展。综上可以看出，发达国家的村庄规划以第二次世界大战后和城市化背景下出现的乡村问题为导向，在关注乡村的设施建设、特色塑造和居民人居环境提升的基础上，逐步开始关注乡村地区综合实力提升和社会良性发展。

我国的村庄规划发展要晚于西方发达国家。2003 年 1 月，中央农村工作会议指出“全面建设小康社会，必须统筹城乡经济社会发展，更多地关注农村，关心农民，支持农业，把解决好农业、农村和农民问题作为全党工作的重中之重，放在更加突出的位置，努力开创农业和农村工作的新局面”，随即拉开了村庄规划的大幕，有关村庄规划的研究和实践不断增多。2008 年《中华人民共和国城乡规划法》的颁布，标志着村庄规划正式被纳入规划法定体系，在法律层面确定了村庄规划的地位，实现了城市规划向城乡规划的转变（孙莹和张尚武，2017；范凌云和雷诚，2010），但是村庄规划的工作层次和编制体系却一直处于模糊不清的状态（张尚武，2013）。鉴于此，村庄规划的编制体系和编制内容成为城乡规划学界关注的焦点，众多学者对其展开了研究。

受城乡二元经济体制的影响，城乡规划体系的科学建构成为学者研究的重点。随着《中华人民共和国城乡规划法》的颁布实施，学者提出应转变城乡规划编制体系以适应《中华人民共和国城乡规划法》的要求，由原来“小城镇规划+村镇规划”强调的建制镇-集镇-村庄的规划编制体系向城镇规划+乡村规划转变，形成镇规划+乡规划+村庄规划的规划编制体系（雷诚和赵民，2009）。针对现行的城乡规划体系存在的问题，如二元化特征明显、重点轻面、概念标准混乱、村庄规划的范围和内容界定不清、规划脱离村庄发展实际等（汤海孺和柳上晓，2013），提出了多层级的城乡规划编制体系转变思路，即由城镇规划向区域规划+城镇规划+乡村规划的多级转变，其中，区域规划包括城镇体系规划和区域层面的村庄规划；城镇规划包括城市规划和镇区规划，由总体规划和详细规划两个层次构成；乡村规划则包括镇域村庄规划、集镇规划和乡域村庄规划、村庄规划和村域规划（张尚武，2013）。在此基础上，随着党和国家对“三农”问题的重视，村庄规划作为指导村庄发展的工具受到广泛关注，自上而下“政策导向型”的村庄规划编制成为主流（陶小兰，2015），但却因此导致了规划缺乏针对性和系统性，出现了由双体系并行引发的规划重复，人力、物力和财力浪费的问题（陈秋晓等，2014）。在空间规划体系建构的过程中，村庄规划作为空间规划体系中的详细规划逐步成为未来的发展趋势。可以看出，目前城市与乡村并行的城乡规划编制体系为大多数学者所认同，但在空间规划体系的建构过程中，建构“多规合一”的实用性村庄规划编制体系仍需要进一步深入研究。

现行的“建制镇—集镇—村庄”的村庄规划编制体系在实践过程中仍有诸多问题：①在规划内容上重视聚居点的空间布局，而忽视了农业区域和自然环境的维育（梅耀林等，2016）；②乡村空间的重构脱离了乡村社会经济的发展阶段，出现了“农民上楼”的现象，给乡村居民的生产和生活造成了极大的不便；③将不同地域的建筑形式和符号进行随意拼贴，忽视了乡村的地域特征和文化特质，割裂了乡村的空间发展肌理，“粉墙黛瓦”“马头墙”等随意移植；④相同地域空间表征的随意表达，导致出现了由“千村一面”到“千村千貌”的矫枉过正问题（孟莹等，2015）；⑤规划的满意度和操作性较差（梅耀林等，2016），虽然现行的村庄规划在公共服务设施和基础设施的改善方面所做的工作得到了村民的普遍认可，但村民认为不切实际的村庄规划割裂了融洽的邻里关系，并且存在不公平的问题。可见，不同利益主体（包括村民、规划管理人员、规划设计人员等）对村庄规划的不满意聚焦于村庄规划的不切实际、实施困难、居民诉求无法得到满足、环境景观遭到破坏等问题。

为了解决当下村庄规划中存在的问题，学者基于城乡统筹和全域覆盖的理念，指出村庄规划编制一方面应实现层级划分和内容整合，另一方面应实现“多规融合”。在层级划分和内容整合方面，建立“村庄布点规划+村庄综合规划”的层级体系，其中，村庄布点规划包括职能规划、体系规划、规模规划、布点规划和管制规划，村庄综合规划包括村域总体规划、建设整治规划和村庄行动规划，强调突破村的行政边界，实现地域乡村的统一规划（葛丹东和华晨，2009）；或建立县（市）域村镇体系规划+镇、乡规划+村庄规划的三级体系，村庄规划涉及村域发展规划和村庄整治建设规划两个层面（郐艳丽和刘海燕，2010）；抑或基于县域乡村发展的视角，建立“三个层次，五个规划”的村庄规划编制体系，即宏观层面的县域镇村体系规划，中观层面的镇、乡、村庄体系规划，以及微观层面的村域规划、村庄建设规划和村庄整治规划（陶小兰，2015）；针对苏南等城镇密集地区，建立城—镇—村+点的体系结构（鲁晓军和孙明芳，2007）。在“多规融合”方面，村庄规划应与国民经济发展规划、土地利用规划、农田水利规划和生态规划等进行统筹规划（孙莹和张尚武，2017）；或者引入城乡统筹规划、城乡总体规划、土地分区规划和县域乡村建设总体规划等新的规划形式，以实现规划的全覆盖（赵毅和段威，2016）。综上，可以看出村庄规划的编制已经逐渐从简单模仿城市规划向立足村庄实际转变，从注重村庄的“（聚居）点”规划向覆盖村域的“面”规划转型。目前，随着空间规划体系的建构，村庄规划的编制体系和内容亟待重构与界定。

2.2 产业发展与功能转型

伴随着全球工业化和城镇化的快速推进，日益激烈的全球竞争、市场自由化和社会技术的变革极大地影响了农村的经济结构和功能（Paul et al.，2018），使得乡村地区的经济结构不断被重塑，从而助推了乡村发展转型与空间升级重构（Woods，2011），乡村产业发展与功能转型受到国外学者的广泛关注。研究表明，农村产业逐渐呈现出多元发展的特征（Korsgaard et al.，2015；Marcello et al.，2019；Dubois，2016）。消费主义（consumerism）的盛行、技术的快速变革及农业在经济中重要性的不断降低使得农村工业不断崛起，从而带动了农村的就业，并为农村提供了多种服务（Korsgaard et al.，2015）。同时，乡村性（rurality）逐渐成为一种稀缺旅游资源，某些乡村依托原有的山水自然景观和原汁原味的乡村景观，大力发展乡村旅游业，并围绕乡村旅游形成了一系列生活性服务业，如餐饮、住宿、零售等，极大地丰富了农村的业态，带动了周边乡村居民的就业，促进了当地的发展（Frisvoll，2012）。然而，在乡村产业类型不断多元化的背后却出现了农村人口不断减少和地方服务经济萎缩的问题（Argent，2011）。农村所面临的成本-价格的压缩（the cost-price squeeze）使得农场不断被合并，规模不断扩大，资本取代劳动力，从而造成农村人口和农工产业从业者的不断流失，进而导致地方经济不断萎缩，农村日益破败（McManus et al.，2012；Smailes，1997）。

乡村社会经济的不断发展和城乡人口双向流动的不断加剧带来了景观的改造性破坏（Papatheodorou，2004）及乡村聚居模式的变化（Mitchell，2004）。在城市边缘区的农村地区，“反城市化”（counter urbanization）等因素的影响，使一些国家特别是发展中国家的乡村发生了重大的变化（Clark et al.，2009）。乡村经济多元化促使以居住为主的空间单元向以居住和工业为主的更为多元化的空间单元转型演化（Frisvoll，2012），从而形成复合的权力空间。同时，逆城市化过程重构了乡村经济转型发展的模式（He et al.，2012），都市农业和乡村旅游越来越受到重视（Veenhuizen，2006），在经济转型发展过程中，一些农村居民点逐渐成长并发挥着农村中心的功能，而一些农村居民点则逐渐衰退（Rey and Bachvarov，1998）。这一趋势不仅提出了新的研究问题，也促使相关研究理论与方法不断创新。

改革开放以来，我国社会经济发生了深刻转型，乡村发展呈现出多元化的特征，乡村产业逐步向兼有农业、工业、旅游、服务等多元生产方式转变（田莉和戈壁青，2011；王兴平等，2011），形成由规模农业、特色产业、旅游业组成并兼容发展的格局（陈潇玮和王竹，2016）。传统的以农业生产为主的生产系统遭到严重破坏，取而代之的是在城市功能外溢背景下发展起来的乡镇企业和家庭作坊，以及为城市居民提供休闲服务的乡村旅游业，而这些工业、旅游业、服务业等非农产业成为乡村居民收入来源的重要组成部分（李文越等，2017）。近年来，在产业发展方面强调农业与服务业的融合，提倡在农业基础上依托乡村景观风貌资源发展旅游业（王雨村等，2017），并且乡村性被认为是乡村旅游整体推销的核心和独特“卖点”（汪惠萍等，2011）。在多元化演化的背景下，学者们着重强调农业空间的适度规模化发展（冯奔伟等，2015），或研究乡村工业空间如何快速、有效地收缩（王勇等，2012；赵琪龙等，2014），或通过更新乡村旅游业开发模式来优化服务业空间（王瑗，2010；杨振之，2011），倡导采用差异化的空间优化策略。

伴随着产业的多元化发展，乡村地域功能的多样构成属性日益明显（龙花楼，2012），越来越多的学者在借鉴国外研究成果的基础上，开始关注乡村地域功能的研究，乡村地域功能演化成为学者关注的焦点。改革开放以来，乡村地域功能先后经历了三次转型，城乡关系也逐渐由传统的城市模式（城市“剥夺”农村）向城乡和谐发展模式转变（王勇和李广斌，2011）。一般认为，乡村转型发展过程中会逐步打破传统单一的农业主导型乡村模式地域功能类型，依托政策、区位、交通、资本等要素形成包括都市农业驱动型、制造业主导型、服务业主导型和均衡发展型在内的四种乡村地域功能类型（韩非等，2010）。乡村产业与空间一体化的范式是二者相互交织的非物质形态（陈潇玮和王竹，2016），理想模式是“产村融合”（陈英华和杨学成，2017），旨在通过加速产业与空间功能的转型联动，推动产业与空间集聚复合，深化乡村产业与空间转型发展。空间转型为产业演化提供了契机，而产业演化对空间载体提出了新的空间要求。因此，关注物质空间的同时更需关注物质空间背后的产业经济发展，然而基于二者耦合机制的规划模式研究尚处于起步阶段，亟待进一步加强。

2.3 土地利用演化及重构

城市空间的迅速扩张对乡村发展建设带来了一系列影响，对基于城乡分割理念的村庄规划设计提出了严峻挑战（Gallent and Andersson，2007；Lesage and Charles，2008；Scott et al.，2013），引发了对土地利用演化特征与重构策略的广泛关注。农村人口的非农化、城镇人口的迁移、农业产业结构的调整、生活方式的改变、农村功能的变化等都对村庄建设用地的利用产生了深刻影响（Carrion-Flores and Irwin，2004）。随着社会的发展，村庄建设用地持续增长（Vesterby and Krupa，2002），农业用地逐渐转化为住宅、商业、休闲娱乐等建设用地（Jongeneel et al.，2008；Zasada，2011），并且形成了城乡功能混合的区域。这种转化过程在不同时期有着不同的特点，在经济繁荣时期，农村土地向城市快速转换并存在过度开发现象；而在经济危机时期，这种转换速度明显减缓，同时存在投资闲置现象（Firman，2000）。

国外学者在反思城镇化对乡村发展影响的同时，积极寻求乡村复兴的路径（Ramsey et al.，2013）。例如，在德国、意大利、韩国和土耳其等国家，主张通过土地整理来建设新区或改造城市，以此来满足不断增长的土地需求，从而适应社会经济的发展需求（Sorensen，2000；Anna，2002；Bański and Wesołowska，2010）。而发展中国家针对乡村发展的普遍问题，主张加强城乡合作，通过创新制度，改革规划体系，调整规划方法（Hudalah et al.，2007），制定城郊整体发展规划以避免新问题再次出现（Legates and Hudalah，2014），而目前所面临的主要问题是快速城市化与低强度的开发模式导致的耕地大规模流失和土地破碎化加剧（Pribadi and Pauleit，2015）。在反思城市化对村庄发展影响的同时，一些学者积极将社区发展及相关政策规划的研究逐渐融入村庄研究范畴，寻求乡村振兴的路径（Hildén et al.，2012；Bhattarai and Pant，2013），认为保持村庄的可持续发展需对当地社区和村落独特的文化特性进行保护（Ruda，1998）。国外关于乡村重构更多的是运用政治经济学、社会学等领域的方法和理论对相关问题进行解析，更为注重对与社会学、行为科学相关问题的研究，而对村庄微观的社会组织、社会形态、社会问题的研究尚需要进一步加强。

对我国而言，伴随着快速的城镇化和城市空间扩张进程，土地利用发生了深刻转型，这一过程引起了学者的广泛关注，耕地、乡村居住空间（居民点）的转型演变成为学者关注的焦点。改革开放以来，城乡建设用地的不断增加使乡村地域不断被蚕食，耕地的利用和保护形势日趋严峻，耕地面积锐减，人地矛盾日益尖锐（龙花楼，2012），这与发达国家乡村空间演变特征基本相同。农用地转变为非农用地进程的不断加快导致乡村人口不断流失，从而出现“人走屋空”的“空心房”现象，并且这种现象逐渐由个体发展到群体，由单个村落发展到集中成片的村落，由“人口空心化”逐渐发展为包括人口、产业、土地和基础设施在内的“地域空心化”，形成了我国农村普遍面临的“空心村”问题（刘彦随等，2011；龙花楼，2012）。同时，乡村空间不断分化，大体上形成了产业聚集、商贸市场和旅游特色三种典型的乡村空间（张艳明等，2009）。在我国社会经济和制度政策全方位转型变革的历史阶段，乡村的转型发展是乡村土地利用转型的主导因素。社会经济的变化与革新促使乡村土地利用类型不断优化调整，以适应新的社会经济发展阶段，同时也是土地利用转型的根本驱动力（刘君德等，1997；曲衍波等，2017）。村镇撤并改制、土地集中流转等制度性因素共同作用（王兴平等，2011），使村庄建设用地呈现出迥异于城市的发展特点。同时，逆城市化过程重构了乡村经济发展模式，推动了乡村社会空间的变迁（何深静等，2012），也成为乡村土地利用转型的重要推动力（杨忍等，2015）。乡村土地利用转型是由推力因素和拉力因素共同组成并发生作用的，但针对其转型重构的内在因素及其动力机制的研究比较分散，尚缺乏系统性研究，理论体系方法也有待完善。

随着新农村建设战略和新型农村社区建设的推进，村庄发展与空间规划重构问题成为研究的重要内容。我国学者基于城乡统筹的思路，主张采用多元化、差别化的规划策略（刘君德等，1997；刘韶军，2000；胡智清等，2003；陈兴雷等，2011；吴纳维等，2015），具体包括村庄布点规划和村庄建设发展规划（蒋万芳和袁南华，2016），强调以制度改革创新村庄的规划开发模式（叶红等，2011），通过城镇化整治、迁建和保留发展三种重建路径来实现分化与重组（李建伟等，2004），并提出划定永久性乡村发展区（张宏等，2012）及通过“灰色用地”规划实现渐进改造（杨忠伟等，2013）等措施与理念，研究成果颇丰。村庄在转型过程中，生活空间和居民身份依然滞留于农村地区，必须实现向“以人为本”发展方式的转变（张京祥等，2014），这对乡村空间转型具有重要的借鉴意义。乡村空间转型与规划模式大多基于区域空间结构转型（龙花楼和屠爽爽，2017）和针对性策略展开研究，研究成果颇丰，但尚缺乏多类型、多要素的系统性研究（孙莹和张尚武，2017），并且关于空间形态与土地利用模式转型的定量化研究也有待深入。

2.4 人居环境评价及营建

人居环境建设是人类关注的永恒主题，对其系统性的研究起源于 20 世纪 50 年代道萨迪亚斯（Constantinos Apostolos Doxiadis）所创立的人类聚居学，但人居环境的思想早已孕育于城乡规划的理论与实践当中，霍华德（Ebenezer Howard）、盖迪斯（Patrick Geddes）和芒福德（Lewis Mumford）等早期的城乡规划思想中便蕴含了人居环境建设的思想（陈友华和赵民，2000）。在 *Tomorrow：A Peaceful Path to Real Reform*（《明日，一条通向真正改革的和平道路》）一书中，霍华德提出了“田园城市”的建设构想，试图从城市-乡村这一层面构建集城市与乡村优点于一体的人类聚居新模式，从而营造良好的人类聚居环境；盖迪斯则从生物学的视角出发，引入区域概念将自然地区作为城乡规划的基本框架，通过分析地域环境的潜力和限度对居住地布局形式的影响，划定新的城市范围；而芒福德则创造性地提出以人为中心的规划建设观，指出城市建设应注重大、中、小城市及人工环境与自然环境的结合。在此基础上，道萨迪亚斯于 50 年代提出了人类聚居学，将自然环境、人、社会结构、建筑与城市、交通和通信网络作为人类聚居的五个基本要素，为系统性开展人居环境研究奠定了基础（吴良镛，2001）。尽管国外关注“城市-乡村”系统的人居环境建设，强调城市与乡村的结合和人居环境的共构，但是人居环境的研究是以城市为中心展开的，乡村人居环境却并未受到普遍关注，这主要是因为发达国家城市化水平较高，工业化的快速发展使得城市成为人口的主要聚居形式（李伯华和刘沛林，2010）。

与发达国家相比，我国于 2011 年（城镇化水平超过 50%）才步入城市社会，因而对乡村人居环境的研究、建设和发展具有重要意义。由于我国社会经济发展的客观需求和资源条件的制约，乡村人居环境的建设和研究起步较晚且极为有限，并且对其内涵并没有统一的定论，不同的学科对其认识存在巨大差异。从建筑规划角度出发，乡村人居环境被定义为农户住宅建筑与居住环境有机结合的地表空间总称；从生态环境角度出发，乡村人居环境被定义为以人地和谐、自然生态系统和谐为目的，以人为主体的复合生态系统（李伯华和刘沛林，2010）。可见，乡村人居环境是一个动态的复杂巨系统（杨兴柱和王群，2013），包含自然生态环境、社会文化环境和地域空间环境三个要素。其中，自然生态环境是乡村人居环境的物质基础，为乡村的发展提供了自然条件和自然资源；社会文化环境是一个相对均质的文化区域，包括同一地域的村民共享相近的传统习俗、价值观念、制度文化和行为方式等；地域空间环境是农村村民生活的物质实体，与村民的生产生活息息相关（李伯华等，2014）。

随着乡村生态环境的恶化，研判乡村人居环境的态势，定量化地评价乡村人居环境受到学者的广泛关注。研究尺度涉及区域、省域、市域、县域等不同尺度；研究方法涉及模糊综合评价法、全排列多边形指数法、熵值法、德尔菲法等；乡村人居环境评价指标体系主要是从人居环境的内涵出发，涉及基础设施、公共服务设施、乡村经济发展水平、能源消费结构、居住条件、环境卫生、生态环境等维度（杨兴柱和王群，2013）。通过大量的实证研究发现，农村人居环境质量空间差异性显著，具有一定的空间集聚特征（顾康康和刘雪侠，2018），并且不同指标之间的空间格局存在差异，同时也存在明显的集聚分布特征（朱彬等，2015），呈现出局部圈层与多核心共存、“两极”分化明显及“西高东低”的空间分异特征（唐宁等，2018）。整体而言，乡村人居环境呈现出不同程度的空间差异，并且分布差异明显。

为了明晰乡村人居环境空间分异的规律，提升乡村人居环境的质量，乡村人居环境的影响因素和作用机制成为乡村人居环境研究的重点。自然地理环境、社会经济发展、地域文化、旅游发展、政府政策等对乡村人居环境具有重要影响（杨兴柱和王群，2013）。地形、水文、气候、土地利用特征等由于其长期的稳定性对乡村人居环境具有一定的影响，但影响较弱。其中，地形对乡村聚落的空间形态、规模、密度和发展方向具有直接影响；农村人居环境的空间分布是社会经济发展在空间上的表征，非农产业的发展与经济实力、居民生活和村容村貌等具有较高的相关性（朱彬等，2015）；地域特色文化是特定地域传承和延续的产物，地域文化的传承、扩散、融合及转化对乡村人居环境差异会产生显著影响（朱媛媛等，2018）。另外，近年来在旅游市场需求变化的拉动下，条件优越（区位条件、交通条件和景观条件）的乡村成为主要旅游扩展区和旅游接待服务设施的布局点。居民积极从事旅游业，促使乡村生产方式、生活方式、社会角色及乡村社区功能发生了巨大转变，从而引发了乡村人居环境的变化（李伯华等，2018）。农户的空间行为成为乡村人居环境演变的内在驱动力（李伯华和曾菊新，2009；李伯华等，2012）。近年来，党和国家出台了一系列乡村人居环境建设的要求和文件，美丽乡村建设和乡村振兴战略明确提出了人居环境建设的要求，并出台了《美丽乡村建设指南》（GB/T 32000—2015）《农村人居环境整治三年行动方案》等文件指导乡村人居环境建设的具体工作。

随着美丽乡村建设和乡村振兴战略的实施，乡村人居环境的改善和营建策略成为乡村环境研究的重要内容。对乡村人居环境的改善和提升，学者们提出了有针对性的差异化的优化策略。首先，研究表明乡村人居环境质量与经济发展水平具有较高的相关性，因此乡村人居环境的改善应与经济发展结合起来，通过积极培育产业、优化制度保障、优化生态环境促进经济发展，同时通过发展经济促进人居环境的改善（朱彬等，2015）。其次，基于乡村人居环境的评价结果对乡村人居环境进行分区（唐宁等，2018），针对不同分区采用不同的规划策略，如针对生态环境良好、社会经济发展水平较高、设施较为完善的区域，应加强周边区域与农村人居环境发展要素的流动，建立长效运行管理机制，多渠道改善乡村人居环境；对社会经济发展水平较低和设施配置一般的区域，应集中财力加强与村民生产和生活直接相关的道路、污水处理、生活垃圾处理及宽带等基础设施建设，完善基础设施和公共服务设施软环境的建设与合理配置（顾康康和刘雪侠，2018）。最后，基于乡村人居环境的复合指标，确定不同区域的人居环境短板，明确不同区域乡村人居环境的营建目标和重点（朱彬等，2015）。国内乡村人居环境的研究维度和角度较为丰富，涵盖了包括城乡规划学、地理学、生态学和社会学在内的各个学科领域，从人居环境的评价、影响因素和营建策略等多个角度开展了研究，取得了较为丰富的研究成果。但是，由于研究尺度较大、涉及内容较多，往往难以切实指导乡村人居环境的具体建设。因此，探究乡村人居建设的重点、明确乡村人居环境面临的迫切问题，并制定可选择、可操作、可实施的建设策略和技术方法成为研究重点。

2.5 生态环境保护的建构

乡村生态环境是农业生产、乡村聚落与自然环境融为一体的景观类型，是村庄规划和建设的重要内容，也是村庄可持续发展的核心问题（肖国增等，2012）。伴随着城市化和城市空间的不断扩张，土地低效利用、自然景观破坏、生物多样性降低及区域生态系统衰退等乡村生态健康问题（范建红等，2016；孙萍等，2011）引起了学者的广泛关注。城镇化的快速发展改变了乡村环境整体面貌，使越来越多的乡村日渐失去以往依山傍水、山水相融的村落环境，导致传统乡土文化的日益衰落。同时，原始朴素的环境意识被抛弃，村庄建设呈现无序状态，过度的旅游开发使得村庄丧失了作为人类聚居地的功能（李雄华，2015；吴巍和王红英，2011；冯艳等，2016）。在这样的背景下，乡村生态环境的评价和营建优化成为美丽乡村建设和乡村振兴战略背景下学者关注的重点问题。

乡村景观功能评价和生态敏感性评价是乡村景观评价的核心内容。其中，乡村景观功能评价是对乡村景观所发挥的美学、经济、社会、生态功能进行合理的评价，分析现有乡村景观中存在的问题，探讨未来的发展方向（肖国增等，2012），从而为乡村生态环境保护规划和建设提供理论依据。研究表明，乡村景观是指社会生产力发展到一定程度后形成的相对独立的，由自然环境、人文景观及其中的社会结构所组成的复合生态综合体（范建红等，2009；谢花林，2004），具有显著的美学、经济、社会和生态功能（郑文俊，2013）。其中，对乡村景观的美学功能评价，一是通过选取公认的景观生态质量指标（如景观质量、吸引力、认知程度、人造景观协调度和景观视觉污染等），构建乡村景观美景度评价指标体系对乡村景观的美学功能进行评价（王云才，2002；谢花林和刘黎明，2003）；二是从直接（公众偏好）和间接（乡村景观照片中包含的景观元素与景观属性对整体风景质量的贡献）两个维度对乡村景观的美学功能进行评价（Arriaza et al.，2004）。乡村景观的经济功能主要表现为生产功能（肖国增等，2012），既包括传统的种植业功能及养殖业功能，也包括方兴未艾的乡村旅游业功能。乡村景观的社会功能不仅表现在乡村居民对乡村景观的喜好及认知程度方面，也表现在社会对乡村景观的态度反应，即人与乡村景观的关系方面（丰凤和廖小东，2010；Howley，2012；Willemen et al.，2008）。乡村景观的生态功能体现在乡村的生态多样性及生态功能对乡村发展的积极作用方面（Laterra et al.，2012）。本着促进乡村景观全面发展、科学评价乡村景观作用的目的，学者构建了不同的乡村景观综合评价框架（谢志晶和卞新民，2011），如基于 AVC 理论［即吸引力（attraction）、生命力（vitality）、承载力（capacity）］的综合评价、基于 GIS 平台的生态敏感性评价、基于专家系统的生态功能评价等，同时也为乡村景观建构提供了参考。

美丽乡村建设的推进和乡村振兴战略的实施，使得生态环境保护的地位不断提升，成为村庄规划的重要内容，受到各界的广泛关注，也成为城乡规划学界研究的重点内容。从生态和可持续发展的理念出发，学者提出了众多乡村生态环境保护规划的设计策略，如基于生态规划和海绵城市的理念，提出了构建以“海绵城市理念”为基础的乡村水生态景观、以“区域整体化、系统化”为目标的乡村生态网络和以斑块-廊道-基质为模式的乡村生态格局的整体发展策略（冯艳等，2013；陈曦和王鹏程，2010）；基于可持续发展理念，提出了地域性和低成本的乡村景观营建策略（董丽和张宇，2014；王丽洁等，2016）。其中，地域性策略宏观层面以乡村空间网络整体保护与发展为主要目标，建立保护圈层、景观廊道和文化生态景观安全格局（姚亦锋，2014；王伟等，2015）；在中观层面，以村庄公共空间景观保护与更新为主要目标，通过延续和发展村落肌理，营建层次丰富的农村公共空间，增强农村公共空间的可达性，使乡村空间更加多元化（姚亦锋，2015）；在微观层面，以村庄建筑景观更新与发展为主要目标，运用“类设计”的模式，营造“边界空间”，在利用乡土材料与传统建造方法的同时，注重地域文化符号的转译（肖禾等，2013）。

低成本的策略就是在场地处理过程中，充分利用废弃材料，建立资源循环机制（丁金华，2011）；在开发过程中，降低人工介入，充分利用自然资源，减少对生态环境的干扰（韦娜和王伟，2015）；在建造过程中，满足人们对景观基本功能需求的同时选用低成本材料并改善施工方式等；在维护过程中，以时间为轴线，合理规划材料、能源与劳力（董丽和张宇，2014）。

2.6 研究述评

国内外关于村庄规划的研究经历了一个从简单到复杂、从单一到综合的阶梯式演进过程，在研究视角上从自然要素逐步向经济社会要素转变，在研究内容上从以物质实体为主逐步向人类生存环境和社会问题综合研究转变。国外学者在注重物质功能空间研究的同时，特别关注传统乡村记忆的传承与重构；国内学者针对我国社会经济发展的实际情况，在空间演变、功能转型、规划编制体系和对策、人居环境和生态营建等方面取得了颇为丰富的研究成果。可见，村庄发展建设与规划应对已成为当前重要发展方向和重点研究领域之一（Woods，1998；Fink et al.，2013），但受土地和户籍制度的影响，我国的村庄规划模式与西方发达国家迥然不同（Auken and Rye，2011；Long et al.，2012；Zhu et al.，2014），因而规划应对也应具有中国特色。

从现有的文献来看，村庄作为区域发展的一种类型，其产业与空间转型的特征、机理研究还较为缺乏，基于村庄发展特征与机理的实用性规划模式研究也较少（Legates and Hudalah，2014；Lang et al.，2016；朱倩琼等，2017）。对规划应对而言，虽然村庄规划的编制理念不断深化，符合村庄实际、覆盖村庄全域的规划编制理念逐渐成为学界的共识，但是在国土空间规划体系下，“多规合一”的实用性村庄规划的理论背景、编制内容等的研究还有待进一步深化。

因此，为了尽可能深入、全面地认识城镇化、工业化、市场化和全球化对乡村社会、政治、经济、文化和生态的影响，研讨具有中国特色、乡土特色的规划应对举措，构建符合农业发展规律、农村发展模式和农民生活福祉的规划模式，需要将村庄规划建设放在多尺度、多角度的动态体系中去研究，系统性地揭示村庄发展的作用机理，为建立能指导村庄健康发展的实用性规划模式提供更加可靠的科学理论依据。

参考文献

陈秋晓，洪冬晨，吴霜，等. 2014. 双体系并行特征下的浙江省乡村规划体系优化途径［J］. 规划师，30（7）：91-96.

陈曦，王鹏程. 2010. 基于旅游产业开发与生态保护原则的乡村景观规划设计［J］. 规划师，26（S2）：247-252.

陈潇玮，王竹. 2016. 城郊乡村产业与空间一体化形态模式研究——以杭州华联村为例［J］.

建筑与文化，(12)：117-119.
陈兴雷，郭忠兴，刘小红，等. 2011. 大城市边缘区农村居民点用地空间布局优化研究——对上海南汇地区的考察［J］. 地域研究与开发，30（3）：117-122.
陈英华，杨学成. 2017. 农村产业融合与美丽乡村建设的耦合机制研究［J］. 中州学刊，(8)：35-39.
陈友华，赵民. 2000. 城市规划概论［M］. 上海：上海科学技术文献出版社.
丁金华. 2011. 新农村建设背景下乡村景观低碳化建设策略探析［J］. 广东农业科学，38（24）：182-184.
董丽，张宇. 2014. 基于低成本策略的旅游型乡村景观研究［J］. 中国园林，30（10）：107-111.
段德忠，刘承良. 2014. 国内外城乡空间复杂性研究进展及其启示［J］. 世界地理研究，23（1）：55-64.
范建红，魏成，李松志. 2009. 乡村景观的概念内涵与发展研究［J］. 热带地理，29（3）：285-289，306.
范建红，朱雪梅，谢涤湘. 2016. 城市蔓延背景下的乡村景观生态安全影响研究［J］. 城市发展研究，23（11）：11-16.
范凌云，雷诚. 2010. 论我国乡村规划的合法实施策略——基于《城乡规划法》的探讨［J］. 规划师，26（1）：5-9.
丰凤，廖小东. 2010. 农村集体经济的功能研究［J］. 求索，(3)：46-47，67.
冯奔伟，王镜均，王勇. 2015. 新型城乡关系导向下苏南乡村空间转型与规划对策［J］. 城市发展研究，22（10）：14-21.
冯艳，胡继燕，刘传龙. 2016. 基于海绵城市理念的我国乡村景观规划问题与策略［J］. 城市发展研究，23（11）：19-22.
冯艳，叶建伟，黄亚平. 2013. 权力关系变迁中武汉都市区簇群式空间的形成机理［J］. 城市规划，37（1）：24-30.
葛丹东，华晨. 2009. 适应农村发展诉求的村庄规划新体系与模式建构［J］. 城市规划学刊，(6)：60-67.
顾康康，刘雪侠. 2018. 安徽省江淮地区县域农村人居环境质量评价及空间分异研究［J］. 生态与农村环境学报，34（5）：385-392.
韩非，蔡建明，刘军萍. 2010. 大都市郊区乡村旅游地发展的驱动力分析——以北京市为例［J］. 干旱区资源与环境，24（11）：195-200.
何深静，钱俊希，徐雨璇，等. 2012. 快速城市化背景下乡村绅士化的时空演变特征［J］. 地理学报，67（8）：1044-1056.
胡智清，周俊，洪江. 2003. 城市边缘区域村庄规划策略研究——以经济发达、村镇密集地区为例［J］. 规划师，(11)：19-21.
黄华，肖大威. 2016. 城市郊区乡村规划问题研讨［J］. 南方建筑，(4)：104-107.
蒋万芳，袁南华. 2016. 县域乡村建设规划试点编制方法研究——以广东省广州市增城区为例［J］. 小城镇建设，(6)：33-39，52.

郐艳丽，刘海燕．2010. 我国村镇规划编制现状、存在问题及完善措施探讨［J］. 规划师，26（6）：69-74.
雷诚，赵民．2009. “乡规划”体系建构及运作的若干探讨——如何落实《城乡规划法》中的“乡规划”［J］. 城市规划，33（2）：9-14.
李伯华，刘沛林，窦银娣．2012. 转型期欠发达地区乡村人居环境演变特征及微观机制——以湖北省红安县二程镇为例［J］. 人文地理，27（6）：56-61.
李伯华，刘沛林，窦银娣．2014. 乡村人居环境系统的自组织演化机理研究［J］. 经济地理，34（9）：130-136.
李伯华，刘沛林．2010. 乡村人居环境：人居环境科学研究的新领域［J］. 资源开发与市场，26（6）：524-527，512.
李伯华，曾灿，窦银娣，等．2018. 基于“三生”空间的传统村落人居环境演变及驱动机制——以湖南江永县兰溪村为例［J］. 地理科学进展，37（5）：677-687.
李伯华，曾菊新．2009. 基于农户空间行为变迁的乡村人居环境研究［J］. 地理与地理信息科学，25（5）：84-88.
李建伟，李海燕，刘兴昌．2004. 层次分析法在迁村并点中的应用——以西安市长安子午镇为例［J］. 规划师，20（9）：98-100.
李文越，李昊，张悦．2017. 北京乡村产业发展困境和规划应对——以柳庄户村为例［J］. 小城镇建设，（1）：41-47.
李雄华．2015. 城市化进程中乡村环境建设与村落保护［J］. 生态经济，31（2）：168-171.
刘君德，彭再德，徐前勇．1997. 上海郊区乡村—城市转型与协调发展［J］. 城市规划，21（5）：43-45.
刘韶军．2000. 欠发达地区城市边缘区村庄发展特征及规划布局分析——以河南省为例［J］. 城市规划汇刊，19（3）：64-67，80.
刘彦随，龙花楼，陈玉福，等．2011. 中国乡村发展研究报告：农村空心化及其整治策略［M］. 北京：科学出版社．
龙花楼，屠爽爽．2017. 论乡村重构［J］. 地理学报，72（4）：563-576.
龙花楼．2012. 论土地利用转型与乡村转型发展［J］. 地理科学进展，31（2）：131-138.
鲁晓军，孙明芳．2007. 基于苏南乡村创新发展的城乡规划体系调适［J］. 城市规划，31（7）：73-76.
梅耀林，许珊珊，杨浩．2016. 实用性乡村规划的编制思路与实践［J］. 规划师，32（1）：119-125.
孟莹，戴慎志，文晓斐．2015. 当前我国乡村规划实践面临的问题与对策［J］. 规划师，31（2）：143-147.
乔杰，洪亮平．2017. 从“关系”到“社会资本”：论我国乡村规划的理论困境与出路［J］. 城市规划学刊，（4）：81-89.
曲衍波，姜广辉，张佰林，等．2017. 山东省农村居民点转型的空间特征及其经济梯度分异［J］. 地理学报，72（10）：1845-1858.
孙萍，唐莹，罗伯特·梅森．2011. 国外城市蔓延研究综述［J］. 城市问题，（8）：87-92.

孙莹，张尚武.2017. 我国乡村规划研究评述与展望 [J]. 城市规划学刊，(4)：74-80.
汤海孺，柳上晓.2013. 面向操作的乡村规划管理研究——以杭州市为例 [J]. 城市规划，37 (3)：59-65.
唐宁，王成，杜相佐.2018. 重庆市乡村人居环境质量评价及其差异化优化调控 [J]. 经济地理，38 (1)：160-165，173.
陶小兰.2015. 乡村视角下的广西县域村庄规划编制体系探讨 [J]. 规划师，31 (S2)：159-161.
田莉，戈壁青.2011. 转型经济中的半城市化地区土地利用特征和形成机制研究 [J]. 城市规划学刊，(3)：66-73.
汪惠萍，章锦河，王玉玲.2011. 乡村旅游的乡村性研究 [J]. 中国农学通报，27 (29)：301-305.
王冠贤，朱倩琼.2012. 广州市村庄规划编制与实施的实践、问题及建议 [J]. 规划师，28 (5)：81-85.
王丽洁，聂蕊，王舒扬.2016. 基于地域性的乡村景观保护与发展策略研究 [J]. 中国园林，32 (10)：65-67.
王伟，杨豪中，陈媛，等.2015. 乡村生态景观的构建与评价研究 [J]. 西安建筑科技大学学报（自然科学版），47 (3)：448-452.
王兴平，胡畔，涂志华，等.2011. 苏南地区被撤并乡镇驻地再利用研究——以南京市六合区为例 [J]. 城市发展研究，18 (10)：25-31.
王勇，李广斌，王传海.2012. 基于空间生产的苏南乡村空间转型及规划应对 [J]. 规划师，28 (4)：110-114.
王勇，李广斌.2011. 苏南乡村聚落功能三次转型及其空间形态重构——以苏州为例 [J]. 城市规划，35 (7)：54-60.
王雨村，屠黄桔，岳芙.2017. 产业融合视角下苏南乡村产业空间优化策略研究 [J]. 现代城市研究，(10)：44-51.
王瑗.2010. 城市边缘区乡村旅游地城市化进程研究——以成都三圣花乡为例 [J]. 城市发展研究，17 (12)：135-138.
王云才.2002. 论中国乡村景观评价的理论基础与评价体系 [J]. 华中师范大学学报（自然科学版），36 (3)：389-393.
韦娜，王伟.2015. 西部山地乡村景观环境生态设计研究 [J]. 生态经济，31 (6)：195-199.
吴良镛.2001. 人居环境科学导论 [M]. 北京：中国建筑工业出版社.
吴纳维，张悦，王月波.2015. 北京绿隔乡村土地利用演变及其保留村庄的评估与管控研究——以崔各庄乡为例 [J]. 城市规划学刊，(1)：61-67.
吴巍，王红英.2011. 论新农村建设中的乡村景观规划 [J]. 湖北农业科学，50 (14)：2847-2850.
吴晓松，王妙妙，曹小曙.2015. 广州市城郊村庄发展特征、趋势与规划研究——以从化赤草村为例 [J]. 西部人居环境学刊，30 (2)：76-81.
肖国增，周艳丽，安运华，等.2012. 乡村景观功能评价综述 [J]. 南方农业学报，43 (11)：

1741-1744.
肖禾，李良涛，张茜，等 . 2013. 小尺度乡村景观生态评价及重构研究［J］. 中国生态农业学报，21（12）：1554-1564.
谢花林 . 2004. 乡村景观功能评价［J］. 生态学报，24（9）：1988-1993.
谢志晶，卞新民 . 2011. 基于 AVC 理论的乡村景观综合评价［J］. 江苏农业科学，39（2）：266-269.
杨忍，刘彦随，龙花楼，等 . 2015. 中国乡村转型重构研究进展与展望——逻辑主线与内容框架［J］. 地理科学进展，34（8）：1019-1030.
杨兴柱，王群 . 2013. 皖南旅游区乡村人居环境质量评价及影响分析［J］. 地理学报，68（6）：851-867.
杨振之 . 2011. 城乡统筹下农业产业与乡村旅游的融合发展［J］. 旅游学刊，26（10）：10-11.
杨忠伟，余剑，熊虎 . 2013. 基于"灰色用地"规划的城边村的渐进改造［J］. 城市问题，（4）：26-30.
姚亦锋 . 2014. 以生态景观构建乡村审美空间［J］. 生态学报，34（23）：7127-7136.
姚亦锋 . 2015. 江苏省地理景观与美丽乡村建构研究［J］. 人文地理，30（4）：108-115.
叶红，郑书剑，邓毛颖 . 2011. 经济转型小城镇"规划区"结构优化研究——以广州市增城派潭镇总体规划为例［J］. 城市规划，35（7）：49-53.
张宏，李洪斌，姚江春 . 2012. 广州周边地区乡村转型面临的危机及规划应对［J］. 城市问题，（11）：32-36.
张京祥，申明锐，赵晨 . 2014. 乡村复兴：生产主义和后生产主义下的中国乡村转型［J］. 国际城市规划，29（5）：1-7.
张尚武，李京生，郭继青，等 . 2014. 乡村规划与乡村治理［J］. 城市规划，38（11）：23-28.
张尚武 . 2013. 城镇化与规划体系转型——基于乡村视角的认识［J］. 城市规划学刊，（6）：19-25.
张小林，盛明 . 2002. 中国乡村地理学研究的重新定向［J］. 人文地理，17（1）：81-84.
张艳明，章旭健，马永俊 . 2009. 城市边缘区村庄城镇化发展模式研究——以江浙经济发达地区为例［J］. 浙江师范大学学报（自然科学版），32（3）：344-348.
赵琪龙，郭旭，李广斌 . 2014. 开发区主导下的苏南乡村空间转型——以苏州工业园区为例［J］. 现代城市研究，（5）：9-14.
赵毅，段威 . 2016. 县域乡村建设总体规划编制方法研究——以河北省安新县域乡村建设总体规划为例［J］. 规划师，32（1）：112-118.
郑文俊 . 2013. 旅游视角下乡村景观价值认知与功能重构——基于国内外研究文献的梳理［J］. 地域研究与开发，32（1）：102-106.
周岚，于春 . 2014. 乡村规划建设的国际经验和江苏实践的专业思考［J］. 国际城市规划，29（6）：1-7.
周游，魏开，周剑云，等 . 2014. 我国乡村规划编制体系研究综述［J］. 南方建筑，（2）：24-29.
朱彬，张小林，尹旭 . 2015. 江苏省乡村人居环境质量评价及空间格局分析［J］. 经济地理，

35 (3): 138-144.

朱倩琼, 郑行洋, 刘樱, 等. 2017. 广州市农村聚落分类及其空间特征 [J]. 经济地理, 37 (6): 206-214, 223.

朱媛媛, 孙璇, 揭毅, 等. 2018. 基于乡村振兴战略的人居文化环境质量测度与优化——以长江中游地区为例 [J]. 经济地理, 38 (9): 176-182.

Anna L H. 2002. Managing rural residential development [J]. The Land Use Tracker, 1 (4): 6-10.

Argent N. 2011. Inter- Regional Migation Trends and Processes in Rural Australia: Regional Dvelopment Implications and Responses [J]. Regions Magazine, 283 (1): 17-19.

Arriaza M, Cañas-Ortega J F, Cañas-Madueño J A, et al. 2004. Assessing the visual quality of rural landscapes [J]. Landscape and Urban Planning, 69 (1): 115-125.

Auken P M V, Rye J F. 2011. Amenities, Affluence, and Ideology: Comparing Rural Restructuring Processes in the US and Norway [J]. Landscape Research, 36 (1): 63-84.

Bathelt H, Gluckler J. 2003. Toward a relational economic geography [J]. Journal of Economic Geography, 3 (2): 117-144.

Bański J, Wesołowska M. 2010. Transformations in housing construction in rural areas of Poland's Lublin region-influence on the spatial settlement structure and landscape aesthetics [J]. Landscape and Urban Planning, 94 (2): 116-126.

Bhattarai K, Pant L. 2013. Patriarchal bargains in protected spaces: A new strategy for agricultural and rural development innovation in the western hills of Nepal [J]. Canadian Journal of Development Studies, 34 (4): 461-481.

Carrion-Flores C, Irwin E G. 2004. Determinants of residential land-use conversion and sprawl at the rural-urban fringe [J]. American Journal of Agricultural Economics, 86 (4): 889-904.

Clark J K, Mcchesney R, Munroe D K, et al. 2009. Spatial characteristics of exurban settlement pattern in the United States [J]. Landscape and Urban Planning, 90 (3 - 4): 178-188.

Dubois A. 2016. Transnationalising entrepreneurship in a peripheral region- The translocal embeddedness paradigm [J]. Journal of Rural Studies, 46 (8): 1-11.

Fink M, Lang R, Harms R. 2013. Local responses to global technological change — Contrasting restructuring practices in two rural communities in Austria [J]. Technological Forecasting and Social Change, 80 (2): 243-252.

Firman T. 2000. Rural to urban land conversion in Indonesia during boom and bust periods [J]. Land Use Policy, 17 (1): 13-20.

Frisvoll S. 2012. Power in the production of spaces transformed by rural tourism [J]. Journal of Rural Studies, 28 (4): 447-457.

Gallent N, Andersson J. 2007. Representing England's rural-urban fringe [J]. Landscape Research, 32 (1): 1-21.

He S, Qian J, Xu Y, et al. 2012. Spatial-temporal Evolution of Rural Gentrification amidst Rapid Urbanization: A Case Study of Xiaozhou Village, Guangzhou [J]. Acta Geographica Sinica,

67 (8): 1044-1056.

Hildén M, Jokinen P, Aakkula J. 2012. The sustainability of agriculture in a northern industrialized country: From controlling nature to rural development [J]. Sustainability, 4 (12): 3387-3403.

Howley P. 2011. Landscape aesthetics: Assessing the general publics' preferences towards rural landscapes [J]. Ecological Economics, 72 (C): 161-169.

Hudalah D, Winarso H, Woltjer J. 2007. Peri- urbanization in East Asia: A new challenge for planning? [J]. International Development Planning Review, 29 (4): 503-519.

Jongeneel R A, Polman N B P, Slangen L H G. 2008. Why are Dutch farmers going multifunctional? [J]. Land Use Policy, 25 (1): 81-94.

Korsgaard S, Sabine M, Tanvig H W. 2015. Rural entrepreneurship or entrepreneurship in the rural-between place and space [J]. International Journal of Entrepreneurial Behavior and Research, 21 (1): 5-26.

Lang W, Chen T, Li X. 2016. A new style of urbanization in China: Transformation of urban rural communities [J]. Habitat International, 55 (1): 1-9.

Laterra P, Orúe M E, Booman G C. 2012. Spatial complexity and ecosystem services in rural landscapes [J]. Agriculture Ecosystems & Environment, 154 (3): 56-67.

Legates R, Hudalah D. 2014. Peri-Urban Planning for Developing East Asia: Learning from Chengdu, China and Yogyakarta/Kartamantul, Indonesia [J]. Journal of Urban Affairs, 36 (s1): 334-353.

Lesage J P, Charles J S. 2008. Using home buyers' revealed preferences to define the urban-rural fringe [J]. Journal of Geographical Systems, 10 (1): 1-21.

Long H, Li Y, Liu Y, et al. 2012. Accelerated restructuring in rural China fueled by 'increasing vs. decreasing balance' land-use policy for dealing with hollowed villages [J]. Land Use Policy, 29 (1): 11-22.

Marcello D, Gerard M, Robert S. 2019. Farm diversification strategies in response to rural policy: a case from rural Italy [J]. Land Use Policy, 81 (2): 291-301.

McManus P, Walmsley J, Argent N, et al. 2012. Rural community and rural resilience: what is important to farmers in keeping their country towns alive? [J] . Journal of Rural Studies, (28): 20-29.

Mitchell C J A. 2004. Making sense of counter urbanization [J]. Journal of Rural Studies, 20 (1): 15-34.

Papatheodorou A. 2004. Exploring the evolution of tourism resorts [J]. Annals of Tourism Research, 31 (1): 219-237.

Paul P, Matthew T, Neil A. 2018. Sustainable rural economies, evolutionary dynamics and regional policy [J]. Applied Geography, 90 (1): 308-320.

Pribadi D O, Pauleit S. 2015. The dynamics of peri-urban agriculture during rapid urbanization of Jabodetabek Metropolitan Area [J]. Land Use Policy, 48 (11): 13-24.

Ramsey D, Abrams J, Clark J K. 2013. Rural geography- rural development: an examination of agriculture, policy and planning, and community in rural areas [J]. Journal of Rural and Community Development, 8 (3): i-v.

Rey V, Bachvarov M. 1998. Rural settlements in transition - agricultural and countryside crisis in the Central-Eastern Europe [J]. GeoJournal, 44 (4): 345-353.

Ruda G. 1998. Rural buildings and environment [J]. Landscape and Urban Planning, 41 (2): 93-97.

Scott A J, Carter C, Reed M R, et al. 2013. Disintegrated development at the rural-urban fringe: Re-connecting spatial planning theory and practice [J]. Progress in Planning, 83 (7): 1-52.

Sorensen A. 2000. Land readjustment and metropolitan growth: an examination of suburban land development and urban sprawl in the Tokyo metropolitan area [J]. Progress in Planning, 53 (4): 217-330.

Veenhuizen R van. 2006. Introduction, Cities Farming for the Future [A] // Veenhuizen R van (ed) . Cities farming for the future: urban agriculture for green and productive cities [M]. Canada, Ottawa RUAF Foundation, IDRC and IIRR: 1-17.

Vesterby M, Krupa K S. 2002. Rural residential land use: Tracking its growth [J]. Agricultural Outlook, 8 (293): 14-17.

Willemen L, Verburg P H, Hein L, et al. 2008. Spatial characterization of landscape functions [J]. Landscape and Urban Planning, 88 (1): 34-43.

Woods M. 1998. Advocating rurality? The repositioning of rural local government [J]. Journal of Rural Studies, 14 (1): 13-26.

Woods M. 2010. Performing reality and practicing rural geography [J]. Progress in Human Geography, 34 (6): 835-846.

Woods M. 2011. Rural [M]. London: Routledge.

Zasada I. 2011. Multifunctional peri-urban agriculture-A review of societal demands and the provision of goods and services by farming [J]. Land Use Policy, 28 (4): 639-648.

Zhu F, Zhang F, Li C, et al. 2014. Functional transition of the rural settlement: Analysis of land-use differentiation in a transect of Beijing, China [J]. Habitat International, 41 (1): 262-271.

第 3 章　规划编制体系

自中华人民共和国成立以来，我国的社会经济发展取得了举世瞩目的成就，城镇化、工业化、市场化和信息化程度不断提高，社会、经济、文化等各个领域发生了全面而深刻的变革，我国由一个“农业国”转变为“工业国”，由“乡土中国”转变为“城乡中国”，进入“工业反哺农业”“城市反哺农村”的阶段。在党的十九大报告中，习近平总书记作出了“我国社会主要矛盾已经转化为人民日益增长的美好生活需要和不平衡不充分的发展之间的矛盾”的科学论断，而城乡之间的不平衡不充分又是矛盾的重要方面（汪光焘，2018）。因而，近年来，党中央和国务院对“三农”问题的关注程度不断加深，新农村、美丽乡村和乡村振兴战略等一系列旨在推动乡村健康快速发展的计划相继出台。村庄规划作为落实各级政府对村庄发展的具体指导，受到城乡规划、地理学和建筑学等不同领域学者的广泛关注（郭亮，2009），针对村庄规划编制体系进行了较为深入的探讨，取得了较为丰富的研究成果。然而，在对村庄规划编制体系探索的过程中不免出现一些问题，一方面对村庄的演变机制和问题缺乏系统性的分析和梳理，理论研究较弱，更多的是对解决村庄具体问题的应用型技术的探索（房艳刚，2017）；另一方面在国土空间规划改革和社会经济转型发展的大背景下，亟待建构“多规合一”的实用型村庄规划，重构村庄规划的目标、任务和编制体系。因此，本章在对村庄规划编制体系发展历程进行深度解析的基础上，明确村庄规划编制的现实困境和价值取向，立足于乡村振兴战略实施和国土空间规划改革的大背景，探索“多规合一”的实用性型庄规划编制体系，以期为乡村振兴和高质量发展提供理论和实践指导。

3.1 发展历程

村庄规划的理论与方法是伴随着现代村庄建设发展而逐步形成的。在漫长的封建社会，虽然没有村庄规划的系统概念，但是传统的城市规划思想与布局理念均已体现在村庄建设活动中（安国辉等，2009）。中华人民共和国成立以来，我国曾多次进行村庄规划工作。中华人民共和国成立之初，以人民公社为契机，开展了包括农业生产、工业（产业）布局规划、居民点建设、建筑设计、园林绿化等在内的一系列村庄规划实践，旨在提高村民生活水平、改善居住环境、优化生产条件。改革开放之后，随着社会、政治、经济、文化等各项事业的平稳向好发展，村庄规划虽然略微滞后于城市规划，但对村庄建设和产业布局仍起到了积极的引导作用。21 世纪以来，随着新农村建设、美丽乡村建设及乡村振兴战略的推进，村庄规划逐步实现了法制化、标准化、规范化，在此基础上，村庄建设亦取得了显著的成就。

回顾中华人民共和国成立以来的村庄规划发展历程，村庄规划建设的道路是十分曲折的。村庄规划发展经历了一个从起步、停止、探索到逐渐成熟的过程，其地位和作用逐渐由边缘走向核心、由被忽视走向被聚焦、由摸索前行走向系统规范。基于我国社会主义建设的背景、社会经济发展状况和规划建设侧重点，通过对村庄规划发展脉络的梳理和解析（图 3-1），以十一届三中全会、《中华人民共和国城乡规划法》颁布实施和乡村振兴战略等重大事件作为时间节点，将我国村庄规划大致划分为 4 个发展阶段①：蹒跚起步阶段（1949 ~ 1966 年）、探索前行阶段（1978 ~ 2008 年）、规范成熟阶段（2008 ~ 2017 年）和转型完善阶段（2017 年至今）。

3.1.1 蹒跚起步阶段（1949 ~ 1966 年）

中华人民共和国成立以后，随着社会主义建设大幕的徐徐拉开，农村建设成为党和国家的工作重点。响应人民公社建设及“农业学大寨”的号召，在“逐步改造现有的旧式房屋，分期分批地建设新型园林化的乡镇和村的居民点”规划方针的引领下，村庄规划成为组织生产和村庄建设的纲领性文件。在小农经济的基础上，面对社会主义经济建设，以人民公社为重点的村庄规划主要包括经济规划、居民点布局和住宅设计三部分。其中，经济规划强调工农业并举、农林牧副渔全面发展，通过规划合理调整农业生产布局（张同铸等，1959）；居民点布局强调居民点的合理规模、分布及布局结构等（徐伯清，1965；北京师范大学地理系三年级经济地理实习队居民点小组，1958）；住宅设计则强调居民住宅的样式、公共建筑的配建标准与建筑设计等（辽宁省建设厅城市规划处，1958）。这一时期受到物力、财力和人力的限制，不可能对星罗棋布的村庄都进行统一规划，但各地均进行了卓有成效的规划设计，在建设实践中也发挥了积极的作用。

---

① 受“文化大革命”的影响，1966 ~ 1978 年规划技术力量被削弱，乡村规划工作全面停滞，故在此不做论述。

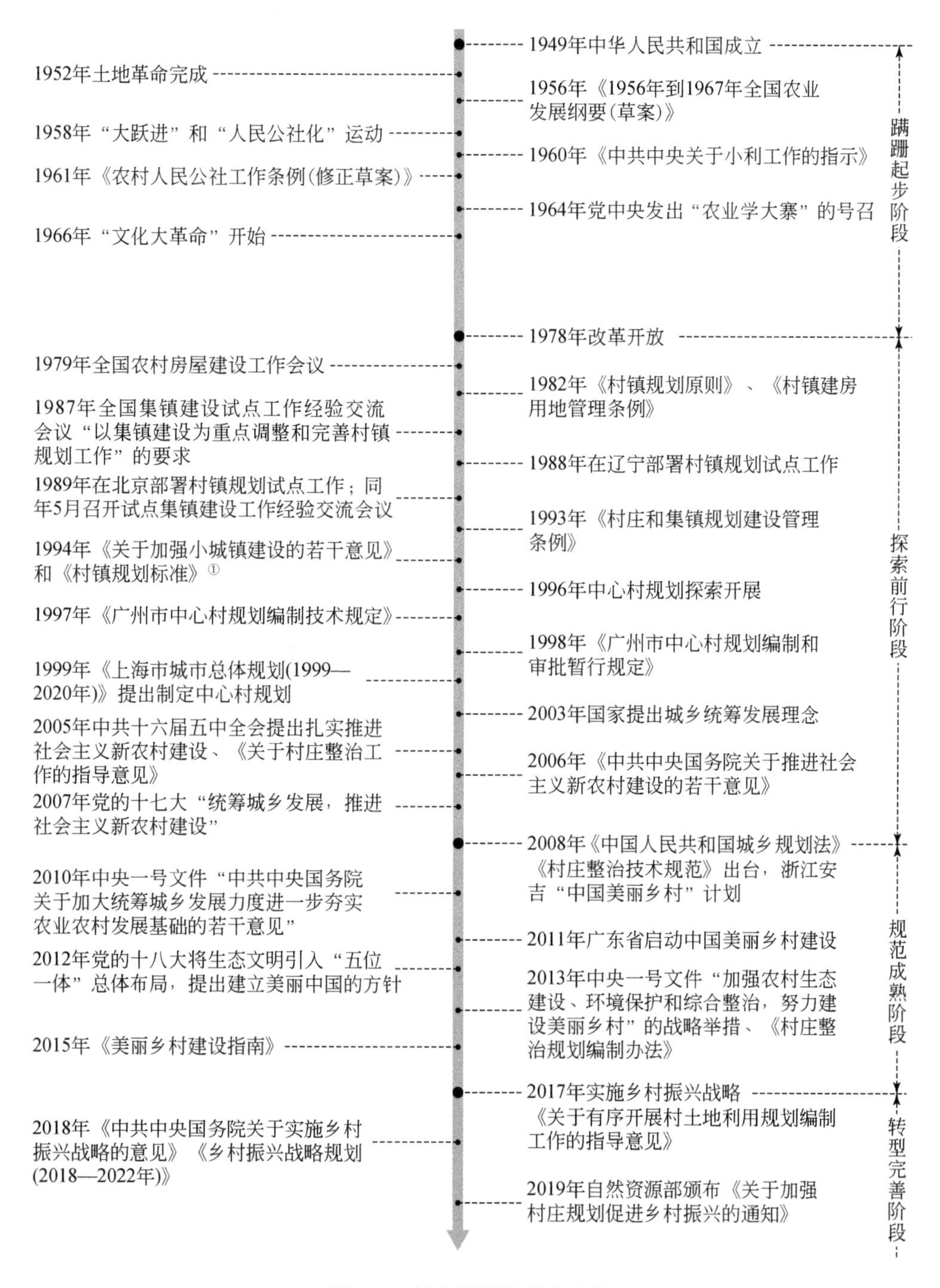

图 3-1　村庄规划发展大事件

① 该标准系 1993 年颁布，并于 1994 年实施。

1949～1957年是我国恢复生产、重建家园，进行社会主义改造，贯彻执行“一五”计划的时期，农村经历了土地改革、农业互助组和农业生产合作社等建设运动。“一五”计划的实施促进了村庄地区的快速发展和乡村生产力的提高，激发了农民的建设热情，为村庄建设提供了一个良好的开局，主要表现为对村民建房的引导和对基础设施的改善，很多破败的居民点得以恢复，出现了一批崭新的城镇，农村新建住房数量增加，农村新建住房面积不断增加，住房条件得到了一定的改善（卢云亭，1960）。《1956年到1967年全国农业发展纲要（草案）》是高速度地发展我国社会主义农业生产和建设的纲领，提出在发展生产的基础上，开展包括农村文化、教育、卫生等各个方面的建设规划，并确立了改变我国农村整体面貌的伟大目标（何洪华，2007）；同时，该纲领的出台使得农村水利设施建设受到了重视，出现了较大规模的库区移民，但缺乏库区建设的统筹考虑，未对移民村进行合理的规划，导致移民村的未来发展受限。虽然村庄规划有一个较为良好的开局，但是这一时期受经济发展条件所限，仍以运动式、口号式的村庄建设为主，村庄规划并未受到应有的重视。

1958～1966年全国掀起“人民公社化”运动的高潮，推动村庄规划和建设发展。“人民公社化”运动对农村生产和农民生活产生了深远的影响。在这一时期，以较为系统的村庄规划的出现为标志（王吉鑫，1958），掀起了中华人民共和国成立以来的首次村庄规划热潮，虽有不切合实际（如过高估计经济发展速度）和强调并村定点等缺点，但成绩仍应予以肯定（金其铭，1990）。这一时期的村庄规划根据设计人员专业背景可划分为经济地理和建筑工程两个方面。在经济地理方面，包括地理系学生在内的大量地理工作者结合庞杂全面的人民公社规划工作，开展了大量的调研与分析，其所编制的规划内容涉及农业生产、居民点规模与配置、道路交通、文化教育等各个方面，并借此工作使农村地理的学术研究与社会主义建设实际工作结合起来，形成了一些比较有代表性的研究成果，包括《农村人民公社经济规划的初步经验》《人民公社居民点规划的几个问题》《农村人民公社居民点的规模及其配置》《编制人民公社经济规划的原则和方法的初步研究》《经济地理在人民公社规划中的作用》《人民公社工业规划的原则和方法问题》《新滘人民公社生产综合体的特征及其发展趋势》等。在建筑工程方面，结合生产布局规划，主要针对农村居民点的住宅规划设计、公共建筑设计等开展相应的工程规划设计，也形成了一些比较有代表性的研究成果，包括《上海市“七一”人民公社居民点规划设计》《广阔天地大有作为人民公社新村规划》《对农村规划和建筑的几点意见》《关于城乡住宅建设问题的探讨》《黑龙江省农村居民点规划中几个问题的探讨》《农村住宅降低造价和帮助农民自建问题的探讨》《人民公社居民点公共建筑定额的探讨》《上海地区农村住宅规划及建筑设计》《徐水人民公社大寺各庄居民点规划及建筑设计》等。经济地理和建筑工程的早期介入，使乡村规划学崭露头角，也为其后学科发展奠定了坚实的基础。这一时期，人民公社的规划建设成为规划的焦点，人民公社居民点、农业水利设施的建设成为规划建设的重要内容，规划建设取得了一定的成绩。

侧重于人民公社居民点的规模、布局、规划设计、绿化布置等方面的居民点建设是人民公社建设的重要部分，其主要内容有：倡导人民公社规模的确定应以有利于农业生产和便于领导、有利于提高人民生活福利为原则，重点考虑作物对劳动力的需求、未来大规模机械化对农业生产的影响、生产半径等（北京师范大学地理系三年级经济地理实习队居民点小组，1958）；人民公社居民点分布应本着有利生产、交通方便和风景优美的原则，按生产、居住等的不同情况将居民点分成住宅区、行政中心区和生产区（王尚武，1959）；人民公社居民点规划以满足综合生产规划、水利规划等方面的建设要求为目的，重点考虑居民点集中分散程度和原有房屋的利用问题，并对其进行有差别的公共服务设施的配置（上海市民用建筑设计院人民公社设计组，1958）；人民公社园林化规划随着党中央大地园林化理想的提出而广泛开展，其主要针对不同地区或土地提出绿化美化措施、任务指标并进行收益估计等（佚名，1959）。同时期的以农田水利建设为中心的农业基础设施建设亦取得巨大的成就，使我国农业综合水平取得长足的进步。1964 年年底，在“农业学大寨”热潮中，农村建设关注农田基本建设、给排水建设、地方五小工业（即小钢铁、小煤矿、小机械、小水泥、小化肥）的发展，县、人民公社积极开展新农村规划（佚名，1975），新村规划布局注重结合地形、道路、水渠等，以方便农业生产为原则，并配置幼儿园、会堂等服务设施，用地规划以集约用地为原则，确定房屋建筑标准等规划举措，极大地促进了村庄规划的发展（科管室情报组，1975）。

1966～1978 年，受“文化大革命”的影响，村庄规划与建设基本处于停滞状态。

3.1.2　探索前行阶段（1978～2008 年）

改革开放初期，为缓解破败农房与农民迫切的住房需求之间的矛盾，村庄的建设工作以农房建设为主，村庄规划也处于逐步复苏阶段；之后，随着以集镇建设为核心的一系列决策的提出，我国村庄规划工作进入了从只抓农房建设发展到对村镇进行综合规划建设的阶段；20 世纪 90 年代，随着《村庄和集镇规划建设管理条例》和《村镇规划标准》（GB 50188—93）的相继出台，村庄规划的法规、编制和实施三大体系的基本框架得以初步构建（赵虎等，2011）。显而易见，改革开放后的村庄规划复苏与中华人民共和国成立初期的村庄规划发展的路径完全不同，后者实行以社会经济发展为主的地理学模式与以物质形态建设为主的建筑学模式并重的发展路径，而前者则实行由单一农房建设规划模式向综合模式转变的发展路径。

党的十一届三中全会以后，党和国家做出工作重点从阶级斗争为纲向以经济建设为中心转移的决定，从此我国进入了建设社会主义的新的历史时期。家庭联产承包责任制的实施，极大地解放了农村生产力，促进了农村农业的发展。村庄规划紧跟改革的步伐，村庄规划的体系建设也逐步走上了正轨，村庄规划的理论基础、规划方法、技术准则已初见其形（葛丹东和华晨，2009）。尤其是在鼓励农民自主建房的政策出台之后，村庄建设工作达到一个新的高潮；但同时出现了农民建房无序、乱占耕地的现象。为了规范和指导社会主义新农村建设，1979年在青岛举行了第一次全国农村房屋建设工作会议，提出了应在总体规划的基础上进行居民点规划的要求，此次会议的召开标志着村庄规划的基本理论体系建设和实践工作步入了新的发展阶段（王立权，1980）。家庭联产承包责任制激发了农村的经济活力，掀起了农村建房的热潮，为了应对日益膨胀的农村建房的需求，国家基本建设委员会（现为国家发展和改革委员会）、国家建设委员会和国家农业委员会于1982年联合印发了《村镇规划原则》[①]，同年，国务院发布《国务院关于发布〈村镇建房用地管理条例〉的通知》（国发〔1982〕29号）[②]。但是由于受城乡二元体制和城市本位思想的影响（葛丹东，2010），村庄规划仍主要是对村庄自身发展的指导，侧重于住房建设规划，并未从更大的视角统筹考虑城乡、村镇的布局。1987年，在城乡建设环境保护部（87）城字271号《关于印发〈以集镇建设为重点调整和完善村镇规划工作的要求〉的通知》[③] 文件的指引下，村庄规划由原来的注重村庄住房建设管理转向注重村镇综合管理，村庄规划得到进一步完善、充实和深化。至1986年年底，全国约有70%的村庄完成了

① 《村镇规划原则》明确了村镇建设规划应在总体规划指导下，具体选定有关规划的各项定额指标，安排各项建设用地，确定各项建筑及公用设施的建设方案，规划村镇范围内的交通运输系统、绿化及环境卫生工程，确定道路红线、断面设计和控制点的坐标、标高，布置各项工程管线及构筑物，并提出各项工程的工程量和概算，确定规划实施的步骤和措施。

② 《国务院关于发布〈村镇建房用地管理条例〉的通知》（国发〔1982〕29号）明确提出“抓紧进行村镇规划（规划可先粗后细，首先解决合理布局、控制用地的问题），迅速建立起村镇建房审批制度，做到有章可循、有人管理”。

③ 《以集镇建设为重点调整和完善村镇规划工作的要求》中提出：对村庄、集镇和主要生产点进行合理的功能分工和建设布局，确定其性质、规模和发展方向，搞好相互间的交通、电信、电力供应和生活服务等方面的联系，从而体现当地经济与社会发展对村镇建设的全面要求和相应的总体建设部署。

初步规划的编制，并被纳入规划的管控中，标志着农房建设自发自流阶段的结束（赵虎等，2011；中华人民共和国住房和城乡建设部，2008）。

20世纪90年代，随着城乡经济和各项事业的发展，国家针对村庄规划建设与管理先后出台了一系列规范标准文件，最具代表性的是国务院出台的《村庄和集镇规划建设管理条例》① 和国家技术监督局、中华人民共和国建设部出台的《村镇规划标准》（GB 50188—93）②，这为村庄规划提供了必要的法律依据，推动村庄规划开始走向规范化，在城乡规划的体系中使村庄规划从“幕后”演变为“配角”。这两个文件的出台标志着村庄规划法规体系、编制体系和管理体系的初步建立，也促使村庄规划进一步走出单一的农房建设规划模式，逐步向宏观视角的社会、经济、环境等综合模式发展。这一阶段，全国大部分省（自治区、直辖市）也制定了相应的地方性法规和标准，并进行了积极实践。至1995年年底，全国约18%的村庄对初步规划进行修编或调整完善；至1996年年底，全国所有的省（自治区、直辖市）、98%的县（市）和67%的镇（乡）都设立了村镇建设管理机构（任世英等，2007）。虽然如此，但这一时期的村庄发展仍未受到足够的重视，村庄规划服从于集镇的发展需要，导致城乡分化加剧与“三农”问题不断凸显，此阶段的村庄规划内容空泛，不切实际，受城市规划思维的影响很大。

20世纪90年代中期以后，中心村规划建设开始受到重视。为了改善人们的生活环境，解决村落分布散落、基础设施薄弱、生态环境恶化、乱占耕地、工业小而散等问题，学界对中心村规划展开了相关研究，其主要成果有：中心村规划包括定位、规模、数量、布局原则及布点的具体类型等内容（张长兔等，1999a，1999b；单德启和赵之枫，1999）；中心村主要发挥“村”的功能，目的是促进城乡一体化，节约土地，方便人民生活、生产（孙中锋，1998），因此中心村规划选址时，应充分考虑交通、经济、规模等影响因素，此外集镇附近的村庄应向镇区集中，且不再设置中心村；中心村的规划最终以实现农业现代化、工业相对集中、公共服务和基础设施城镇化等为主要目标，规划过程中应重视发展主题之间的相对平衡（王士兰和陈前虎，2001）。上海市较早地开展了中心村试点规划，

---

① 《村庄和集镇规划建设管理条例》旨在加强村庄、集镇的规划建设管理，改善村庄、集镇的生产、生活环境，促进农村经济和社会发展，涉及村庄规划制定，村庄规划实施，村庄建设设计、施工管理，房屋、公共设施、村容镇貌和环境卫生管理等内容。

② 《村镇规划标准》（GB 50188—93）旨在科学地编制村镇规划，加强村镇建设和管理工作，创造良好的劳动和生活环境，促进城乡经济和社会的协调发展，涉及村镇规模分级和人口预测，村镇用地分类，规划建设用地标准，居住建筑用地，公共建筑用地，生产建筑和仓储用地，道路、对外交通和竖向规划，公用工程设施规划等内容。

要求在1998～2000年完成21个中心村的规划框架（中心村规划调研组，1998），对村庄规划进行了积极有益的探讨。伴随着中心村的建设，迁村并点规划开始出现。迁村并点是在农业生产专业化和农民居住观念改变的形势下（王建国和胡克，2003），将生态环境恶劣和生态敏感区、发展落后以及国家重点工程建设等地区的村庄进行迁并，同时将原宅基地退耕（任春洋和姚威，2000），实现居民人居环境的改善和保障重大工程的建设需要（李海燕等，2005）。为了改变规模小、分布散乱的居民点分布现状，实现农田的集中，扩大村办企业的规模，上海市政府提出“农民向集镇集中，农田向农场集中，工业向园区集中”的发展战略，实行自然村向中心村的集中（任春洋和姚威，2000）。这一阶段，村庄规划的内容主要基于实际建设的需要，还未能从宏观层面对村庄规划进行统筹考虑（连旭和唐潭，2017），进一步导致了城乡之间差距的扩大与“三农”问题的凸显。

进入21世纪后，随着城乡二元分化的不断加剧，城乡统筹（城乡一体化）发展成为共识。伴随着工业化和城市化的快速推进，城乡二元化独立发展导致城乡之间的差距不断扩大，城乡不平衡等问题凸显，城乡差距存在进一步扩大的趋势（成受明和程新良，2005）。为了更好地实现城市对村庄的辐射带动作用，党中央于2003年提出了城乡统筹的发展理念，摒弃“就城市论城市，就村庄论村庄”的规划模式。城乡统筹逐步成为解决城乡二元分割问题的重要抓手。城乡统筹规划是在充分尊重农民的利益、尊重地方的历史文化、尊重自然环境的基础上，注重从区域角度研究城市与村庄的关系，通过节约资源、控制人口过快增长、提高农业生产技术等手段，实现城乡统筹的城市化模式（姚士谋等，2005）。城乡统筹规划内容包括城乡一体的空间结构规划、城乡用地的统筹规划、城乡交通体系规划、城乡人居环境的保护与生态规划、迁村并点规划等。通过扩大城市总体规划的管制区域，深化市域城镇体系规划、空间化原有的区域规划，以及编制城乡一体化规划和转型的城乡统筹规划来实现城乡统筹（仇保兴，2005）。在城乡统筹的背景下，中共十六届五中全会提出按照“生产发展、生活富裕、乡风文明、村容整洁、管理民主”的要求，扎实推进社会主义新农村建设。随之，村庄规划的观念、体系和方法得以不断发展，形成了以村庄布点规划、村庄建设规划（村庄整治规划和行动计划）为核心的规划环节。村庄布点规划是以县镇辖区为规划范围，以农村居住点为规划主体，按照村域内部一体化发展的原则（田洁和贾进，2007），通过合理规划区域内村庄的发展规模、发展策略（甄延临和李忠国，2008），重点解决规划范围内的空间资源优化问题，明确区域内实施拆迁并联的村庄范围（章建明和王宁，2005）；村庄建设规划则以村庄行政辖区为规划范围，以基层行政村为规划主体，合理优化村庄空间、土地利用和交通规划，改善各项基础服务设施（王健等，2007）。2005年，《建设部关于村庄整治工作的指导意见》（建村〔2005〕174号）的出台标志着以提升我国的乡村人居环境与村容村貌为主要目的的村庄整治规划正式登上历史舞台①。这一阶段，社会主义新农村规划在全国如火如荼地开展起来，但也不可避免地出现了破坏生态环境、急功近利的现象。

自改革开放以来，村庄规划经历了引导村民建房、规划制度构建、规划设计实践和新农村规划几个发展过程，逐步从幕后走向台前，其对村庄发展建设的引导作用也在逐步增强。

3.1.3 规范成熟阶段（2008~2017年）

为进一步统筹城乡规划与管理、统筹城乡空间布局、集约节约利用资源（特别是土地资源）、保护生态环境、保护历史文化遗产、促进城乡经济社会全面协调可持续发展，2008年颁布实施的《中华人民共和国城乡规划法》，第一次赋予村庄规划应有的法律地位，明确了村庄规划的制定、实施、修改监督检查的相关内容及相应的法律责任。《中华人民共和国城乡规划法》的颁布实施，使村庄规划成为与城镇体系规划、城市规划、镇规划、乡规划并列的单独一类法定规划，具有划时代的意义。但村庄规划仍有诸多问题尚未完全解决，究其原因在于相关法规体系和管理体制尚未完善，这在很大程度上影响了村庄规划成果的规范化表达（赵虎和王兴平，2008）。随后，2008年的《村庄整治技术规范》（GB 50445—2008）、2013年的《住房城乡建设部关于印发〈村庄整治规划编制办法〉的通知》（建村〔2013〕188号）、2014年的《住房城乡建设部关于印发〈村庄规划用地分类指南〉的通知》（建村〔2014〕98号）和《乡村建设规划许可实施意见》（建村〔2014〕21号）等相关规范标准和文件均是对《中华人民共和国城乡规划法》的配套完善。《村庄整治技术规范》（GB 50445—2008）侧重于提高村庄整治的质量和水平，规范村庄整治工作，提升农民生产生活水平，改善农村人居环境质量，稳步扎实推进社会主义新农村建设，促进农村社会、经济、环境各方面协调可持续发展；《住房城乡建设部关于印发〈村庄整治规划编制办法〉的通知》（建村〔2013〕188号）重在贯彻落实全国关于改善农村人居环境的工作会议精神，指导各地农村结合实际提高村庄整治水平；《住房城乡建设部关于印发〈村庄规划用地分类指南〉的通知》（建村〔2014〕98号）明确了村

---

① 《建设部关于村庄整治工作的指导意见》（建村〔2005〕174号）指出村庄整治工作应因地制宜，以农村基本面貌有效改善和农村素质得到显著提高为目标，对村容村貌进行整治。

庄规划的用地性质类别；《乡村建设规划许可实施意见》（建村〔2014〕21 号）旨在明确乡村建设规划许可实施的范围、内容及其规范程序，加强村庄建设规划许可。一系列规范标准的颁布实施，使村庄规划逐步规范成熟。

2013 年 10 月 9 日，在浙江省桐庐县召开的全国改善农村人居环境工作会议上，总结推广浙江省开展“千村示范万村整治”工程的经验，研究部署推进农村人居环境改善工作，抓好社会主义新农村建设。2018 年 2 月，中共中央办公厅、国务院办公厅印发了《农村人居环境整治三年行动方案》，提出改善农村人居环境，建设美丽宜居乡村。近年来，各地区各部门把改善农村人居环境作为建设社会主义新农村的重要内容，全面提升农村基础设施建设水平，努力保证城乡基本公共服务均等化，农村人居环境建设取得了较为显著的成果。同时，我国各地区农村人居环境现状发展水平不协调，一些地区仍存在较严重的脏乱差等环境问题，这与全面建成小康社会的目标要求及达到农民群众的内心期盼还有较大的差距。随后，各级地方政府先后出台了改善农村人居环境工作的意见，明确了人居环境建设的基本目标和实施举措，全面建设清洁乡村①，加快建设生态乡村②，积极创建美丽宜居乡村③。

《美丽乡村建设指南》（GB/T 32000—2015）的颁布实施反映了美丽乡村标准化建设的历史性新成果，标志着统筹协调推进美丽乡村建设迈上了一个新的台阶，彰显了美丽中国建设的新力度，开启了村庄建设的新思路（帅志强和蔡尚伟，2016）。美丽乡村是对新农村规划的延续和发展，扩展新农村规划的视野，产业、生态、文化和人居环境建设成为关注的焦点。同年，住房和城乡建设部为了全面有效推进乡村规划工作，出台了《住房城乡建设部关于改革创新、全面有效推进乡村规划工作的指导意见》（建村〔2015〕187 号）④。2016 年中央一号文件指出要加快农业现代化，将提高农业质量效益和竞争力、加强资源保护和生态修复、推动农村产业融合、推动城乡协调发展等作为促进村庄发展的重要任务（余佶，2018）。同年，相继出台了《住房城乡建设部关于开展绿色村庄创建工作的指导意见》（建村〔2016〕55 号）、《住房城乡建设部等部门关于改善贫困

---

① 清洁乡村，是指所有村庄都要把村庄环境卫生整治作为改善人居环境的首要任务，全面开展农村生活垃圾处理、污水治理、卫生厕所改造，建设清洁家园。

② 生态乡村，是指经济发展较好和村容村貌整洁的农村，要加快农村道路建设和村庄绿化，提升绿化美化水平；巩固提升农村饮水安全，提高农村自来水入户普及率；大力发展循环生态农业，培育特色产业。

③ 美丽宜居乡村，是指生活富裕的农村，要围绕资源禀赋，塑造村庄特色景观和田园风貌，建设特色鲜明、乡风文明的美丽宜居乡村。

④《关于改革创新、全面有效推进乡村规划工作的指导意见》（建村〔2015〕187 号）中提出“全面有效推进乡村规划工作，满足新农村建设需要”“树立符合农村实际的乡村规划理念”“着力推进县（市）域乡村建设规划编制”“提高村庄规划的覆盖率和实用性”“加强乡村规划管理工作”“加强组织领导”。

村人居卫生条件的指导意见》（建村〔2016〕159 号）及《住房城乡建设部关于切实加强农房质量安全管理的通知》（建村〔2016〕280 号）等逐步明确了村庄规划建设的重点，将开放、共享、协调、绿色和创新的发展理念根植于村庄规划中。可以看出，在《农村人居环境整治三年行动方案》的引领下，以美丽乡村建设为目标，村庄规划成为当前的一项重要工作。美丽乡村是对新农村规划的延续和发展，更加注重村庄的生态、文化建设。新农村规划注重物质环境建设，而忽视了村庄“十里不同风，百里不同俗”的千姿百态的文化环境，忽视了对传统文化的挖掘与传承、对传统建筑的保护和利用及对生态环境的保护，最终导致村庄特色缺失、“千村一面”、环境恶化（胡冬冬和杨婷，2014）。美丽乡村规划提出之后，村庄规划思路发生了巨大的改变，一方面由物质规划向综合发展规划转型，另一方面以宜居、和谐、富民为目标，注重产业、生态、文化的全面发展（洪卉，2017）。村民对环境优美、经济富美、景色秀美、民风醇美的农村居住环境的需求日益迫切，美丽乡村规划以“宜居、宜业、宜游、宜文”为目标，而不是单纯以物质环境规划作为规划目标（徐文辉和唐立舟，2016），出现了一些如“安吉模式”、“林安模式”、“衢州模式”和“湖州模式”等美丽乡村建设模式（陈秋红和于法稳，2014）。这一阶段是城乡统筹发展时期的延续和发展，以加快乡村经济发展、改善乡村人居环境、缩短城乡差距为目标，村庄规划迎来了发展的大好时期。

3.1.4 转型完善阶段（2017 年至今）

现阶段，村庄规划的目标和任务已经不仅仅是住房、设施和人居环境等的建设整治问题，而是一个包括农业现代化、农村生态化、农民幸福化在内的系统工程，村庄规划要转变以建设为重点的思路，转而关注村庄的产业发展、生态环境建设、文化和治理体系的构建。

为了应对新时期我国村庄面临的现实问题，党的十九大明确提出乡村振兴战略。从此，村庄的发展与建设被提高到国家发展战略的高度，并且提出了“产业兴旺、生态宜居、乡风文明、治理有效、生活富裕”的乡村振兴总要求，相比于 2005 年党中央提出的社会主义新农村建设的“生产发展、生活宽裕、乡风文明、村容整洁、管理民主”的 20 字方针，其层次和内涵得以提升和升华，乡村振兴规划成为转型期村庄规划工作的重点。随后，在中共中央农村工作会议上，提出了包括重塑城乡关系、巩固和完善农村基本经营制度、深化农业供给侧结构性改革、坚持人与自然和谐共生、传承发展提升农耕文明、创新乡村治理体系和打好精准脱贫攻坚战在内的乡村振兴七大途径。这表明党和国家对村庄的规划和建设已经逐渐由以农村住房、公共设施、人居环境建设转向包括政治、经济、文化、社会和生态在内的村庄全方位发展的规划建设。2017 年，国土资源部发布了《国土资源部关于有序开展村土地利用规划编制工作的指导意见》（国土资规〔2017〕2 号），2018 年住房和城乡建设部发布了《住房城乡建设部关于进一步加强村庄建设规划工作的通知》（建村〔2018〕89 号），这两份文件均对土地利用规划和村庄规划提出了更为具体的要求，推动探索建立符合农村实际的规划审批程序，完善村庄建设规划许可管理，加强基层规划管理力量和组织保障等，为因地制宜地编制村庄建设规划保驾护航。

随后，党和国家相继出台了一系列针对乡村振兴战略的具体部署文件。2018 年，《中共中央国务院关于实施乡村振兴战略的意见》（中发〔2018〕1 号）提出了乡村振兴的三阶段目标、七项基本原则和十项部署，涵盖了乡村社会、政治、经济、文化和生态建设的各个方面，这是对乡村振兴“产业兴旺、生态宜居、乡风文明、治理有效、生活富裕”总要求的具体落实，为乡村振兴工作提出了基本框架，也为乡村振兴的实施提供了重要支撑。在“两会”上，提出产业、人才、文化、生态和组织振兴作为乡村振兴的五大着手方面。同年，颁布实施的《乡村振兴战略规划（2018—2022 年）》明确了乡村振兴战略规划的目标背景和总体要求，确定了涵盖产业、生态、文化等在内的各项具体工作，并且确定了乡村振兴的四大类型，指出分类推进乡村振兴，为全国各地的乡村振兴提供了具体指导。2019 年 6 月，自然资源部印发了《自然资源部办公厅关于加强村庄规划促进乡村振兴的通知》（自然资办发〔2019〕35 号），明确了在国土空间规划体系下村庄规划的总体要求和主要任务。

可以看出，在新的发展时期随着城乡之间的差异不断扩大，乡村社会经济的矛盾日渐凸显，传统的以村庄居民点建设、公共服务设施完善和人居环境整治为重点的村庄规划模式不能适应国土空间规划体系下村庄的发展需求。因而，在转型的关键时刻，打破传统的规划模式，构建乡村政治、经济、文化、社会和生态全方位发展的村庄规划，为新时期村庄的转型重构奠定了基础，同时初步明确了在国土空间“四梁八柱”的规划体系中，村庄规划作为详细规划的地位，从而进一步规范了村庄规划。这一阶段是我国转型发展的关键时期，城乡二元体制、重城轻乡发展模式和快速城镇化所带来的问题及造成的社会矛盾在这一时期集中爆发，村庄规划也进入了转型完善阶段，传统的村庄居民点建设、公共服务设施完善和人居环境整治及美丽乡村建设形成的生态文化建设经验，为新时期的村庄规划的探索奠定了基础。

3.2 现实困境

我国各地村庄的发展阶段、水平、类型和特征等都各不相同，各个地区在村庄规划实践过程中也各有千秋，在此基于各地的规划实践，提出“转型发展特质明显”、“规划体系尚不健全”、“规划内容针对性差”和“村民参与流于形式”四个方面的困境特征。这四个方面的困境特征普遍存在于村庄规划过程中，也是主要矛盾所在，但在各地的表现程度不同，在一些地方可能某个方面的困境特征表现更为明显，而其他方面表现并不明显，抑或还有其他问题。本书旨在探讨村庄规划编制过程中的普遍问题。

3.2.1 转型发展特质明显

在工业化、城镇化、市场化和全球化的浪潮下，乡村社会经济经历了一个剧烈的转型过程（张京祥等，2014），村庄或主动进入或被动裹挟进入以城市化和工业化为主旋律的深刻转型中，社会、经济、文化等各个方面发生了深刻变革（朱霞等，2015）。改革开放初期，随着农村家庭联产承包责任制的推行，农民的生产积极性得到极大提高，粮食产量直线攀升，农村产生了大量的剩余劳动力。在城乡隔离的背景下，乡村工业化吸收了农村的剩余劳动力，促进农民收入不断增加，同时也打破了农业主导的局面，出现了大批的以工业为主导的村庄或者工农混合的村庄（肖红娟，2013）。然而，乡村工业化也造成农村特色丧失、生态环境恶化等一系列问题。20世纪90年代中期以后，随着全球生产资本的重新配置，城市特别是具有明显区位优势的大城市（具有航空、海港等大型交通设施的城市）成为生产资本的主要集聚地，形成了农村劳动力向城市单向转移的城市化过程（张京祥等，2014）。在这个过程中，村庄人口不断减少，村庄赖以维系的“乡土”社会结构迅速解体，并且受城市文化的影响，村庄物质空间不断异化（张宏等，2012）。同时，伴随着城市人口的集聚增长，城市空间扩张的速度不断加快，村庄的农业生产空间和生态空间被城市建设用地不断蚕食，导致村庄耕地和生态用地面积不断减少（王永生和刘彦随，2018）。2010年以来，我国经济增长率缓慢下降并趋于稳定①，经济发展已进入新常态（王凯，2017）。经济的转型发展要求村庄也必须转型发展。城镇化水平增长速率不断下降，人口流向出现

① 2010~2018年我国的经济增长率分别为10.3%、9.5%、7.7%、7.7%、7.3%、6.9%、6.5%、6.8%、6.6%。

结构性变化，中西部地区出现了人口回流现象。经济新常态与城镇化速度的放缓，使得改革开放 40 余年来积累的城乡差距、生态破坏、设施不均衡等问题集中爆发。面对不断扩大的城乡差距和日益严峻的生态环境问题，党和国家转变发展思路和策略，由此村庄建设和“三农”问题成为党和国家关注的重点。

在新的发展战略和国土空间规划改革的背景下，村庄规划正在发生深刻变革。十八大以来，党和国家对规划建设的理念发生了深刻转变。2012 年 11 月，党的十八大做出“大力推进生态文明建设”的战略决策；2013 年，习近平总书记提出了“山水林田湖是一个生命共同体”的理念；2013 年，在中央城镇化工作会议上，总书记强调“让居民望得见山、看得见水、记得住乡愁”；党的十九大提出了乡村振兴战略。可以看出，生态、文化的发展建设理念成为新时期村庄规划的核心理念，村庄的发展从单纯的关注农房建设、公共服务设施完善和人居环境整治，转向以生态和文化建设为重点，以政治、经济、文化、社会和生态的全面振兴为任务。同时，国土空间规划改革促使村庄规划进行更为深入的探索。传统的村庄规划包括村庄布点规划和村庄建设规划，村庄布点规划关注乡镇域村庄位置、性质、规模和发展方向，村庄建设规划则关注村庄建设用地的统筹安排，各类设施的布局与完善，而对村域非建设用地的用途管制则由乡镇级土地利用规划进行具体安排（温锋华，2017）。随着自然资源部的成立，包括主体功能区规划、土地利用总体规划、城乡规划和生态环境规划在内的各类空间规划统一整合形成国土空间规划，规划的编制审批体系、实施监督体系、法规政策体系和技术标准体系急需重构。因此，在乡村社会经济不断变动的过程中，如何适应转型发展的诉求，成为当下村庄规划工作的重点和难点。

3. 2. 2 规划体系尚不健全

与城市规划相比，村庄规划体系尚不健全（《城市规划学刊》编辑部，2017）。经过改革开放 40 余年的发展，城市规划形成了完善的规划法规体系、行政体系和运作体系，特别是城市规划编制工作，形成了城市总体规划和城市详细规划两大架构，涵盖城市规划的发展、建设与管理，构成了环环相扣、相互补充的完整的规划体系。但从现有的村庄规划编制和管理实践来看，不论是法规体系、行政体系，还是运作体系都有待进一步强化。在法规体系层面，虽然《中华人民共和国城乡规划法》明确了村庄规划的法律地位，也出台了一些相关的配套法律规范标准，但由于各地发展阶段不同，千差万别，尚缺乏针对各个不同区域的配套法规体系。在行政体系层面，虽然《中华人民共和国城乡规划法》赋予了村庄规划相应的行政权力，但由于村庄的建设发展基本上处于自组织的状态，在历史惯性的基础上对其实行村庄规划管理势必有一定的难度，再加上受物力、财力和人力的影响，村庄规划的行政建制基本上仅在县级行政主管部门中设有相应的管理机构和人员，而乡镇和村庄基本上处于空白状态，因此以乡村建设规划许可证为代表的行政规划管理在全国并未得以顺利推广。在运作体系层面，村庄规划的编制可谓如火如荼，但各地往往以问题为导向，对农村产业发展、村域土地利用、文化遗产保护等“非重点”内容不够重视，最终导致无法满足村庄地区的发展需求，从而无法全面解决村庄发展的各类问题。

村庄规划以促进农村经济发展、改善农村人居环境、传承村庄历史文化发展为目标，其中农村经济发展是农村人居环境改善的基础，也是村庄历史文化得以传承发展的根本，因而被认为是村庄规划的核心命题（叶斌等，2010）。但是在“自上而下”的村庄规划体系建构过程中，难免出现“运动式”或“拔苗助长式”的片面追求农村面貌改善或人居环境的表面改善，致使村庄规划的内容仅仅关注于村庄环境景观的整治，而对与村庄发展和生态文化建设息息相关的产业发展、生态环境保护（扈万泰等，2016）、历史文化传承（王富更，2016）等内容则处于长期滞后状态。从系统论的角度出发，村庄与村域是一个相互作用的地域系统，村域为村民提供农产品和经济来源，是村庄得以延续发展的经济基础（当然，在城镇化快速推进过程中，村域作为经济基础的地位受到一定程度的削弱，但作为经济发展的一部分在未来一段时间内必将长期存在），也是村庄发展的生态安全保障；村庄是村民生活的地域单元，是村域内生产活动的组织核心。可以看出，村域与村庄一道成为村民生态、生活和生产的空间载体，村庄规划需要从区域发展、生态安全、可持续发展角度，统筹考虑村域和村庄发展。因此，在国土空间规划体系改革的背景下，如何统筹“三生”空间，如何在国土空间规划体系下建构村庄规划编制体系仍是需要考虑的问题。

3.2.3 规划内容针对性差

现阶段我国村庄数量多、面积广且情况复杂，各村庄发展历程、产业路径及村民生产生活习惯之间存在很大差别，统一且分类详细的城市用地分类标准很难指导村庄的规划与建设（褚天骄和李亚楠，2017）。而现行的城乡规划法律体系中，与村庄规划相关的国家级法规与规章主要有《村庄和集镇规划建设管理条例》、《中华人民共和国建设部关于发布〈村镇规划编制办法〉（试行）的通知》（建村〔2000〕36 号）、《村庄整治技术规范》（GB 50445-2008）、《住房城乡建设部关于印发〈村庄规划用地分类指南〉的通知》（建村〔2014〕98 号）等为数不多的几个规范标准文件。地区之间经济社会发展不均衡及自然、建设条件之间存在差异，导致不同村庄在建设规模、密度上存在显著差异，且每个村庄生产能力、所获得的经济效益及村民的文化生活水平也存在较大差异。另外，各个村庄在结构布局、形态肌理、社会经济职能、民俗民风特点及建筑造型等多方面有着鲜明特色，但在实际操作中，受到多种因素的共同作用，大部分村庄规划往往忽视了规划用途、地区差异和受众特征，编制内容缺乏针对性，并且受传统城市规划思维、方法的影响，抑或受当地经济、规划人员技术等因素的制约，村庄规划过程中很少考虑自然、社会、经济、文化条件差异，而依据一种模式（甚至是一个通用模板）进行规划，导致规划设计成果不理想，实施效果可想而知。在未深入了解当地现状及村民需求的情况下，规划存在脱离村庄发展实际的问题（梅耀林等，2016）：①将村民的物质生活空间作为规划重点，但对与农村生产建设的联系考虑不足；②生活空间设计照搬城市空间设计，而未考虑村民生活方式；③规划成果照搬城市规划，内容庞杂；④沿袭某些城市规划中普遍存在的问题，如“千村一面”、空间组织模式化等。村庄规划在村庄产业发展、用地性质和建筑形式等方面照搬城市规划，已然是一种工业化驱动下的“病态”模式。因此，建构实用性村庄规划可谓任重道远。

3.2.4 村民参与流于形式

多数地区村庄规划编制仍然延续着城市规划的编制思维，以落实上级部门的政策要求、发展计划为主导，自上而下地编制村庄规划（李乐华和沙洋，2015）。并且，近年来随着国家对“三农”问题重视程度的不断加深，新农村、美丽乡村建设的提出和乡村振兴战略的实施，更加强化了行政力对村庄规划和发展的控制，“政策主导型”的村庄规划成为当下的主流。透视 1993 年颁布实施的《村庄和集镇规划建设管理条例》第六条第三款与第八条，可以看出村庄规划的编制和管理并不是村民委员会的自主事务，而是乡镇行政管理权的延伸（周珂和顾晶，2017）。

2008 年《中华人民共和国城乡规划法》虽明确提出“乡规划、村庄规划应当从农村实际出发，尊重村民意愿，体现地方和农村特色”，但仍规定“乡、镇人民政府组织编制乡规划、村庄规划”。在现实操作中，村庄规划由原来的“靠规划师拍脑袋”逐渐向公众参与规划转变，但是这种转变十分有限，政府和规划师仍处于村庄规划的主体地位，公众参与的广度和深度在规划编制和管理环节中均需不断加强（岳景辉，2015；徐明尧和陶德凯，2012）。

自上而下的规划模式，会不可避免地出现参与对象精英化、参与流程简单化和参与内容程序化的发展趋势，因此，参与编制规划的对象、流程和内容都值得反思（李开猛等，2014）。在参与对象层面，村庄规划与城市规划面临的一大差异就是社会特征差异，城市住区规划编制之前，居民具有很大的不确定性，且居民之间的关联性较低；而村庄人群则在规划编制之前与规划编制之后变动很小，村民始终是农村的主人。同时，乡村与城市最大的不同是乡村社会所具有的乡土性，人们对脚下土地的“熟悉”是乡土社会的重要特征之一（费孝通，2013），但自上而下的村庄规划中，规划师的主要目的是落实政府意图，导致村民参与程度低，村民成为规划的被动接受者，村民参与变为仅有知情权的村民的“伪参与”，以规划师和乡镇领导意图为主的精英规划成为主流。在参与流程层面，村庄规划往往在城市规划模式的基础上简单行事，调研访谈往往借助于村民委员会展开，很少与村民进行访谈讨论；方案编制过程中规划师主要与乡镇领导进行交流沟通，而村民被置于“第三方”的位置；方案公示阶段往往被忽略，甚至代表村民行使权力的村民代表大会审议规划成果的关键环节也被忽略了。在参与内容层面，村民自身文化水平有限，对未来村庄社会经济发展的认识不够充分，因此，对其而言，规划编制单位完成的专业图纸与说明书往往被认为是“高大上”的设计成果，村民难以提出质疑性的观点，从而极大地降低了其对规划成果的认可度。由此可见，村民参与对实用性村庄规划的建构具有重要的作用与意义。

3.3 价值取向

针对我国现行村庄规划中存在的诸多问题，以及由此导致的城乡差距拉大、农村发展动力不足、空间管制失效、生态环境恶化、村庄空心化等问题，村庄规划应坚持“以人为本，村民自治”“生态优先，绿色发展”“文脉传承，留住乡愁”的价值取向。

3.3.1 以人为本，村民自治

基层群众自治作为一项我国的基本政治制度，要求广大农民群众依法处理自身事务，实行自我管理、自我教育、自我服务（于建嵘，2010）。村民自治是村庄发展过程中的重要特征之一，也是相关法律法规的基本要求。《中华人民共和国宪法》规定“城市和农村按居民居住地区设立的居民委员会或者村民委员会是基层群众性自治组织”“居民委员会、村民委员会设人民调解、治安保卫、公共卫生等委员会，办理本居住地区的公共事务和公益事业，调解民间纠纷，协助维护社会治安”。村民自治是村民依法行使民主权利的方式之一，也是对农村管理治理的根本方式（牛磊，2015）。《中华人民共和国城乡规划法》规定，“乡规划、村庄规划应当从农村实际出发，尊重村民意愿”，确立了村民在村庄规划中的地位和作用。村民是农村生产、生活活动的行为主体。并且，随着城乡一体化和城乡统筹发展进程不断加快，城乡的互动日益频繁，城乡日益成为一个紧密相连的整体，农村的生产生活方式和农民的思想价值观念发生了深刻变革，村民的法治观念不断加强，自治意识不断加深。因此，在这样的背景下，村庄规划应充分尊重村民意愿，尊重村民生产方式、生活方式的选择，切实保障村民在村庄规划中的主导地位。

“以人为本，村民自治”是指在村庄规划过程中充分尊重村民的意愿，有效发挥村民在村庄规划中的作用。目前，村民在规划中参与的广度和深度还不够，传统村庄规划是自上而下的模式，即首先由决策者确定规划的目标，其次规划师根据目标进行调研踏勘，针对存在的问题提出解决方案，制定规划对策，最后由决策者审查后，进行规划公示、实施（王帅和陈忠暖，2016）。在这样的规划流程下，有相当一部分村民的基本诉求得不到体现，利益得不到保障。“以人为本，村民自治”的价值取向在村庄规划中的具体体现如下：①在规划前期调研时，规划师通过与村民委员会或村民代表沟通，听取村民的基本诉求，自下而上地完成村庄规划任务书的编制。②在村庄规划编制时，规划师直接且充分地与村民委员会或村民代表交换意见，在规划内容及成果表达方面进行充分协商。③在规划方案的实施过程中，通过村民委员会和广大村民与规划师、建设单位的协调交流，形成动态反馈机制，解决规划方案在实施过程中存在的问题，特别是生活、生产与生态相关问题。例如，实施过程中，规划师、村民委员会充当中间人协调施工单位和村民之间的关系，使设计方案既能满足村民的基本诉求，又能延续村庄乡土肌理。

3.3.2 生态优先，绿色发展

改革开放以来，伴随农业生产技术的转变，第二、第三产业的发展和农村的建设，农村的生态环境遭到了严重破坏。农药、化肥等过量施用，土地沙漠化、土地硬化、水土流失等问题频发（张雪瑞，2016；陈印军等，2014）。随着农村工业化的发展，众多村庄企业缺乏完善和先进的“三废”处理设施，导致大量废水、废气、废渣未经处理直接排放；乡村旅游业在促进农民收入增加的同时，造成土壤、大气和水体污染。农村现代化设施的普及、收入水平的提高导致生活垃圾污染问题成为村庄发展过程中的重点问题，特别是不易降解的白色污染垃圾、电子垃圾等对农村的生态环境安全造成了很大的威胁。同时，农民住房的使用寿命偏短，并且在个别地区存在住房攀比的情况，10～20 年就要更新住宅，产生了大量的建筑垃圾。我国农村面临着严峻的生态问题，不仅要杜绝生态环境欠新账，而且要逐渐还旧账，打赢农村污染治理攻坚战，因此，建设美丽绿色生态新农村成为一个迫切问题。

自党的十八大以来，党和国家出台了一系列政策以推进农村生态文明建设，加快农村的生态环境保育工作。党的十八大要求“全面落实经济建设、政治建设、文化建设、社会建设、生态文明建设五位一体总体布局”，生态文明建设地位提升（姬振海，2012）。2018 年中央一号文件指出“乡村振兴，生态宜居是关键。良好生态环境是农村最大优势和宝贵财富”，农村生态环境保护成为新时代生态环境保护的重要构成部分。没有农村生态文明建设就没有乡村振兴，农村设施的配给水平远低于城市，如果再加上恶劣的生态环境，留住村民、吸引人才将无从着手，乡村经济、文化、建设和管理等各项事业将无从谈起，乡村振兴将成为一句空话。因此，只有坚持“生态优先，绿色发展”的理念，营建宜居宜业的生态环境，发挥村庄特有的优势，才能实现劳动力回流和人才引进，从而实现乡村振兴。

“生态优先，绿色发展”就是要在切实进行生态环境保护的基础上，促进经济发展。首先，构建村庄生态安全格局。从全域视角出发，基于保护村庄的地形地貌、自然资源等理念，通过对村域土地的系统评估，确定村庄“三生”空间，实现“三生”空间的融合，构建“山水林田湖”共生共荣的生态安全格局。其次，乡村产业的生态化和绿色化发展。一是大力发展生态农业，消减化肥、农药、塑料薄膜等的使用，提高农业科技含量，促进农业绿色发展；二是取缔“高污染、高能耗、低产出”的乡村工业（如各种建材生产作坊），发展利用“低能耗、低污染、低耗材”技术的农产品加工产业，促进产业的生态化、绿色化，延长农村产业链；三是村庄整治建设的生态化和绿色化，立足于村庄的生态景观和地形地貌，构建田园式的村庄生活、生产景观，建筑和景观营建时从本土性、在地性的视角出发，选择当地常见的建材和花草树种。总而言之，“生态优先，绿色发展”就是通过村庄规划以实现农村发展与环境保护的协调、实现近期与远期的协调，实现经济效益、社会效益和生态效益的协调，保证村民对生态空间的基本诉求。

3.3.3 文脉传承，留住乡愁

村庄是乡村文化的载体，承载着乡村文化传承和发展的重任。乡村文化是指在特定的环境中形成的、能够与当地村民的生产生活方式紧密关联在一起，并且能够适应本地区村民的物质和精神两方面需要的文化。我国的乡村文化以传统农耕经济为基础，是在广大农村村民的社会实践中产生并不断发展的。农村村民的生产生活方式是乡村文化的具体体现，并受现阶段生产力和生产关系的影响。改革开放以来，随着社会经济的快速发展和现代化、工业化、城镇化进程的快速推进，我国的乡村文化正处于由传统型向现代型转变的发展阶段，农村村民生产生活方式和价值观念正在发生根本性变革。然而，长期的以经济增长为中心的发展理念，忽视了乡村的文化建设，从而导致了乡村文化传承的危机。大规模的城乡建设活动与人口流动，现代化生活需求的变化等使得城乡面貌趋同和文化同质（汪芳等，2017）。大规模的城乡建设使得传统建筑和街巷空间被现代建筑及宽阔的道路取代。人口的大规模流动一方面导致村庄人口减少，出现了“空心村”现象，乡村传统文化的传承被隔断；另一方面导致城镇空间迅速扩张，城市郊区良好的景观被破坏，城市中心区文化建筑在利益驱动下被拆除，逐渐失去了文化、乡愁、乡思的物质载体。城市化的浪潮导致村庄村民的生产方式、生活观念与城市居民逐渐趋同，村庄的房子越盖越高，道路越修越宽，生活方式也越来越现代化，传统的富有文化内涵的民居、满怀乡愁的街巷、传统的民间歌舞等在这个过程中逐渐消亡。在剧烈的变动过程中，如何实现乡村文化的延续和革新，丰富村民的精神生活，是政府、社会、学者等共同关心的问题。

“文脉传承，留住乡愁”一方面是指乡村的文化建设要体现乡村特色，保留地方文化元素，挖掘村民最为关注的文化介质，留住乡愁；另一方面也要从现阶段的生产力和生产关系出发，对乡村文化进行发展和革新，实现文化的不断发展。乡愁是一种文化情感，是一种精神追求，村庄规划应关注文化情感和精神的物质载体的营建。村庄规划应注重挖掘、保护和利用好村庄文化遗产（肖周艳等，2016）。文化遗产是承载乡村文化的最直接载体，村庄中的寺庙、戏台、祠堂是乡村信仰和文化娱乐的重要体现，保护和利用好村庄文化遗产，对传承乡村文化具有重要意义。村庄公共空间是营造乡村文化、进行文化宣传和教育的重要空间。依托当地的地域文化特色营造村庄公共空间，使其成为富含乡村文化的多元功能空间，而不仅仅是村民活动的场所。另外，村庄的景观环境、建筑形式、文化活动、传统技艺等都是满载乡愁、乡思的物质载体，一棵树、一片田、一条路、一幢建筑都能勾起人们内心最柔软的部分，能唤醒人们的片刻美好。对具有文化价值的传统村落、传统建筑、传统空间进行保护和修缮的同时，更要注重传承和保护乡村的非物质文化遗产，如传统歌舞、民间技艺、耕读文化等。

3.4 规划体系建构

基于村庄规划的现实困境和价值取向，从法理基础、城乡规划层次与行政建制之间的关系解构我国现行的城乡规划体系，进而构建“多规合一”的实用性村庄规划体系，满足乡村振兴的新要求。

3.4.1 法理基础

村庄规划作为法定规划之一，具有明确的法定基础。首先，村庄规划属于城乡规划体系中的五个法定规划之一，并且与镇规划、乡规划处于并列的位置，《中华人民共和国城乡规划法》第2条明确规定“城乡规划，包括城镇体系规划、城市规划、镇规划、乡规划和村庄规划。城市规划、镇规划分为总体规划和详细规划。详细规划分为控制性详细规划和修建性详细规划”。可见，笼统地用村镇规划或乡村规划来代替村庄规划是不贴切的。其次，将村庄规划阶段划分为总体规划或详细规划等层次不符合《中华人民共和国城乡规划法》的内涵，《中华人民共和国城乡规划法》第2条明确指出了城市规划、镇规划的编制体系架构，但却未对村庄规划阶段进行解释说明，言下之意是村庄规划不再划分规划编制层次。但按照《村庄和集镇规划建设管理条例》的相关要求，村庄、集镇包括总体规划与建设规划两个阶段（第11条），其中，村庄、集镇总体规划的主要内容包括：乡级行政区域的村庄、集镇布点等内容（第12条第2款），可见村庄布点规划属于村庄规划的上位规划，因此具有“村庄布点规划（或村镇体系规划）—村庄总体规划—村庄建设规划”的层级结构（章莉莉等，2010；邹伟，2017；陈秋晓等，2014）。由于《中华人民共和国城乡规划法》属于城乡规划法规体系中的主干法，再加上二者颁布时间的差异，这个层级结构是否适用当前的形势，还值得进一步探讨。

3.4.2 行政管理

伴随着行政管理机构的改革，国土空间规划体系将全面重构，村庄规划将发生重大变革。2018年3月，在第十三届全国人民代表大会第一次会议上表决通过了关于国务院机构改革方案的决定，批准成立自然资源部，将国土资源部的职责、国家发展和改革委员会组织编制主体功能区规划的职责、住房和城乡建设部的城乡规划管理职责等统一划归自然资源部（谢映等，2018）。自中华人民共和国成立以来，城乡规划管理职责基本上一直隶属于“建口”（无论是国家基本建设委员会、国家城市建设总局、城乡建设环境保护部、建设部及住房和城乡建设部，都没有离开一个“建”字），现今将城乡规划管理职责划归“资源”部门（石楠，2018）。行政管理部门的调整必将带来城乡规划的全面变革，主要体现在规划理念与规划理论，以及技术体系两个方面：一是规划理念的变革（高洁和刘畅，2018）。由于城乡规划管理职责长期处于“建口”，外界也将城乡规划称为“建设规划”，体现了城乡规划是以开发建设为主导思路的规划。将城乡规划管理职责划归“资源”部门，与主体功能区规划、土地利用总体规划等约束保护性规划整合成国土空间规划，则体现了规划“保护”与“开发”并举，注重高质量发展和生态文明建设的新理念（罗彦等，2019）。二是规划理论和技术体系的变革。主体功能区规划、土地利用总体规划、城乡规划和生态环境规划等由于各自学科理论、规划目标和技术基础的差异，经过多年的规划实践形成了各自的规划体系和技术规范（邹兵，2018）。现今要将各类空间规划整合构建统一的国土空间规划体系，必然面临规划理论、法规、技术体系和学科教育等全面的变革重构（李林林等，2019；林坚等，2018）。在国土空间规划体系构建的大背景下，以往重建设轻保护的传统村庄规划编制体系无法适应新的管理体系，新的村庄规划必然是覆盖农村全域，从“发展与保护并重”视角对村域“三生”空间进行统筹布局的实用性规划。

3.4.3 框架体系

在计划经济二元结构、城乡分割行政管理体制下形成的村庄规划，无论是编制主体，还是编制体系和内容，各地区都不尽相同。例如，《北京市村庄规划导则》从总体规划层面完善村庄规划编制体系，包括村庄发展现状分析、对已有规划的实施评估、规划定位、村域规划、村庄组团规划和分期实施方案等内容。《浙江省村庄规划编制导则》分为镇（乡）域村庄布点规划、村域规划和居民点规划三个部分。《江苏省村庄规划导则》包括村域规划、村庄（居民点）建设规划、近期建设及技术经济指标等内容。《甘肃省村庄规划编制导则》包括县（市、区）域村庄布局规划和村庄建设规划（含村域规划、村庄用地布局等内容）。《陕西省村庄规划编制技术规范》（DBJ61/T 109-2015）包括规划建设用地布局、道路交通规划及竖向规划、公共工程设施规划、人居环境整治、历史文化遗产与乡土特色保护等内容。

通过对部分地区村庄规划标准规范的梳理，可以看出目前村庄规划有以下三个方面的特点：①村庄布点规划有别于村庄规划，是镇总体规划和乡规划的组成部分，但却是村庄规划的上位规划；②村域规划属于村庄规划的范畴，侧重于综合部署“三生”空间，并与土地利用规划相衔接；③居民点规划是村庄规划的主要部分，重点细化各类村庄建设用地布局，统筹安排基础设施与公共服务设施，以村庄整治规划为主要内容。

随着乡村振兴战略的实施和国土空间规划体系的建构，传统的村庄规划体系难以满足当下的需求。我国正处于走向生态文明的新时代，面临着多种风险并存的新挑战，以人民为中心、高质量发展成为新时代的主要任务，治理体系和治理能力现代化成为新时代的现实需求。在这样背景下，党的十九大报告明确了乡村振兴的主要任务和目标，涉及乡村社会、经济、文化、生态等各个方面。2018 年 9 月，国家正式发布的《国家乡村振兴战略规划（2018—2022 年）》涉及城乡融合、产业发展、生态环境、历史文化、体制机制建设等各个方面。2019 年 6 月，自然资源部印发《自然资源部办公厅关于加强村庄规划促进乡村振兴的通知》（自然资办发〔2019〕35 号），提出了村庄规划的总体要求和主要任务，产业、生态、文化、住房和各类设施建设成为关注的重点。因此，村庄规划作为农村空间治理的重要工具，立足于乡村振兴和国土空间规划体系建设的背景，探索构建能有效推进高质量发展和城乡融合发展的村庄规划编制体系成为城乡规划学者面临的一个迫切问题。

在自然资源部《自然资源部办公厅关于加强村庄规划促进乡村振兴的通知》（自然资办发〔2019〕35 号）的指引下，基于当下村庄规划面临的现实困境，从价值取向出发，形成包括发展战略规划、产业发展规划、土地利用规划、支撑体系规划、人居环境整治规划和近期建设规划六方面内容的编制体系（图 3-2），使村庄规划既做到对上位国土空间规划的衔接，又可以对建设实施进行指导，起到承上启下的纽带作用，从而实现规划重点由点及面的转变，避免村庄规划“照搬城市规划理念和方法、脱离农村实际、实用性差”所带来的困境，促进农村健康可持续发展。乡村振兴要求乡村社会、政治、经济、文化和生态的全方位振兴，而不仅仅是居民生活空间的建设；同时，城乡规划与土地利用规划整合为国土空间规划，村庄规划在村域层面的管控则显得相对粗糙，必须融合土地利用规划中关于土地的分类及约束性指标的控制。在此需要特别说明的是，《国家乡村振兴战略规划（2018—2022 年）》将村庄分为集聚提升类、城郊融合类、特色保护类、搬迁撤并类四种基本类型，因此并非所有的村庄规划都需要按照这个框架体系进行编制。上述六方面内容的编制体系是一种覆盖农村全域的理想村庄规划模式，对实现农村繁荣、农业发展、农民富裕，促进农村社会、经济、生态可持续发展具有重要意义。

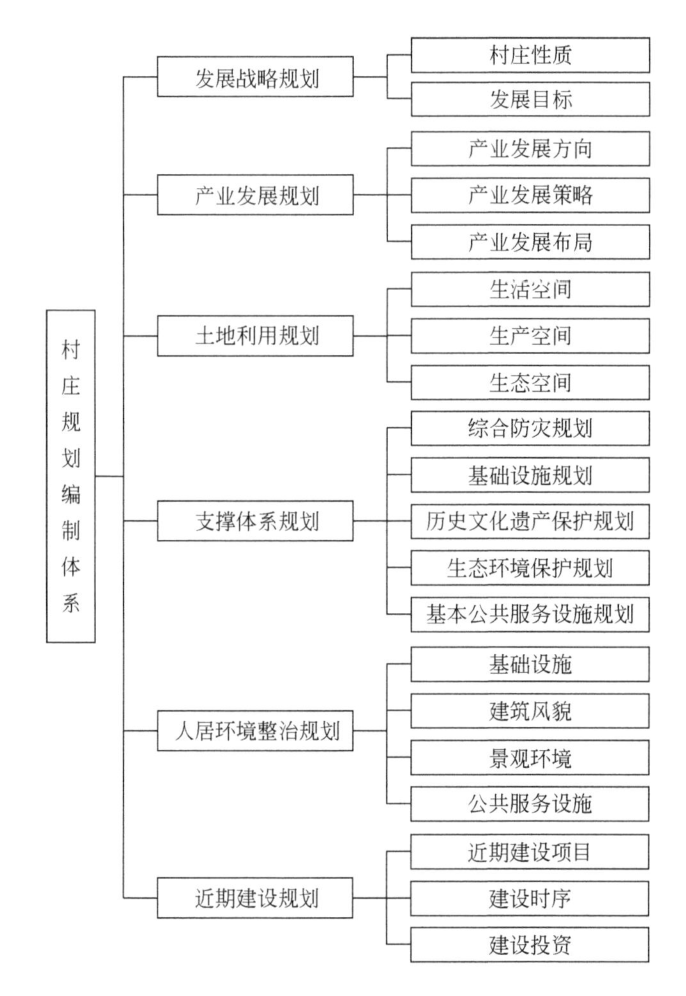

图 3-2 “多规合一”实用性村庄规划编制体系

3.5 规划编制内容

村庄规划是从村庄的实际情况和发展条件出发，通过实地现状调研和入户访谈，充分了解村民发展建设的真实诉求，协调政府部门与村民之间的关系，充分考虑人口资源环境条件和经济社会发展、人居环境整治等要求，对发展战略、产业发展、土地利用、支撑体系、人居环境整治和近期建设等进行统筹安排。

3.5.1 发展战略规划

发展战略规划是村庄规划的核心环节，是指村庄一定时期内的战略目标及具体的实现路径，主要包括明确村庄性质和发展目标两个方面的内容。

村庄性质是指村庄的个性特征，具体包括社会、经济、文化等方面的特征。在对农村现状经济、社会条件进行评价与分析的基础上根据上位国土空间规划中环境资源承载力评价和国土空间适宜性评价（简称“双评价”）的结果，按照尊重历史、尊重研究现状、展望未来的原则，明确未来村庄发展定位。

明确村庄发展目标是村庄规划的核心环节，主要包括明确村庄发展目标、人居环境整治目标、国土空间开发保护目标三个方面的内容。在明确村庄发展目标时，应以寻求未来最优化发展为导向，以评价结果为依据，在摆脱村庄既有现状与历史经验局限的基础上，通过综合考虑包括农村社会、经济、文化、生态背景等在内的多方要素，以农村综合发展条件评价为依据，确定农村社会、经济和人口的发展目标，并制定符合农村现实发展水平、具有可操作性与可实施性的战略发展框架，同时推进落实策略与措施（苏辉，2017）。在明确人居环境整治目标时，应以村庄社会经济条件和居民需求为基础，以村庄规划定位为依据，综合确定农村生活垃圾、生活污水治理和卫生厕所改造等环境提升的目标，并制定阶段设施建设策略。在明确国土空间开发保护目标时，应以“双评价”为基础，以规划人口规模和用地规模为依据，以生态空间山清水秀、生活空间宜居舒适、生产空间集约高效为发展方向，形成具有约束性的指标。

3.5.2 产业发展规划

产业发展规划是村庄规划的重点，对促进农村发展、留住村庄人气具有重要意义，主要包括确定产业发展方向、产业发展策略、产业发展布局等。以现状村庄产业发展为基础，明确村庄在立地条件、社会经济、生态文化等资源方面的优势，结合市场需求，合理选择村庄产业发展方向，确定村庄产业发展模式，并制定相应的产业发展策略。村庄产业发展规划的核心在于农业现代化、规模化、产业化及三次产业融合优化，通过对村域各类资源要素最大限度的合理利用，以实现农业产业化、规模化和现代化为主要目标。鼓励在农业产业化的前提下，通过第一、第二、第三产业融合发展来提升农村的资源价值。例如，围绕农产品开展农产品精深加工，延长农业产业链，改善农村现有的交通条件，发展村庄休闲旅游产业，优化农村产业结构，促进农村发展，最终实现农业现代化、规模化、产业化及三次产业融合优化。

3.5.3 土地利用规划

土地利用规划是对村庄发展战略规划和产业发展规划的具体落实，是实现“三生”空间和谐发展的核心举措，主要包括生活空间（农村宅基地、公共服务设施用地、道路交通用地、基础设施用地、绿化用地等）、生产空间（耕地与永久基本农田、其他农业用地、经营性建设用地等）、生态空间安排。根据《国土资源部关于有序开展村土地利用规划编制工作的指导意见》（国土资规〔2017〕2号）、《国土资源部办公厅关于印发村土地利用规划编制技术导则的通知》（国土资厅发〔2017〕26号），村庄土地利用规划应结合村域自然经济社会条件和村民意愿，综合研究确定土地利用目标，统筹安排经济发展、生态保护、耕地与永久基本农田保护、村庄建设、基础设施建设和公共服务设施建设、环境整治、文化传承等各项用地，促进农村土地规范、有序和可持续利用。要实现“三生”空间的和谐发展，必须以村域为规划对象，统筹安排建设用地和非建设用地，依托上位乡（镇）村庄布点规划的指导，在充分了解村庄发展现状的基础上，通过制定合适的发展战略，明确产业发展方向，确定用地空间布局及管制措施，实现“三生”空间共融。

生活空间主要是以血缘关系为纽带的聚居区，这与城市相对松散的居住区明显不同，包括用地布局规划、宅基地规划和住宅规划设计要求三个方面的内容。用地布局规划是根据村庄发展目标和产业发展规划，结合村民的建设意愿，对规划范围内各类建设用地的统筹安排，其主要任务是确定人均用地指标、明确建设范围、划分不同类型用地的界线，确定功能分区和各项用地构成比例，提出切实可行的建设模式。目前，随着城市化影响，农村人口逐渐流向城市，出现了宅基地废弃的现象。同时伴随着生活水平的提高，原先的宅基地存在设施陈旧、道路狭窄等问题，导致农民另选新址建房，出现了“一户多宅”的现象。宅基地废弃和“一户多宅”现象不仅导致土地资源的浪费，还导致公共服务和基础服务设施未实现价值最大化。因此，宅基地规划要严格落实“一户一宅”，根据各省市制定的相关规划标准，确定每户的宅基地面积，划定宅基地建设范围；同时，要进行严格的用途管控，严禁利用农村宅基地建设别墅大院、私人会所及“大棚房”，在此基础上，充分考虑当地的建筑特色和村民的生活习惯，提出户型、层高、风貌等方面的具体的住宅规划设计要求。

生产空间主要包括农用地和产业建设用地，包括耕地与永久基本农田、非农产业发展用地的规划两部分内容。耕地与永久基本农田保护是对村庄生产空间进行安排和管控的重要内容，主要包括落实管控要求、统筹农业发展空间、完善农业配套设施布局三个方面。落实管控要求以全国第三次土地调查为契机，结合村庄土地的利用现状和权属状况，基于村庄自然经济条件、村庄发展目标和村民意愿，综合划定村庄永久基本农田和永久基本农田储备区，并制定严格的管控保护措施，严守耕地红线。在此基础上，统筹安排农、林、牧、副、渔等农业发展空间，推动村庄循环农业、生态农业的发展。同时，围绕农业生产的要求，布局各项农业生产设施，如农田水利配套设施，保障合理的农业设施和农业产业园发展空间，促进农业转型升级，最终实现农村土地有序和可持续利用。在非农产业用地的规划方面，通过建设产业发展平台，设立农业产业园、科技园和创业园等产业空间，统筹城乡产业发展，积极引导工业向城镇产业空间集聚，保障涉农新业态的产业发展空间，并明确产业用地的用途、确定建设强度，制定相应管控措施，严禁以产业名义圈地建设。

生态空间主要包括生态林、水域和自然保留地等，这与城市的生态空间，特别是专门开辟的城市公园、景观水体、绿廊等完全不同。生态空间的划定包括分析评估和区划方案两个阶段：分析评估阶段以“双评价”结果为基础，通过现场调查、GIS 分析和专家咨询等方法，研判村庄生态环境问题和生态功能需求，对现状生态环境状况进行分析评估；区划方案阶段结合上位国土空间规划中的生态保护红线划定成果，结合湿地、河湖岸线、海岸、森林、草原、生态景观、自然灾害预防区等的空间分布，明确生态空间区划方案，提出生态修复的重点对象与区域。同时，村庄绿地布局要求依据村庄的生态环境特色，实现与自然环境的有机融合，对各类绿地规模与布局进行具体的安排并划定范围，确定植物配置种类和具体绿化措施。

3.5.4 支撑体系规划

支撑体系规划包括综合防灾规划、基础设施规划、历史文化遗产保护规划、生态环境保护规划和基本公共服务设施规划等内容。村庄是农民生活的聚集空间载体，村庄规划的核心是满足基本的防灾要求，打造生态环境本底，促进农村文化建设，提供完善的基本公共服务设施和基础设施，使城乡平等地享受经济发展和科技进步带来的美好生活。

村庄综合防灾事关村民的生命财产安全，统筹村庄安全和防灾减灾对抵抗自然灾害，维护村民的生命财产安全具有重要意义。近年来，受气候变化等自然和社会经济因素的耦合影响，高温热浪、干旱和洪涝等极端天气条件和自然灾害频发，同时村庄防灾基础设施建设的长期滞后，导致村庄防灾减灾基础薄弱，因此，统筹村庄安全和防灾减灾十分必要。村庄综合防灾规划基于相关的灾害统计资料和规划资料，结合“双评价”结果，综合划定村庄的灾害影响范围和安全保护范围，确定综合防灾减灾的目标，并根据相关技术标准确定相应灾害预防和应对措施，并构建相应的生命线工程，包括规划消防通道、消防设施，防洪排涝工程设施，潜在地质灾害的防护措施。

基础设施是村民生活水平的保障，也是村民热切关注的问题之一。在县域、乡镇域范围内统筹安排基础设施布局，涉及供水、污水和环卫、道路、电力、通信等基础设施，形成城乡一体的基础设施供给网络。村庄规划应根据村庄的类型、规模和村民的基本诉求，因地制宜地提出村域基础设施选址、规划和配置标准。

历史文化是村庄发展的内在灵魂，其传承与保护对营建村庄景观、延续村庄发展脉络、突出村庄特色、重塑村庄凝聚力具有重要意义。挖掘历史文化遗产和乡土特色，保护和传承村庄特有建筑与景观的美学价值、村庄物质与非物质文化遗产等是传承地域文化、塑造村庄特色、留住乡愁的重要前提。历史文化的传承保护主要包括两个方面的内容：一是传承乡村历史文化，既包括物质文化也包括非物质文化；二是重视村庄风貌引导，主要是针对物质空间的塑造。对于传承乡村历史文化，要对乡村历史文化资源进行深入挖掘，追溯当地的历史渊源，对当地独具特色的衣、食、住、行进行深度挖掘。对乡村的非物质文化遗产要进行传承，并将其宣传打造成为村庄的名片，对物质文化遗产则应划定历史文化保护线，并结合当地历史文化景观和村庄整体风貌，构建合理的整体保护体系，且在保护过程中应力求保证历史遗存的真实性，对历史遗址能保则保，切忌大拆大建。同时，重视村庄风貌引导，村庄规划长期忽视村庄风貌的协调与控制，导致在建筑和景观塑造方面求新、求异、求怪而丢失了当地特色，盲目照抄，结果却造成“千村一面”的现象。

生态空间保护修复对保护乡村生态环境、美化乡村景观、塑造乡村文化、促进村民身心健康具有重要意义，主要包括划定生态空间和制定修复整治路径两方面的内容。生态环境保护规划应坚持“慎砍树、禁挖山、不填湖”的原则，对存在生态环境问题的水系、林网、绿道、山体、棕地、人居、农田等要素，采取生态环境系统修复和整治的技术措施，明确生态环境修复保护规划的任务。

基本公共服务设施也可以反映村民生活水平，其完善程度和服务便捷程度直接影响居民的幸福感和满意度。通过引入生活圈的规划理念，坚持分级分类的原则，在县域、乡镇域范围内建立镇域—镇区—村庄的多级公共服务体系，配置教育、卫生、医疗、养老、文化、体育等设施。同时打造完善的综合服务设施配置中心，提供教育、养老、法律、综合调解等服务，布置图书室、便民安置点、超市等。

3.5.5 人居环境整治规划

人居环境整治规划是提高人民生活水平、彰显村庄特色的重要措施，主要包括基础设施、建筑风貌、景观环境、公共服务设施等。在此基础上通过环境卫生整治、排水污水处理设施改善、厕所整治、电杆线路整治、村庄公共服务设施完善、村庄节能改造等方式改善村庄公共环境和配套设施，不断提升人居环境质量（王旭，2017）。

3.5.6 近期建设规划

近期建设规划的重点是确定村庄近期急需建设的项目，确定建设时序安排和建设投资，主要内容为确定近期建设项目，提出整治计划和时序安排，并进行投资估算。制定村庄整治行动计划表，列出农田整理、生态修复整治、补充耕地、产业发展、基础设施和公共服务设施建设、人居环境整治和历史文化保护等主要项目的建设规模、实施时间、资金规模和筹措方式及建设主体和方式。

3.6 本章小结

1）我国的村庄规划经历了一个从起步、停滞、探索、规范到转型的过程，其地位和作用逐渐由边缘走向核心、由被忽视走向被聚焦、由摸索前行走向系统规范，大致可以划分为蹒跚起步（1949～1966年）、探索前行（1978～2008年）、规范成熟（2008～2017年）和转型完善（2017年以来）四个阶段。蹒跚起步阶段为我国村庄规划创造了一个较为良好的开局，村庄规划和建设发展取得了一定的成效，但是这一时期受经济发展条件所限，仍以运动式、口号式的村庄建设为主，村庄规划并未受到应有的重视。探索前行阶段是我国村庄规划逐步复苏的阶段，以缓解破败农房与农民迫切的住房需求之间的矛盾为开端，逐步形成了村庄规划的法规、编制和实施三大体系的基本框架。规范成熟阶段以《中华人民共和国城乡规划法》的颁布实施为开端，村庄规划的地位逐步提升，同时颁布实施了一系列规范标准，村庄规划得以规范成熟。在我国经济新常态和生态文明建设的大背景下，村庄的发展面临一定的困境，乡村振兴战略和国土空间规划改革应运而生，新时期村庄规划的理念、目标和内容面临着深刻转型，我国的村庄规划进入了转型完善阶段。

2）通过对我国村庄规划发展历程的梳理和现行村庄规划体系的解析，发现我国的村庄规划面临着“转型发展特质明显”、“规划体系尚不健全”、“规划内容针对性差”和“村民参与流于形式”等问题。当下，如火如荼的村庄规划编制工作，往往以问题为导向，对农村产业发展、村域土地利用、文化遗产保护、生态环境保护等传统“非重点”内容的重视程度不足，导致村庄规划难以全面解决村庄发展的各类问题；同时，由于现阶段我国村庄数量多、面积广且情况复杂，各村庄在发展历程、产业路径及村民生产生活习惯等方面存在很大差别，统一且无重点的村庄规划编制内容难以满足村庄当下的发展需求；另外，村民作为农村生产生活的主体，在村庄规划编制过程中仍然存在参与程度低、参与方式单一等问题。

3）在乡村振兴战略实施和生态文明建设的大背景下，村庄规划的理念发生了巨大转变。“以人为本，村民自治”“生态优先，绿色发展”“文脉传承，留住乡愁”已经成为当下村庄规划的价值取向，是“多规合一”的实用性村庄规划编制的基本要求，是政府、学者和规划师等在解决村庄问题和进行村庄规划过程中应深刻把握的内容。

4）基于法理基础和行政管理视角，结合《自然资源部办公厅关于加强村庄规划促进乡村振兴的通知》（自然资办发〔2019〕35 号），形成包括发展战略规划、产业发展规划、土地利用规划、支撑体系规划、人居环境整治规划和近期建设规划六项内容的编制体系。其中，发展战略规划是村庄规划的核心环节，主要包括明确村庄性质和发展目标等；产业发展规划是村庄规划的重点，主要包括确定产业发展方向、产业发展策略、产业发展布局等；土地利用规划是实现“三生”空间和谐发展的核心举措，是“多规合一”的具体体现；支撑体系规划包括综合防灾规划、基础设施规划、历史文化遗产保护规划、生态环境保护规划和基本公共服务设施规划等；人居环境整治规划是提高人民生活水平、彰显村庄特色的重要措施，主要包括基础设施、建筑风貌、景观环境、公共服务设施等；近期建设规划的重点是确定村庄近期急需建设的项目，确定建设时序安排和建设投资，主要内容为确定近期建设项目，提出整治计划和时序安排，并进行投资预算。

参考文献

安国辉，张二东，安蕴梅 . 2009. 村庄规划与管理［M］. 北京：中国农业出版社 .

北京师范大学地理系三年级经济地理实习队居民点小组 . 1958. 农村人民公社居民点的规模及其配置［J］. 北京师范大学学报（自然科学版），（2）：109-118.

陈秋红，于法稳 . 2014. 美丽乡村建设研究与实践进展综述［J］. 学习与实践，（6）：107-116.

陈秋晓，洪冬晨，吴霜，等 . 2014. 双体系并行特征下的浙江省乡村规划体系优化途径［J］.

规划师，30（7）：91-96.
陈印军，方琳娜，杨俊彦 . 2014. 我国农田土壤污染状况及防治对策［J］. 中国农业资源与区划，35（4）：1-5，19.
《城市规划学刊》编辑部 . 2017. “城乡规划教育如何适应乡村规划建设人才培养需求”学术笔谈会［J］. 城市规划学刊，（5）：1-13.
成受明，程新良 . 2005. 城乡统筹规划研究［J］. 现代城市研究，（7）：50-52.
褚天骄，李亚楠 . 2017. 我国乡村规划用地分类标准研究与展望——来自《村庄规划用地分类指南》的实践反馈与思考［J］. 规划师，33（6）：61-66.
房艳刚 . 2017. 乡村规划：管理乡村变化的挑战［J］. 城市规划，41（2）：85-93.
费孝通 . 2007. 乡土中国［M］. 上海：上海人民出版社 .
高洁，刘畅 . 2018. 伦理与秩序——空间规划改革的价值导向思考［J］. 城市发展研究，25（2）：1-7.
葛丹东，华晨 . 2009. 适应农村发展诉求的村庄规划新体系与模式建构［J］. 城市规划学刊，（6）：60-67.
葛丹东 . 2010. 中国村庄规划的体系与模式——当今新农村建设的战略与技术［M］. 南京：东南大学出版社 .
郭亮 . 2009. 乡村住区系统的规划思考——以武汉市新洲区为例［D］. 武汉：华中师范大学硕士学位论文 .
何洪华 . 2007. 社会主义新农村建设研究：以重庆市潼南县为例［M］. 重庆：重庆出版社 .
洪卉 . 2017. 基于综合发展规划理念的“美丽乡村”规划设计研究［J］. 建材与装饰，（23）：78-79.
胡冬冬，杨婷 . 2014. “三生协调”思路下的村庄规划编制方法研究——以随州市丁湾村村庄规划为例［J］. 小城镇建设，（12）：70-75.
扈万泰，王力国，舒沐晖 . 2016. 城乡规划编制中的“三生空间”划定思考［J］. 城市规划，40（5）：21-26，53.
姬振海 . 2012. 坚持“五位一体”的总体布局 推进生态文明建设［J］. 环境保护，（23）：41-43.
金其铭 . 1990. 浅论我国乡村规划的任务和内容［J］. 南京师大学报（自然科学版），13（2）：85-89.
科管室情报组 . 1975. 贤德大队新村规划和建设概况［J］. 建筑技术科研情报，74-75.
李海燕，权东计，李建伟，等 . 2005. 迁村并点理论与实践初探——以长安子午镇为例［J］. 人文地理，20（5）：59-61，12.
李开猛，王锋，李晓军 . 2014. 村庄规划中全方位村民参与方法研究——来自广州市美丽乡村规划实践［J］. 城市规划，38（12）：34-42.
李乐华，沙洋 . 2015. 美丽乡村背景下浙江村庄规划编制探讨与思考——以桐庐县环溪村村庄规划为例［J］. 小城镇建设，（5）：34-40.
李林林，靳相木，吴次芳 . 2019. 国土空间规划立法的逻辑路径与基本问题［J］. 中国土地科学，33（1）：1-8.

连旭，唐潭 . 2017. 浅析北京市村庄规划编制工作有关问题 [J]. 小城镇建设，(7)：11-15.
辽宁省建设厅城市规划处 . 1958. 人民公社居民点公共建筑定额的探讨 [J]. 建筑学报，(12)：36-37.
林坚，吴宇翔，吴佳雨，等 . 2018. 论空间规划体系的构建——兼析空间规划、国土空间用途管制与自然资源监管的关系 [J]. 城市规划，42 (5)：9-17.
卢云亭 . 1960. 人民公社居民点观划的几个问题 [J]. 北京师范大学学报（社会科学版），(1)：17-32.
罗彦，蒋国翔，邱凯付 . 2019. 机构改革背景下我国空间规划的改革趋势与行业应对 [J]. 规划师，35 (1)：11-18.
梅耀林，许珊珊，杨浩 . 2016. 实用性乡村规划的编制思路与实践 [J]. 规划师，32 (1)：119-125.
牛磊 . 2015. 村庄治理转型背景下村民自治制度的发展路径 [J]. 理论与现代化，(4)：46-51.
仇保兴 . 2005. 城乡统筹规划的原则、方法和途径——在城乡统筹规划高层论坛上的讲话 [J]. 城市规划，29 (10)：9-13.
任春洋，姚威 . 2000. 关于“迁村并点”的政策分析 [J]. 城市问题，(6)：45-48，24.
任世英，赵柏年，陈玲 . 2007.《镇规划标准》GB50188—2007 引读（二）[J]. 小城镇建设，(7)：47-48.
单德启，赵之枫 . 1999. 城郊视野中的乡村——芜湖市鲁港镇龙华中心村规划设计 [J]. 建筑学报，(11)：4-8.
上海市民用建筑设计院人民公社设计组 . 1958. 上海市“七一”人民公社居民点规划设计 [J]. 建筑学报，(10)：7-13.
石楠 . 2018. 资源 [J]. 城市规划，42 (3)：1.
史柏年 . 1990. 1958 年大炼钢铁运动述评 [J]. 中国经济史研究，(2)：124-133.
帅志强，蔡尚伟 . 2016.《美丽乡村建设指南》国家标准颁布实施的意义、作用及执行 [J]. 生态经济（中文版），32 (3)：198-201.
苏辉 . 2017. 农村经营管理的缺点及措施 [J]. 环球市场信息导报，(33)：24-24.
孙中锋 . 1998. 中心村建设：农村发达地区城镇化发展的新途径——以苏州工业园区胜浦镇为例 [J]. 人文地理，13 (4)：44-47，82.
田洁，贾进 . 2007. 城乡统筹下的村庄布点规划方法探索——以济南市为例 [J]. 城市规划，31 (4)：78-81.
汪芳，吕舟，张兵，等 . 2017. 迁移中的记忆与乡愁：城乡记忆的演变机制和空间逻辑 [J]. 地理研究，36 (1)：3-25.
汪光焘 . 2018. 城市：40 年回顾与新时代愿景 [J]. 城市规划学刊，(6)：7-19.
王富更 . 2006. 村庄规划若干问题探讨 [J]. 城市规划学刊，(3)：106-109.
王吉螽 . 1958. 上海郊区先锋农业社农村规划 [J]. 建筑学报，(10)：24-28.
王建国，胡克 . 2003. 农村居民点整理的必要性与可行性 [J]. 国土资源，(4)：42-44.
王健，王鹏，陈振华 . 2007. 京郊村庄整治规划与研究 [J]. 规划师，23 (4)：44-49.

王凯 . 2017. 经济转型时期的规划供给 [J]. 城市规划学刊，(5)：14-20.
王立权 . 1980. 全国农村房屋建设工作会议在青岛召开 [J]. 农业工程，(1)：31-32.
王尚武 . 1959. 我对农村居民点园林化规划的一点意见 [J]. 林业实用技术，(1)：2-4.
王士兰 . 2001. 浙江沿海地区中心村建设规划的思考——以温岭市为实例 [J]. 城市规划，25 (8)：62-64.
王帅，陈忠暖 . 2016. 现阶段我国乡村规划中公众参与问题分析及对策 [J]. 江苏城市规划，(1)：34-38.
王旭 . 2017. 乡村聚落建设工程共同体社会网络研究 [D]. 武汉：华中科技大学博士学位论文 .
王永生，刘彦随 . 2018. 中国乡村生态环境污染现状及重构策略 [J]. 地理科学进展，37 (5)：710-717.
温锋华 . 2017. 中国村庄规划理论与实践 [M]. 北京：社会科学文献出版社 .
肖红娟 . 2013. 珠江三角洲地区乡村转型及规划策略研究 [J]. 现代城市研究，(6)：41-45，50.
肖周艳，林志强，廖丽萍，等 . 2016. 生态综合示范村乡愁理念的实现途径——以南宁市锦江村根竹坡为例 [J]. 规划师，32 (S1)：42-45.
谢映，段宁，江叶帆，等 . 2018. 机构改革背景下长沙市级空间规划体系探索 [J]. 规划师，34 (10)：38-45.
徐伯清 . 1965. 关於人民公社居民点和轮作区规划设计的意见 [J]. 新疆农业科学，(6)：238-239.
徐明尧，陶德凯 . 2012. 新时期公众参与城市规划编制的探索与思考——以南京市城市总体规划修编为例 [J]. 城市规划，36 (2)：73-81.
徐文辉，唐立舟 . 2016. 美丽乡村规划建设“四宜”策略研究 [J]. 中国园林，32 (9)：20-23.
姚士谋，陈彩虹，解晓南，等 . 2005. 我国城乡统筹规划的几个关键问题——学习汪光焘部长讲话的体会 [J]. 现代城市研究，(5)：29-34.
叶斌，王耀南，郑晓华，等 . 2010. 困惑与创新——新时期新农村规划工作的思考 [J]. 城市规划，34 (2)：30-35.
佚名 . 1959. 目前园林化规划设计中的一些情况和问题 [J]. 林业科学技术快报，(10)：6-8.
佚名 . 1975. 迅速掀起学大寨、讲路线、促工作的热潮——我院制定为大办农业普及大寨县而奋斗的初步规划 [J]. 西安冶金建筑学院学报，(4)：1-4.
于建嵘 . 2010. 村民自治：价值和困境——兼论《中华人民共和国村民委员会组织法》的修改 [J]. 学习与探索，(4)：73-76.
余佶 . 2018. 新时代“三农”改革历程与经验——基于十八大以来 6 个中央“一号文件”的透视 [J]. 中国井冈山干部学院学报，(5)：107-114.
岳景辉 . 2015. 城市规划实施过程中公众参与的体系构建初探 [J]. 城市建筑，(17)：31-31.
张长兔，沈国平，夏丽萍 . 1999a. 上海郊区中心村规划建设的研究（上） [J]. 上海建设科技，(4)：27-29.
张长兔，沈国平，夏丽萍 . 1999b. 上海郊区中心村规划建设的研究（下） [J]. 上海建设科技，(5)：15-16.
张宏，李洪斌，姚江春. 2012. 广州周边地区乡村转型面临的危机及规划应对 [J]. 城市问题，(11)：32-36.
张京祥，申明锐，赵晨. 2014. 乡村复兴：生产主义和后生产主义下的中国乡村转型 [J]. 国际城市规划，29 (5)：1-7.
张同铸，宋家泰，苏永煊，等. 1959. 农村人民公社经济规划的初步经验 [J]. 地理学报，26 (2)：107-119.
张雪瑞. 2016. 新农村建设中农村生态文明建设路径探析 [J]. 农业经济，(7)：8-9.
章建明，王宁. 2005. 县（市）域村庄布点规划初探 [J]. 规划师，(3)：23-25.
章莉莉，陈晓华，储金龙. 2010. 我国乡村空间规划研究综述 [J]. 池州学院学报，24 (6)：61-67.
赵虎，王兴平. 2008. 基于城乡统筹理念的村镇规划改进措施探讨——以江苏省为例 [J]. 规划师，24 (10)：10-13.
赵虎，郑敏，戎一翎. 2011. 村镇规划发展的阶段、趋势及反思 [J]. 现代城市研究，(5)：47-50.
甄延临，李忠国. 2008. 村庄布点规划的重点及规划方法探讨——以浙江海盐县武原镇村庄布点规划为例 [J]. 规划师，24 (3)：24-28.
中华人民共和国住房和城乡建设部. 2008-11-6. 中国村镇建设 30 年 [N]. 中国建设报，(3).
中心村规划调研组. 1998. 关于上海市中心村若干重要问题的研究 [J]. 上海城市规划，(5)：6-9.
周珂，顾晶. 2017. 村民自治下的传统村庄规划管理——以曹家村灾后重建为例 [J]. 城市规划学刊，(2)：87-95.
朱霞，周阳月，单卓然. 2015. 中国乡村转型与复兴的策略及路径——基于乡村主体性视角 [J]. 城市发展研究，22 (8)：38-45，72.
邹兵. 2018. 自然资源管理框架下空间规划体系重构的基本逻辑与设想 [J]. 规划师，34 (7)：5-10.
邹伟. 2017. 全域化背景下广州市乡村更新指标体系研究 [D]. 广州：广东工业大学硕士学位论文.

第4章 产业发展规划

产业是区域经济发展的核心动力，是促进农村和谐繁荣的源泉，是乡村振兴的基础。加快农村产业的发展，进行农村生产空间的合理布局是缩小城乡差距，实现乡村振兴战略的必然路径。随着我国城市化和工业化进程的加快，农村产业由原来的“同质同构”向“异质异构”转化（易海军，2018），逐渐呈现出形式多样化、功能复合化的转型趋势，出现了工业主导、商旅主导等多种类型的村庄，同时伴随着我国经济发展进入新常态，如何在经济增长速度变缓的情况下，增强农业的基础地位，调整农产品结构，保障农民持续增收，成为目前面临的重要命题。为适应党和国家的乡村发展战略，促进农业现代化和第一、第二、第三产业融合发展，本章通过分析村庄产业发展的现状特征、研判村庄产业发展的战略途径，并结合陕西实证案例分析适宜村庄产业发展的模式，以期实现乡村的产业振兴。

4.1 产业发展特征

自党的十八大以来，全国各地掀起了村庄建设的热潮。各地将村庄发展建设作为政府工作的“重头戏”，积极开展建设的试点和探索工作，村庄的经济发展和产业振兴成为各级政府关注的重点之一。然而，受经济社会发展不平衡、不协调因素的影响，我国农村地区还存在贫富差距较大、发展极为不平衡的问题（图4-1、图4-2）。根据《中国统计年鉴》（2014～2018年），可以看出农村居民人均可支配收入呈现出明显的“东部>东北≈中部>西部”的分布格局，并且省际差异显著，总体表现为经济发展水平越高，农民的可支配收入就越多，反之亦然。这表明区域经济发展阶段与农业产业发展阶段具有较强的相关性，现代农业、乡镇企业、乡村旅游在各地的发展程度与区域经济增长相辅相成。对东部沿海发达地区来说，农村大多已经步入现代经济发展阶段，基本实现了农业现代化、产业多元化并逐步融合发展。而对广大的中西部经济欠发达地区，农村大多还处于小农经济时期，或者处于由小农经济向现代经济过渡的时期，乡村产业发展呈现出由以第一产业为主向第一、第二、第三产业并重发展的总体趋向。

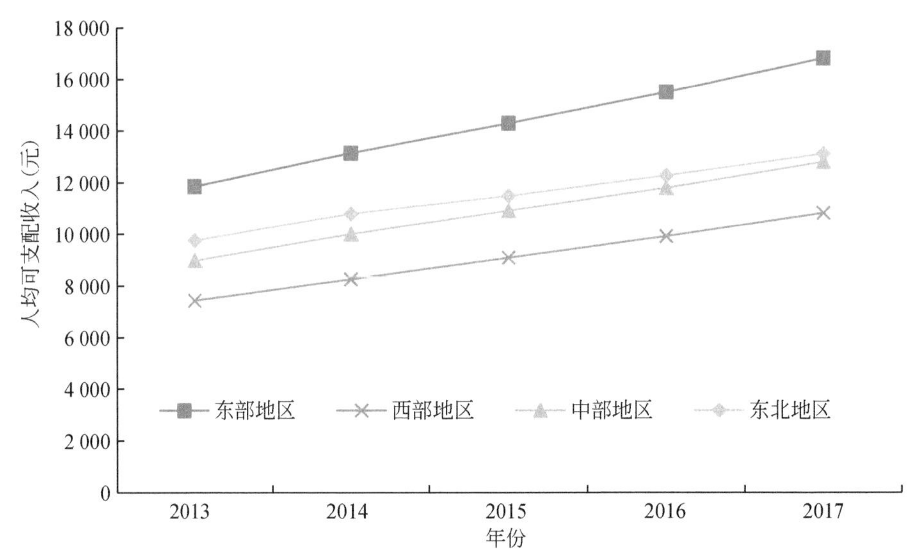

图 4-1　2013 ~ 2017 年中国四大区域农村居民人均可支配收入对比图

图中数据并未包含香港、澳门和台湾地区的相关数据

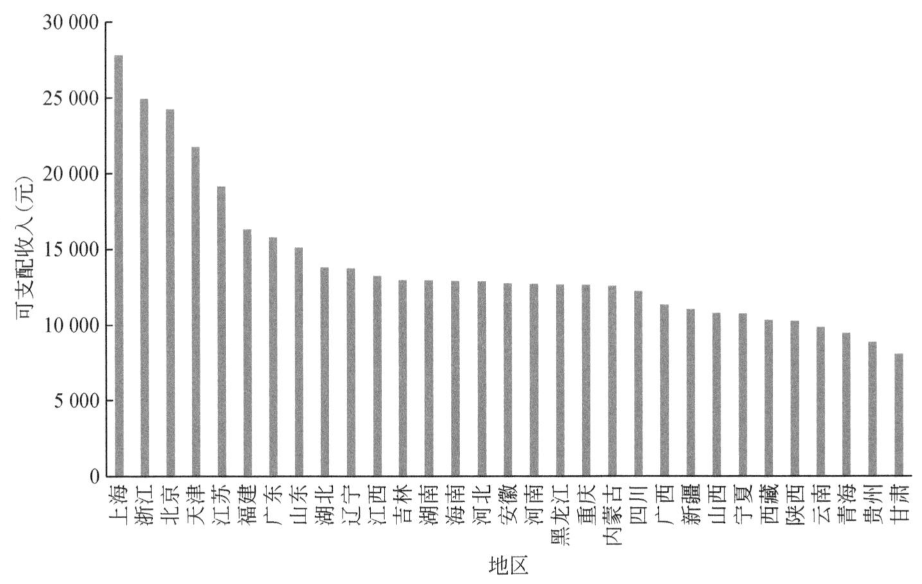

图 4-2　2017 年农村居民可支配收入统计

图中数据并未包含香港、澳门和台湾地区的相关数据

4.1.1 梯度差异逐步扩大

小农经济时代均质化特征明显。在漫长的封建社会中，以小农经济为特征的生产组织方式是整个封建社会赖以生存的基础，区域差异不显著。小农经济以农民家庭作为生产和消费的基本单位，自给自足是其最明显的特征（仲亚东，2008），因而在这个时期广大农村地区产业发展缓慢，均质化特征明显。自秦汉以来，农村的产业结构、生产方式并未发生实质性变革，农业生产辅以家庭手工业一直是农村的主要产业形式；从东到西、从南到北、从京畿地区到偏远山区，农村地区产业类型差异很小，地域分工不明显。自明清以来，随着农业生产技术的缓慢提高、交通条件的改善及社会制度的变迁，在重要的交通沿线、河流渡口形成了以工商业为主的城市或市镇，但广大农村地区的发展仍十分缓慢。全国各地区以农业为主要产业，农业又以种植业为主，注重粮食生产。但是从作物布局上看，全国由于水、光、热、土等自然条件的不同，形成了水稻区、粟区、高粱区等不同的作物产区（西嶋定生，1981）。自给自足的小农经济是封建社会的经济基础，封建统治者为维护自身统治，长期实行重农抑商的统治政策，极大地限制了商品经济的发展，固民于田，导致全国的产业以农业生产为主，两千多年来变动甚微。

区域差异逐步扩大。1949 年之后，特别是 1978 年开始实施的家庭联产承包责任制极大地解放了我国农村的生产力，推动了农业的发展，农村产业的区域发展水平差异逐步拉大，空间上表现为自东向西差异逐渐降低。自然、经济、社会和资源分布的空间差异性是导致农村地区产业发展区域差异逐步扩大的主要因素。伴随着国外的资本、生产方式、管理方式的引进，在一些具有良好的区位交通条件、社会经济基础的农村地区，依靠群众的创新精神，乡镇企业迅速兴起，带动了农村工业的发展，极大地改善了我国产业发展状况（林永新，2015）。再加上区位地理条件的差异，农村产业同我国经济发展格局类似，形成了鲜明的东、中、西三大地带。在经济总量方面，东部地区较中西部地区而言具有明显的优势；在非农产业所占比例方面，东部地区最高、中部次之、西部最低；在农民人均收入方面，东部地区明显高于中西部地区（刘慧，2002；王来栓和朱润喜，2013）。可以看出，改革开放之后，三大地带之间，农村产业发展逐渐趋于不平衡，地区间差异逐步扩大，东部地区由于具有良好的区位、交通、政策、外资等条件，取得了快速发展。乡村经济从单一种植转变为多种经营，乡镇企业的全面发展调动了农村富余劳动力，调整了农村就业结构，使得地区差异进一步扩大。东部地区农村的产业发展要远优于中西部地区的农村，浙江、广东很多地区出现规模化的专业村，农业基本实现现代化，具有高科技水平和科学的管理方式，而广大中西部农村的现代农业建设尚处于起步阶段。东部地区工业发展水平较高，其依托独特的科技、信息和人才优势，迅速涌现出一批特色鲜明的专业村、专业镇，而中西部地区仍是承接东部地区、城市落后产能的重点区域。同时，东部地区服务业从经营方式、产业类型等方面都明显优于西部地区。

城郊呈现圈层演化的特点，即城市周边农村农业产业发展水平普遍高于远郊地区的农村。随着快速城镇化和城市空间扩张，位于城市郊区的乡村逐渐被纳入城市发展视野，成为城乡利益冲突最强的场所（Smithers et al.，2005；Masuda and Garvin，2008）和城乡不同特性协调与争夺的竞技场（Mahon，2007；Bossuet，2006），土地、人口、资源等生产要素由"同质同构"向"异质异构"重新组合发展。城郊乡村传统的以农业生产为主的生产系统遭到严重破坏，取而代之的是在城市功能外溢发展下的乡镇企业和家庭作坊，以及为城市居民提供休闲服务的乡村旅游业，工业、旅游业、服务业等非农产业成为城郊居民收入来源的重要组成部分。改革开放以来，城郊乡村产业逐步转向兼有农业、工业、旅游、服务等多元生产方式的综合模式（王兴平等，2011），形成由规模农业、特色产业、旅游业组成并兼容发展的格局（陈潇玮和王竹，2016）；产业格局从外围向主城区内核由农业型向商服型转变，由传统农耕型向现代化专业型演化，呈现圈层演化的特点（朱倩琼等，2017）。可见，这种不平衡的发展态势成为制约农村区域经济发展的重要因素。随着乡村振兴战略的推进实施，这种映射在农业发展过程中的区域不平衡问题，将会逐步得到改善解决。

4.1.2 现代农业持续发展

小农经济时代农业技术革新缓慢。在这个时期，技术的革新主要是指农具的更新和栽培技术的进步（吴林华，2015）。在两千多年漫长的封建时代，我国的传统农业技术明显高于欧洲，依靠工具的简单更新、精耕细作、增加复种等经验，养活了不断增加的人口。但是到了近现代，可以发现我国的技术变革还是比较落后，没有取得实质性飞跃。当西方国家已经利用显微镜发现细胞，开始进入新的生物研究领域时，我们仍停留在抽象的哲思上（闵宗殿，2005）；当欧洲进入农业试验科学阶段时，我国还在重复传统的耕作经验，依靠从父辈那里学来的种植技能，依赖中华民族的艰苦奋斗精神，在土地上辛勤耕作。在进入工业文明时代之后，我国仍处于依托农业种植的家庭小工业作坊经济时期，对农业生产的促进作用不大；而西方国家大规模的机械化生产，有力地促进了农业生产，并且农产品类型日益丰富。

农业生产逐渐现代化。自中华人民共和国成立尤其是改革开放以来，农业现代化受到普遍关注，农业现代化进程快速推进。中华人民共和国成立之初，毛泽东提出农村发展两步走的路线，第一步是实现集体化，第二步是实现农业机械化和电气化。1964 年，周恩来总理在《政府工作报告》中提出“四个现代化”的发展目标，将现代化农业作为未来农业的重点发展方向。但是，随后发生的“大跃进”和“文化大革命”打乱了农业现代化的步调，这一时期我国的农业现代化高起低走，虽然在水利设施建设方面取得了一定的成效，但整体来看发展较慢。十一届三中全会之后，改革率先在农村展开，农村劳动力获得极大的解放，粮食产量不断提高。农业现代化成为党和国家新的历史时期的重要任务，中国农学会、中国科学院等农业、生物学领域的专家积极召开农业方面的研讨会，提出农业实现现代化的路径、方法和措施（黄佩民，2007）。进入 21 世纪以来，农业机械化取得了长足发展，农业产业化粗具规模，农业科技得到较好的应用（谢韶光，2010）。近年来，随着国家对土地流转的支持，家庭农场、农村合作社、田园综合体[①]等组织逐渐建立，农业规模化水平不断提高，现代农业体系得以初步建立。2017 年中央一号文件指出，要支持有条件的地区建设田园综合体，这既是中央对解决“三农”问题的政策创新，也是给予地方农业综合开发的重要任务（卢贵敏，2017）。田园综合体必将主导现代农业的发展方向，成为乡村振兴的主旋律。

现代农业是未来的发展趋势。现代农业是以生物和信息技术为核心的技术高度密集型产业（石元春，2003），具有促进经济发展、调节生态、提供就业和生活保障等多种功能，虽然受到自然条件、经济条件和社会条件的制约，但打破了传统农业单一的经济功能，促使其逐步向经济、生态、社会等多功能转型（张攀春，2012）。从生物技术的发展趋势来看，需要不断加快现代农业科技的研究步伐，从根本上提高现代农业的科技含量。农业现代化水平的提高，从本质上讲是农业技术水平的提高，只有不断扩张农业科技的内涵和外延，提高其研发水平和转化技术，才能实现农业现代化水平的提升。农业科技的发展应以“优质、高产、安全、有效”为基本目标，将农业的未来发展趋势作为研究重点，大力推进设施农业、生态休闲农业、现代畜牧业等的创新研发，提升农业现代科技水平（张永杰，2012）。从信息化的发展趋势看，以数字化、网络化、智能化为特征的信息化浪潮的蓬勃发展为农村农业的信息化转型提供了强大的势能。同时，党和国家高度重视信息化的发展，提出了一系列信息化发展战略，并做出了具体的行

① 田园综合体是在城乡融合发展的格局下，依托农村供给侧结构性改革和农业现代建设的背景，形成集现代农业、休闲旅游、康疗养生等多种功能于一体的综合性可持续的发展模式。

动部署，为农村农业的信息化转型提供了政策支撑。信息技术的快速发展与农村农业的渗透融合，极大地促进了农村农业的信息化发展。

4.1.3 乡镇企业异军突起

乡镇企业加快了乡村的转型发展。20 世纪 80 年代，乡镇企业以其顽强的生命力和独特的经营形式，成为我国工业发展的一大奇迹（王小鲁，1999），为农村产业的多元化发展开拓了新道路。乡镇企业异军突起，将农村的剩余劳动力从土地转移到车间，促进了我国计划经济向市场经济的转变，加快了乡村的转型发展（佚名，2018）。1982 年以来，我国乡镇企业发展迅猛，乡镇企业总收入逐年增加。1982 ~ 1994 年是我国乡镇企业发展的黄金时期，乡镇企业数量和企业职工人数快速增长（图 4-3）；1988 年，乡镇企业总数达到 1888. 2 万个，产值高达 4764. 3 亿元，乡镇企业的职工人数达到 9545. 5 万人（幸元源，2009）；1992 年，乡镇企业的总收入达到 15 930 亿元，为国家缴纳的税金达到 500 亿元，包括个体企业、村办企业、合作企业、乡办企业等多种形式的乡镇企业总产值占工业总产值的一半（成德宁和郝扬，2014）。在乡镇企业的催化带动下，我国农村经济体系从单一种植结构逐步转变为多种经营模式，成为农村经济和国民经济的重要组成部分。但随着我国对外开放的深入推进，在外来资本逐步介入、分税制改革、地方保护主义和市场封锁被打破等因素的共同作用下，乡镇企业面临的制度环境和市场环境逐步改变，失去了以往的竞争优势地位（牛雷等，2015）。

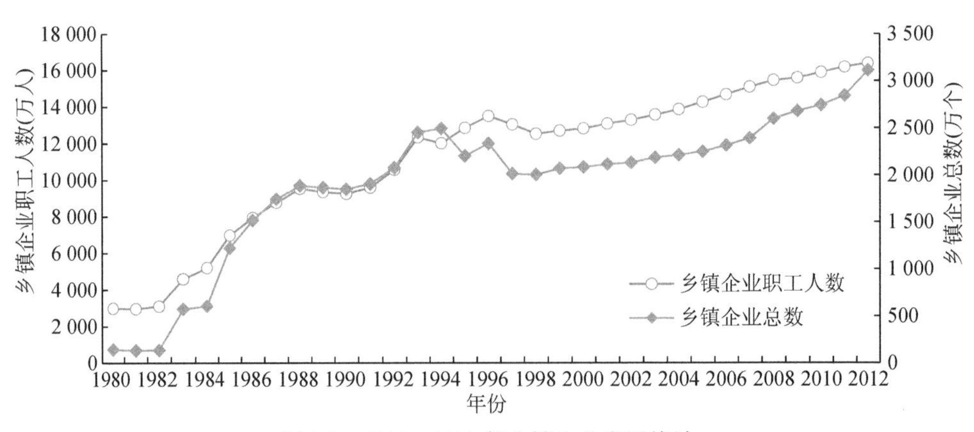

图 4-3　1980 ~ 2012 年乡镇企业发展统计

目前，乡镇企业逐渐朝着专业化、规模化、低碳化的方向发展（汪军能和张落成，2005），涌现出一批规范化运行的，集中分布于产业园区的大中型乡镇企业（于秋华，2009）。乡镇企业的快速发展一方面带动乡村的快速发展，有利的促进我国城市化进程和农村生活水平、收入水平的提高；另一方面则对当地的生态环境造成了严重的破坏，并存在技术含量低、能耗高、效益差等问题（刘辉和周慧文，2004）。在这样的背景下，乡镇企业开始积极探索转型发展的路径。以浙江省和广东省为例，20 世纪 80 年代以来，伴随着我国的经济体制改革和产业制度的变迁与改革，浙江省和广东省立足于特有的自然和社会经济条件①与自古以来的企业家精神和商业文化背景，按照传统企业集群和专业市场联动发展的路径，推动了浙江省“块状经济”② 和广东省“专业镇”③ 的蓬勃发展，形成了如温州市鹿城区的鞋、安吉县的转椅、义乌市的小商品，以及中山市的灯饰等众多的“块状经济”或“专业镇”（刘吉瑞，1997；方民生，1997；雷如桥等，2005）。由于发展门槛较低和沿海地区劳动力成本的不断提高，浙江省和广东省所依托的优势条件逐渐丧失，当地的企业家和政府逐渐意识到乡镇企业必须实现多元化发展，加强自身经营管理，注重技术创新，以此来实现自身的可持续发展。因此，开始逐渐依托东南沿海地区的资金和技术优势，从特色化、专业化、技术化和规模化的角度入手，对“块状经济”和“专业镇”进行升级，形成产业特色化、环境宜居化、文化凸显化、设施便捷化和体制灵活化的“特色小镇”，实现从专一的工业生产向第一、第二、第三产业融合发展转型，以营造内涵丰富、特色明显的生产、生活、生态一体化聚居空间，从而带动产业的发展。

4.1.4 乡村旅游势头迅猛

乡村旅游兴起于 20 世纪 80 年代末（王德刚，2010），近年来发展迅猛（龚伟，2014）（图 4-4）。2012 ~ 2018 年，我国休闲农业和乡村旅游接待人数由 7.2 亿人次增加至 30 亿人次，年均增长率达到 26.9%；旅游收入从 2400 亿元增加到 8000 亿元，年均增长率高达 22.2%（图 4-5）。

乡村旅游的快速发展一方面得益于近年来党和国家政策的扶持。2015 年中央一号文件提出，积极开发农业多种功能，挖掘乡村生态休闲、旅游观光、文化

---

① 浙江自古便有“七山二水一分田”的说法，单纯的农业无法养活浙江省大量的人口，因此率先出现了经商、务工等新的就业和创收形式；广东省毗邻港澳的广阔市场优势为其商业和加工业的发展提供了有利条件。

② 块状经济是 20 世纪 80 年代由费孝通先生在研究村镇经济时提出的，是指一定的地域范围内，形成的一种产业集中、专业化极强、地方特色明显的区域性产业群体空间组织形式，具有地域集中性、要素根植性、起源自发性、企业关联性、生产专业性、产品差异性和发展阶段性等特征。

③ 专业镇是以镇（区）为基本地理单元、主导产业相对集中、经济规模较大、专业化配套协作程度较高、创新优势和品牌优势突出的经济形态。

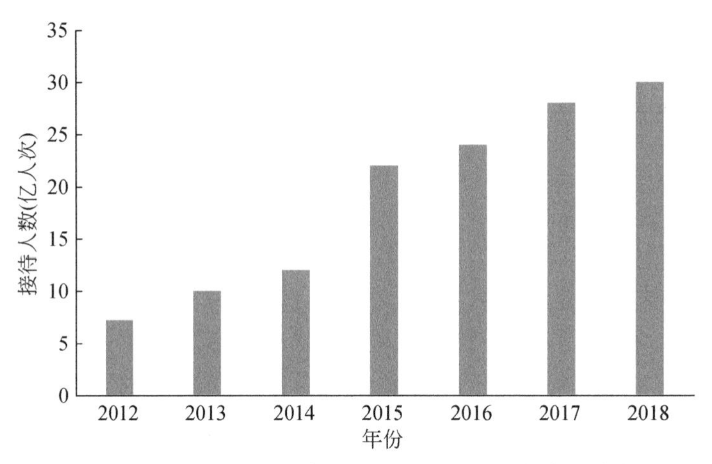

图 4-4　2012～2018 年中国休闲农业和乡村旅游接待人数统计图

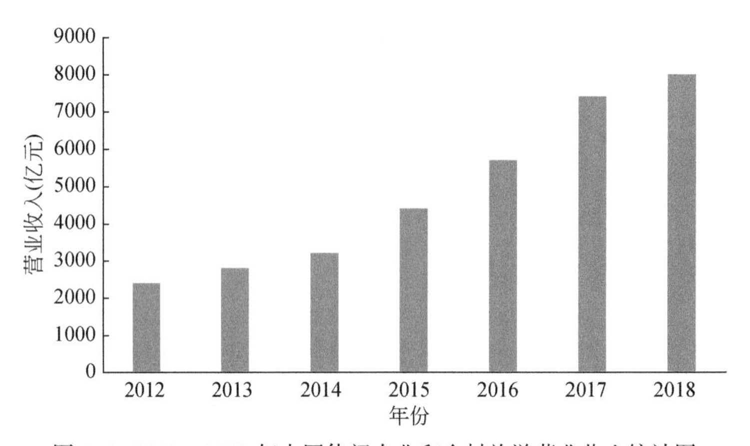

图 4-5　2012～2018 年中国休闲农业和乡村旅游营业收入统计图

教育价值。同年，国务院副总理汪洋在湖北考察时强调，乡村旅游是贫困群众脱贫致富的重要渠道。2016 年和 2018 年中央一号文件均提出要大力发展休闲农业和乡村旅游，实施休闲农业和乡村旅游提升工程；并在《国家乡村振兴战略规划(2018—2022 年)》中提出要结合当地的资源禀赋，深入挖掘农业农村的生态涵养、休闲观光、文化体验和健康养老等多种功能和多重价值。2018 年 3 月，国务院办公厅印发了《国务院办公厅关于促进全域旅游发展的指导意见》(国办发〔2018〕15 号)；2018 年 10 月，包括国家发展和改革委员会、文化和旅游部在内的 13 个部门联合发布了《促进乡村旅游发展提质升级行动方案（2018 年—2020 年)》；2018 年 11 月，文化和旅游部、国家发展和改革委员会等 17 个部门联合发布《文化和旅游部等17部门关于印发〈关于促进乡村旅游可持续发展的指导意见〉的通知》(文旅资源发〔2018〕98号)。中央和各部委的一系列政策和文件，为乡村旅游的发展提供了重要支撑，对促进乡村旅游的发展和充分发挥其带动作用具有重要意义，也为我国乡村旅游的迅猛发展提供了条件。

另一方面则是受社会经济发展的影响。乡村旅游蓬勃发展是资源供给和市场需求共同作用的结果（郭景福和赵奥；2019）。从需求角度看，随着城市环境污染日趋严重、城市生活压力不断加大，城市居民对乡村地区良好的景观环境和慢节奏的生活方式的追求是乡村旅游快速发展的内在驱动力；同时，传统的大众旅游方式为乡村旅游的快速发展留下了足够的空间。从供给角度看，保存相对完整与原生态性且有别于城市的建成环境的乡村环境，是乡村旅游的发展基础，同时传统农业经济贡献的退化导致农村急需寻找新的发展动力（尤海涛等，2012），因此乡村旅游应运而生。市场力量催动了乡村旅游的蓬勃发展，是其快速发展的根本动力。

乡村旅游的发展对促进农村发展，实现乡村振兴具有重要的意义。乡村旅游扩展了农村的发展路径，打破了农村以农业种植为主的发展模式和生产要素向城市的单向输出模式，实现了城乡之间资本、信息、人才等要素的双向流动，促进了城乡融合发展，智慧农业、生态农业、观光农业等为农村的发展注入了新的活力（张碧星，2018；赵华，2018），乡村旅游促进了就业结构的转变和农民收入的提高（董秋云，2019）。由于乡村旅游具有综合性的特征，乡村旅游的发展带动了商业、住宿、娱乐、交通等方面的发展，由此也带动了农村劳动就业，而这种“离土不离乡”的灵活就业和增收模式相比于外出务工更符合农民的现实需求（张众，2019）。2016年，全国休闲农业和乡村旅游从业人员达到845万人，带动672万户农民受益（胡鞍钢和王蔚，2017）；2017年，全国休闲农业和乡村旅游从业人员达到1100万人，带动750万户农民受益。另外，乡村旅游的发展极大地推动了农村的社会经济建设，为了促进乡村旅游的发展，农村兴建了大量的基础设施和公共服务设施（刘健等，2008），在增收的同时极大地提高了村民的生活水平（王芳和曹海霞，2018）。

乡村旅居逐步成为乡村旅游的发展趋势。我国的乡村旅游自20世纪80年代兴起以来，经历了农家乐和休闲度假的两个阶段，目前已经进入以乡村体验为主要标志的乡村旅居时代（于秋阳和冯学钢，2018）。乡村旅居阶段农业将与休闲观光、康疗养老、亲子娱教等深度融合，依托“生态+”“文创+”“互联网+”等先进的理念和技术，不断创新乡村旅游的业态类型和营销模式，形成管理有序、内涵丰富、形式多样的乡村产业体系（于法稳；2019）。从国外的发展经验来看，乡村旅游的发展大体经历了从单纯观光游到形式多样体验游再到个性化、多层次深度游三个阶段（丁晓燕和孔静芬，2019）。早期，伴随着工业化和城市化进程的快速推进，农村人口大量向城市转移，受这部分人回乡探访的带动影响，城市居民逐渐兴起了以乡村观光为主要形式的乡村旅游。随后，伴随着生活压力的加大，农村的休闲式生活体验吸引了大量城市居民的关注，形成了形式多样的乡村体验游，主要包括品尝农家饭、钓鱼休闲、体验民俗活动等。近年来，人们不满足单纯的物质体验，转而追求更高的精神享受，个性化、多样化的深度体验游受到人们的广泛关注。随着我国社会经济的快速发展，人们丰富精神生活的需求日益高涨，并且环保意识逐步增强，人们强烈呼唤以“生态+”“文创+”“互联网+”为依托的乡村旅居时代的到来。同时，党和国家提出的一系列发展战略和策略，如美丽中国、美丽乡村、乡村振兴、全域旅游、生态文明建设等，有利的助推乡村旅游乡村旅居时代的发展。

4.2 产业发展策略

在国际经济形势不断变化、我国市场经济体制改革不断深化、人民需求日益高端化的形势下，为了缩小城乡差距，实现城乡一体化发展的目标，发展农村产业成为乡村振兴的重要研究内容。生产力与生产关系的不匹配严重制约着我国农村产业的发展，一家一户的小农经营模式与现代的农业生产之间的矛盾日益突出。同时，随着我国城镇化的快速推进，农业青壮年劳动力不断向城市转移，形成了留守农村的“613899”部队①，严重影响了农业的发展。在当前国家对生态环境日益重视、土地资源管控日益加强、农村劳动力成本逐渐上升及产品需求高端化的新形势下，高污染、高能耗、低效益、粗放的农村工业的生存空间日益萎缩。以乡村旅游为主导的服务业，存在着从业人员素质不高、同质化严重、服务水平差等问题，严重制约了自身的进一步发展。村庄产业的发展应结合政府发展政策、市场需求、农村资源优势、区位优势和发展过程中积累的比较优势，形成能够充分利用自身资源并符合市场需要的产业结构，发展特色产业，培育壮大农村集体经济，促进第一、第二、第三产业的融合发展，构建完善的现代农业体系。

4.2.1 培育壮大农村集体经济

农村集体经济是村级组织的物质基础，是其有效发挥职能的前提和保障。农

① “613899”部队的“61”是国际儿童节，指儿童，“38”是国际妇女节，指妇女，“99”是重阳节，指老年人。

村集体收入的增加也是建设农村各项公益事业、减轻农民负担、促进农民增收和实现农民脱贫的有效途径。同时，培育壮大农村集体经济，增强农村基层组织的创造力、凝聚力和战斗力，是夯实党在农村执政基础的重要保障，对实现全面建成小康社会，深化我国农村改革，调整农村生产关系以适应现阶段我国农村生产力发展的需要具有重要意义。

1978 年，随着家庭联产承包责任制的推进实施，我国农村集体经济实行家庭承包经营为基础、统分结合的双层经营体制，个体经营和私营经济得到明显发展，但是集体经济的发展却严重滞后，一家一户的小农经营模式与现代化的农业生产之间的矛盾日益加深。一方面，小农经营导致农民的农业年收入远低于进城务工几个月的收入，从自身经济利益出发，农村人口开始逐渐流向城市，很多地方出现农田弃耕的现象；另一方面，单个农户由于缺乏充足的市场信息和竞争意识，在与商户议价的过程中处于弱势地位，同时农业种植结构长期固化，导致我国的粮食供给出现结构性矛盾，增产不增收的现象常年存在。另外，生产资料的分散和流转障碍导致农村产业转型升级困难，农产品加工业、新型农业等发育迟缓，使得这种小农经营模式阻碍了农业经营的规模化、集约化和农业生产技术现代化，生产关系和生产力的不协调造成了农业落后、农民贫困、农村凋敝的问题（于金富和胡泊，2014）。

培育壮大农村集体经济是农村发展的必然选择。村级集体经济是解决农民的贫困问题、促进农村人居环境改善和农业现代化转型的经济保证。首先，培育壮大农村集体经济有利于解决农民的贫困问题。农村的贫困问题源于农民的就业问题，发展农村集体经济，整合农村的生产资料，发展小型村办企业，农民按生产资料入股，可以增加农民的财产性收入，同时可以有效解决农村的剩余劳动力问题。其次，培育壮大农村集体经济有利于促进农村人居环境改善。农村集体经济的发展为农村基础设施条件的改善，教育、医疗、养老等公共福利设施的建设，农村的可持续发展提供了基础，可以有效改变目前单一的自上而下的建设发展模式。目前农村人居环境差、基础设施短缺的根本原因在于村集体缺少建设资金（集体经济收入微乎其微），农村建设资金主要是“等、靠、要”，主要依靠于财政转移支付、政府补助，“输血式”的发展政策不能真正激活农村活力。农村基础设施和公共服务设施落后严重制约着农村集体经济的发展，同时，村集体经济薄弱，无法给予村集体经济持续发展有力的支持。农村集体经济的发展为农村公共服务设施建设、基础设施建设等提供了必要条件。最后，培育壮大农村集体经济有利于促进农业现代化转型。受边际效应的影响，城市以新的“剪刀差”剥夺农村，致使务农人员以 50 ~ 70 岁的人口为主，形成典型的“老人农业”状况；在城市经济的冲击下，农业不再是农户收入的主要来源，仅仅作为农户收入的必要的有益补充，种植和养殖业分散化造成村民收入增长缓慢，并且无法抵御市场风险。当然，目前的务农人员大多是源于对土地的情感，认为土地荒芜是一件不能容忍的事情，这样势必带来一个问题，即在目前的“老人农业”的背景下，农业发展还能维持多长时间。因此，通过培育壮大农村集体经济，建立农村合作社，实现农业的规模化经营，有利于提高农业的机械化、科技化水平，促进传统农业向现代农业的转型。

培育壮大农村集体经济的可持续发展路径包括以下两个方面。

一是因地制宜，挖掘自身优势，积极探索农村集体经济的多种实现形式（翟新花和赵宇霞，2012）。由于各村地理位置、外部环境、资源状况、干群思想解放程度等情况不同，因此应结合本地产业优势、产品优势、地理环境优势，鼓励村级组织从实际出发，挖掘自身优势，采取不同经济发展模式，兴办各类新型合作经济组织，优化集体资源配置，不搞“一刀切”，不搞一个模式，为增强集体经济拓宽发展渠道（耿灵芝，2017）。各个村庄结合各自的资源禀赋和立地条件，以村委会为主体，在进一步巩固和完善家庭承包经营、统分结合的双层经营体制的基础上，通过创办集体企业、打造商品基地、建设合作组织等多种形式来发展农村集体经济。因地制宜，扬长避短，可依托土地资源，有偿转让土地使用权；或借助公路优势，开发路域经济；或依托城市近郊地理区位，积极发展商贸业；或依托资源开发，积极发展旅游服务业；或兴办企业，进行市场化经营；或依托农特产品基地，积极发展生态旅游或龙头企业或专业市场等，促进村级集体经济发展。

二是齐抓共管，营造良好环境，为增强集体经济寻求政策支持。加大对村级集体经济发展的政策扶持力度，借助土地、林业、农业、建设、水利等有关职能部门强化对农村发展集体经济的引导，在财政补贴、政府投资等方面制定优惠政策，积极引导各类生产要素向农村流动，为集体经济的发展提供政策支持。同时，坚持以人为本，加强农村基层经济组织建设。优化村级领导队伍，选举具有较高文化水平和丰富经营经验的村民为村干部，提高其发展集体经济的能力，为增强集体经济提供组织保障；注重村委会成员的培养和教育，提高思想政治素质和经营管理能力，加强经营管理水平，强化其发展农村集体经济的恒心和能力。需要强调的是，必须管好、用活村级集体资产。农村集体资产是广大农民多年来辛勤劳动成果的积累，不但要建立健全集体资产积累机制，加强资产核资，盘活集体存量资产，构筑资产增值机制，而且要进一步完善村级财务管理制度。

4.2.2 促进第一、第二、第三产业融合发展

2015 年，中央一号文件首次提出按照“消费导向”的要求推进农村一二三产业融合发展，对新型城镇化背景下加快美丽乡村建设、实现乡村振兴具有非常积极的意义。同年，国务院办公厅印发《国务院办公厅关于推进农村一二三产业融合发展的指导意见》(国办发〔2015〕93 号)，对农村第一、第二、第三产业融合发展进行了总体部署，提出到 2020 年，农村产业融合发展总体水平明显提升。2016 年，农业部在《全国农产品加工业与农村一二三产业融合发展规划(2016—2020 年)》中提出，创新融合机制，激发产业融合发展内生动力。2016 年，国务院办公厅印发《国务院办公厅关于支持返乡下乡人员创业创新促进农村一二三产业融合发展的意见》(国办发〔2016〕84 号)，积极鼓励大学生、农民工、科技人员等返乡创业，促进农村一二三产业融合发展。在党的十九大报告中，习总书记强调促进农村一二三产业融合发展，支持和鼓励农业就业创业。在此基础上，我国各级地方政府也出台了相应的实施意见，特别是结合党的十九大报告提出的乡村振兴战略，使农村一二三产业融合发展成为各地农村创新发展的重要举措。农村第一、第二、第三产业融合发展成为党和国家推动农村经济发展，缩小城乡差距的重大发展战略（王乐君和寇广增，2017）。

目前，我国农村第一、第二、第三产业融合发展取得了丰富的成果，出现了如分享农业、观光农业、休闲农业等众多新的创意农业发展模式，形成了多模式推进、多主体参与、多利益连接、多要素发力和多业态打造的新局面（李慧，2018）。根据农业农村部新闻办公室的测算数据，农村产业融合使订单生产农户的比例达到 45%，经营收入增加了 67%，农户年平均获得的返还或分配利润达到 300 多元。但是，我们还应该清醒地意识到，在农村产业发展的过程中，发展不平衡不充分的问题仍较为严重，人民日益增长的美好生活需要和不平衡不充分的发展之间的矛盾的解决，要求我们必须坚持以人为本的发展理念，推进一二三产业融合发展，从社会、政治、经济、文化和生态各个方面满足人们美好生活的愿望。

农村第一、第二、第三产业融合发展的理念源于日本、美国、韩国、法国等发达国家。20 世纪 60 年代，随着生物技术、信息化技术的发展和人们生活水平的改善，出现了如生物农业、旅游农业、数字农业、生态农业等众多新的农业业态，为美国农业的发展提供了巨大的动力（李玉磊等，2016）。1994 年，日本的今村奈良臣教授提出“六次产业”的概念，主张以“$1+2+3=6$”（即第一、第二、第三产业相加）或者“$1\times2\times3=6$”（即第一、第二、第三产

业相乘）的形式，以第一产业为基础，形成集农产品生产、加工、流通、销售、服务于一体的产业链，强调基于产业链延伸和产业范围拓展的产业融合（张永强等，2017）。国外通过政府政策的引导、农业产业链的延伸、相应配套服务设施的建立、科技创新的加强等措施促进第一、第二、第三产业融合发展，从而促进了农村经济的发展，增强了农村的活力（金玉姬等，2013；李先德和孙致陆，2015）。

农村第一、第二、第三产业融合发展以农业产业为基本依托，以延伸产业链、拓展产业功能和集成新技术要素为主要手段，着力构建新型经营主体，有机整合农业生产、农产品加工流通、休闲旅游和互联网技术一体化发展，最终实现第一、第二、第三产业融合发展、农业竞争力和现代化水平提高与农民增收的目标。农村第一、第二、第三产业融合对促进传统产业创新、扩宽产业发展空间、产生新的产业形态、推进产业结构优化具有重要的作用（刘海洋，2016）。农村的比较优势产业是农业，在政府的大力引导下，依托龙头企业带动，利用科技创新成果，通过产业链的后向延伸，发展农产品加工业，提高农产品的附加值。扩展农业功能，通过生态农业、休闲观光农业等新型农业，大力发展乡村旅游，促进农家体验、娱乐休闲等服务业的发展。农村第二、第三产业的发展一方面有利于优化农村的产业结构，吸引农村剩余劳动力，增加农民收入；另一方面有利于改善农村的生产、生活条件，加快美丽乡村的建设步伐。

农村第一、第二、第三产业融合发展是解决“三农”问题的长远方略，对增强农业整体竞争力，提高农民生活水平具有深远意义（周通，2018），需要坚持以下三个基本原则：一是以人为本，夯实基础。推动农村第一、第二、第三产业融合发展必须坚持农民主体地位和农业基础的主导地位不动摇，将“三农”问题作为未来一段时间的重大问题，坚持农业农村优先发展。农村第一、第二、第三产业融合发展应以农业为基础，把加工业和休闲旅游作为融合发展的重点产业，把创业创新作为融合发展的强大动能，鼓励多种产业并进。二是因地制宜，循序渐进。我国广大农村地区自然地理环境千差万别，经济发展水平也参差不齐，这就决定了农村第一、第二、第三产业融合发展的模式不可能完全相同，“一刀切”的产业模式并不现实，各个地区应结合各自的资源状况和发展阶段，制定科学合理的实施规划，统筹布局，探索符合自身发展实际的产业融合推进方式，并不断推陈出新以适应产业融合的发展趋势。三是政府引领，市场主导。单靠农民实现农村第一、第二、第三产业融合发展是不现实的，必须通过自上而下的方式，在政策咨询、融资信息、人才对接等方面不断完善相应的政策体系，加大项目支持力度，通过开展示范引导、培育融合主体、促进政策落实、培育精品品牌、完善公共设施、提升服务水平、优化投资方式等措施，促进农村第一、第

二、第三产业融合发展。同时，单靠政府的政策倾斜和积极引导，也不可能实现农村第一、第二、第三产业融合的发展目标，还必须坚持市场经济的基本规律，实现农业全要素生产率的提高和农业竞争力的增强。

4.3 产业发展模式

由于我国幅员广阔，不同地区的农村在自然、经济、文化等方面存在巨大差异。村庄产业的发展应立足于当地的自然资源条件、社会经济发展状况、产业发展基础、文化传统等要素，充分发挥当地的比较优势，选择独具特色的产业类型。在对农村产业发展现状、市场需求和国家政策分析的基础上，结合陕西乡村的发展情况，确定了5种农村产业发展的典型模式，即城郊集约型、现代农业型、休闲旅游型、路域经济型和文化传承型①，对不同模式的基本特征进行总结，并探讨不同模式的建设路径。

4.3.1 城郊集约型

随着经济社会不断发展，经济活动的多元化（如都市农业、家庭农场、乡村旅游、乡镇企业等）和地方消费在城郊乡村转型过程中起着重要的作用（Wang et al., 2016；汤爽爽等，2017）。受大中城市强烈辐射影响的城郊乡村呈现出工业、农业、旅游业等多元化的产业模式（田莉和戈壁青，2011）；传统的以农业生产为主的生产系统遭到严重破坏，取而代之的是在城市功能外溢背景下发展起来的乡镇企业和家庭作坊，以及为城市居民提供休闲服务的乡村旅游业，工业、旅游服务业等非农产业成为城郊居民收入来源的重要组成部分。城郊乡村因其地理区位特殊，经济发展条件和各项配套设施条件都较好，农业集约化和规模化经营水平较高，承担着为大中城市提供各种服务的职能，包括商贸流通、食品供应、交通运输等。近年来，都市农业和乡村旅游越来越受到政府和人民的重视（Alemu et al., 2015），强调农业与服务业的融合，提倡在农业基础上依托乡村景观风貌资源发展旅游业（王雨村等，2017）。

① 2014年2月24日，在贵州黔西南布依族苗族自治州召开的第二届“中国美丽乡村·万峰林峰会——美丽乡村建设国际研讨会”上，农业部正式对外发布中国美丽乡村建设十大模式，分别为产业发展型、生态保护型、城郊集约型、社会综治型、文化传承型、渔业开发型、草原牧场型、环境整治型、休闲旅游型、高效农业型，旨在为全国的美丽乡村建设提供范本和借鉴。而本书旨在从产业发展的角度，立足于陕西的发展实际阐释美丽乡村的发展建设，因此形成了5种农村产业发展模式。

1. 基本特征

交通便捷、基础设施完善。城郊集约型的首要特征就是良好的区位交通条件和完善的基础服务设施。无论是发展旅游服务业、商贸流通业和菜篮子工程的村庄，还是承接城市功能转移的村庄，良好的交通条件和基础设施条件都是必不可少的。从供应角度看，城郊乡村受城市的辐射影响较大，经济发展水平和人民收入较远离城市的乡村高，且城郊乡村周边具有完善的路网体系和众多大型的基础设施，对于改善乡村的整体的交通格局和提高基础设施水平具有重要作用。

科技化、专业化水平高。科技化、专业化发展对保证城郊乡村可持续发展具有重要意义。先进科技与农业和工业相结合，有利于提高土地产出效率和工业生产效率，降低环境污染。同时，大中城市分布有众多科研院所和创新企业，是科技创新的基地，城郊乡村由于毗邻大中城市，有利于获得城市的溢出效应，提高工农业生产的科技化和专业化水平。

集约化、规模化经营方式。城郊集约模式的另一特征就是具有集约化、规模化的现代经营方式。自家庭联产承包责任制实施之后，一家一户的经营模式成为农业生产的主要形式，随着农业生产技术提高和市场经济的发展，这种分散化经营模式的弊端愈发凸显。一家一户的经营模式不利于先进农业生产技术的应用，并且难以抵抗市场风险，对市场需求的预测不敏感，增产不增收、农产品供需矛盾日益突出。通过土地的有序流转，构建家庭农场、农民专业合作社和农业示范园等形式，实现城郊农业的集约化、规模化经营。同时，为了促进“两型”社会（即资源节约型、环境友好型社会）的建设，城郊工业发展方式必须由传统的粗放化生产方式向集约化方式转变，提高工业设备的性能、效率和工业产品的质量。

2. 建设路径

挖掘优势资源，推动集约经营。立足大中城市旅游市场，以乡土民俗为核心，借助生态、文化、历史等旅游资源，避免产业同构，通过树立品牌，得到市场认可，再根据市场需求倒推产品生产，建立完整的产业链，不断提升乡村旅游的品质，实现乡村的可持续发展。随着农业现代化水平的不断提高，土地规模化、集约化、机械化的程度也随之提升，规模化种植大户、家庭农场、农村合作社将是未来发展的主导方向。利用农业资源大力发展农产品加工业，加快农业产业链横向和纵向延伸，重点发展观光农业、农家乐和农副产品加工等项目，带动相关产业配套发展，促进第一、第二、第三产业融合发展。在提高土地产出效益和农民收入的同时，应积极建设集中的专业化交易市场，探索点对点的社区定制化交易方式，亦可采取与公司合作的形式进行生产交易，或者发展与互联网和新媒体相结合的自营模式。

承接功能转移，提供优质服务。加强与区域核心的联系，实现经济社会的互利联动发展，调整优化原有的农业产业经济结构，构建立体化产业结构体系。根据与大中城市的距离远近，积极承接城市居住、休闲等功能的转移，在种植蔬菜类、瓜类/浆果类、苗木花卉类、浆果类/核果类、坚果类等农产品的基础上，以市场需求为导向，充分整合各类乡村旅游资源，实现农村休闲产业的功能集聚。依托周边丰富农副产品资源、区位交通优势，大力发展农副产品加工、商贸与物流运输产业。大力发展农家乐等休闲农业项目，带动整个村域经济发展。借助自然资源优势，顺应时代发展，不断完善基础设施和公共服务设施，提供与旅游相配套的交通、娱乐、住宿、餐饮等设施，完善服务管理，提高运行质量，开发和引进中高档旅游项目，满足大中城市休闲度假的市场需求。

3. 典型案例

陕西省渭南市富平县梅家坪镇岔口村①位于关中城市群核心区，西临包茂高速，东临西延铁路，210 国道、富耀公路穿境而过，交通便利，距离铜川新区和耀州区均不足 3km，是典型的城郊集约型乡村。全村辖 3 个自然村 5 个村民小组，2015 年有 860 户 3153 人。耕地面积约为 187hm^2。农业生产以优质苹果、特色蔬菜种植和畜牧养殖为主。辖区有陕西陕焦化工有限公司（2015 年总资产为 30 亿元，年工业总产值达 40 亿元）、龙钢集团富平轧钢有限公司（2015 年总资产为 1.5 亿元，年工业总产值达到 20 亿元）、青岗岭正骨医院、加油站（中国石油、中国石化）等单位。

在建设美丽乡村的背景下，结合岔口村现状资源，基于区域丰富的自然资源和优越的交通条件，规划提出积极发展农副产品加工、贸易和涉农运输业；同时依托现有的自然资源和优美风光，大力发展观光农业和乡村旅游；并充分利用米家窑红色交通站遗址，以红色旅游为龙头，带动第三产业发展（图 4-6）。

（1）挖掘当地特色，发展城郊农业

岔口村作为典型的城郊村，为铜川市新区提供了一定生产、生活、生态服务。结合岔口村现状资源，立足本村固有资源特色，首先，岔口村可重点种植中高档次绿色蔬菜，提高农产品价值和竞争力，为市民提供放心菜，同时依据自然基础，积极塑造特有的品牌效应，以提升市场效益；其次，结合岔口村的畜牧养殖现状，打造以“水果种植+林间畜牧散养”的生态复合生产模式，形成岔口美

① 本案例来自《富平县梅家坪镇岔口村规划（2016-2025）》获 2017 年陕西省优秀城乡规划设计奖二等奖，主要编制人员包括李建伟、刘科伟、杨海娟、沈丽娜、吴欣、袁洋子、李婷、李梦、程旭、程元、李贵芳等。

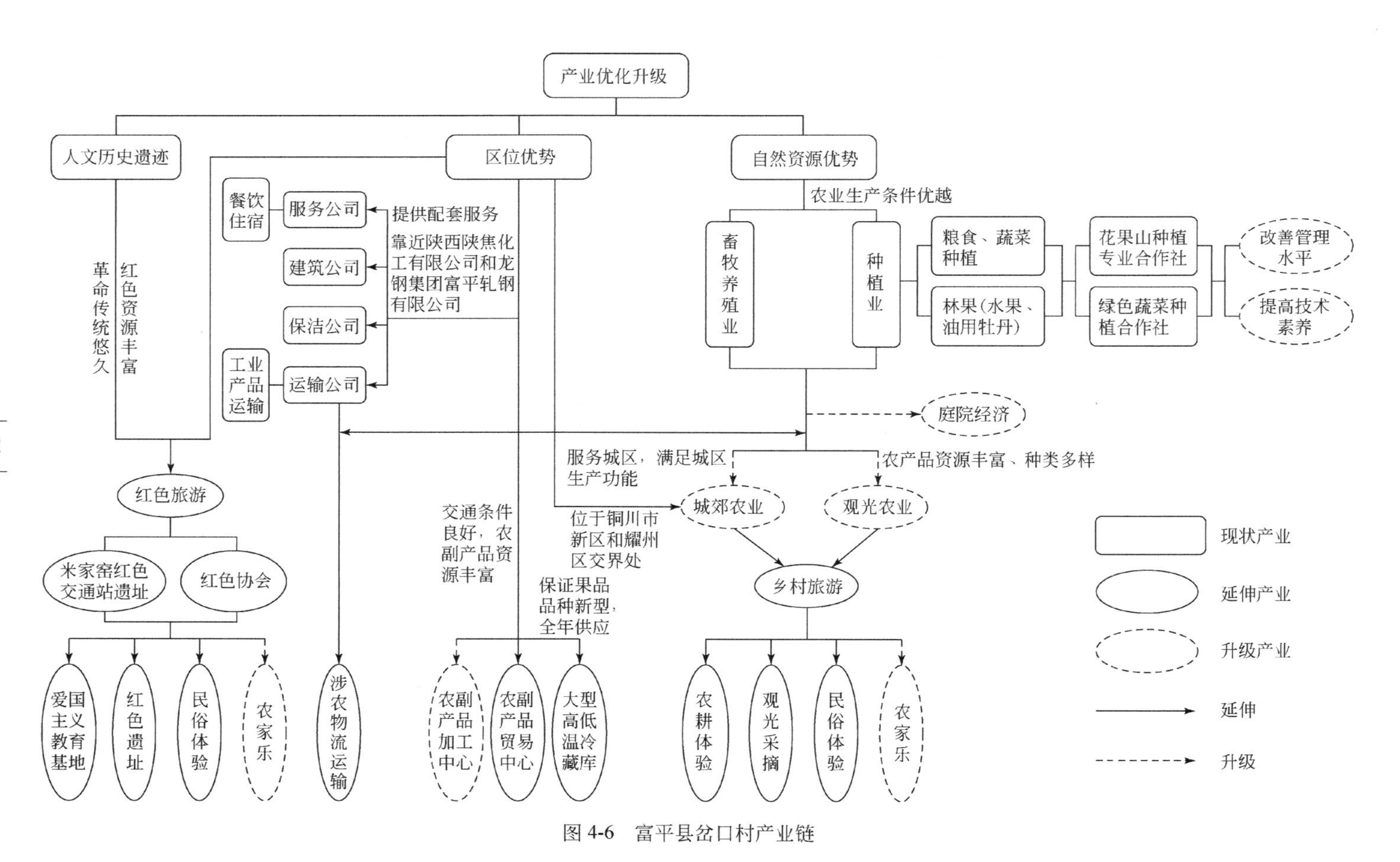

图 4-6　富平县岔口村产业链

丽乡村种养基地；最后，针对岔口村产业规模小的现状，鼓励有条件的农户积极发展庭院经济，将农民庭院及四周空闲地充分开发利用，以家庭成员为主要劳动力，发展果、菜、粮食、畜禽养殖、作坊加工、家庭农家乐等不同的产业形式和经营形式。宅基地规模较小的农户可单独发展其中一种类型，对于面积较大的庭院可发展“以农带畜、以畜促沼、以沼促果、果畜结合”的四位一体模式或其他更多模式。总体来说，应充分利用岔口村良好的区位优势和资源优势，大力发展城郊型农业。

（2）依托龙头企业，发展加工、贸易产业与涉农运输产业

岔口村应走以龙头企业为先导，以农业加工基地为依托的特色农业深加工道路。在农产品链条延长的同时找到特色，形成特色。首先，为吸引龙头企业落户到岔口村，应加大招商引资力度，通过招商引资的方式解决资金和技术难题，实现精深加工型特色农业跨越式的发展。其次，利用其良好的区位和资源优势，建立农副产品交易中心，完成“加工—贸易”的产业链延伸。最后，利用其紧靠210 国道和包茂高速的交通优势，积极发展汽车物流运输业。最终形成岔口村美丽乡村“林果蔬菜粮食种植+农副产品加工中心+大型高低温冷藏库+农副产品贸易中心+涉农物流运输”的农业产业经营模式。

（3）发挥城郊村区位优势，发展观光农业与乡村旅游业

随着美丽乡村建设的推进，乡村服务设施将不断完善、景观环境质量将得到提升，乡村将成为市民休闲旅游的首选目的地。岔口村良好的地理区位和丰富的自然资源、历史人文禀赋，使其具有良好的乡村旅游业发展前景。

一是积极建设农业产业示范园，打造观光农业。借助岔口村丰富的苹果资源，可引进更多更具观赏价值的品种，形成观光苹果园。樱桃是一种观赏性较高且经济效益很高的果树，岔口村现有少量樱桃种植，但不成规模且不具备游客观光、采摘的条件，应在实现规模化生产的同时体现地域特色。大棚草莓种植技术早已在全国各地推广，市场前景广阔，而且通过现代大棚技术，可实现草莓全年种植。除此之外，还应根据城区市场需求，引进优质蔬菜、高产瓜果、观赏花卉等作物，组建品种丰富、无季节性的特色观光农业园。同时，将岔口村的传统民居加以改造利用，融入民俗元素，发展民宿产业。最终形成以“观光采摘+民俗体验+农家乐”为体系的城郊观光农业和乡村旅游业。

二是积极发展以红色旅游为主的乡村旅游业。近年来，我国针对红色文化遗产实施了一系列抢救性的保护措施，同时结合保护与利用，红色旅游逐渐发展、流行。作为一种独特的旅游资源产品，红色旅游产品是一种红色文化的设计，它涵盖了革命精神、民俗文化、艺术、科技等诸多方面。米家窑渭北革命根据地交通联络站故址已被列入国家“红色旅游经典景区名录”之一。为了使人们牢记

历史、传承老一辈革命先烈不畏艰险的战斗精神，依托米家窑红色交通站故址发展红色旅游，具有一定的政治与教育意义。岔口村红色旅游业，可结合城郊观光农业，设计一体化旅游线路，共享服务设施。依托米家窑红色交通站故址作为革命物质遗产展示区，发掘革命历史故事，大力发展红色体验旅游，打造爱国主义教育基地和红色革命体验区。参观者可通过“参观红色遗址展列、听革命故事、看革命电影、当一天红军、走一段红军路”等活动，深入体验和领略革命先烈艰苦奋斗的文化内涵与魅力。通过住窑洞，吃红色饭菜与土家餐，走红色路线，参加红色休闲娱乐活动，购买红色纪念品、土家手工艺品等旅游活动，满足游客吃、住、行、游、购、娱的一站式旅游体验。同时，注重对红色旅游的延伸，完成对古文化遗产的保护与恢复。通过对岔口村古堡子的恢复，打造特色黄土窑洞农家乐，为游客带来“红色遗迹-黄土地貌-岔口古堡”由下至上的立体式旅游新体验。

4.3.2 现代农业型

对什么是现代农业，不同学者有不同的表述，但基本内涵一致。石元春院士将现代农业定义为以生物和信息技术为先导的技术密集型产业，是一种多元化、综合化、生态化的新型产业（石元春，2003）。卢良恕院士则将其定义为以现代工业和科技为基础，充分吸收我国传统农业的精华，按照市场规则构建的农业综合体系（卢良恕，2003；卢良恕和孙君茂，2004）。另外，农业部课题组（2008）将其定义为以现代发展理念为指导，依托现代化的技术、管理手段，引入新的生产要素，形成的具有较高土地产出率、劳动生产率、资源利用率的新型农业形态。综上可以看出，虽然表述方式不尽相同，但对现代农业内涵的理解基本一致，即现代农业是以先进的科学技术为核心，以先进的经营管理方式为支撑的科学化、规模化、专业化、产业化、可持续的农业形态。

1. 基本特征

以现代农业为主导的村庄主要位于农业主产区，以发展农业作物生产为主，农产品商品化率和农业机械化水平高，人均耕地资源丰富，具有新型农业经营主体、先进的农业科技支撑和完善的农业生产基础设施等。

先进的农业科技支撑体系。农业科技是实现农村农业现代化的重要支撑，是推动我国农业升级的根本途径（郑星等，2003）。农业科技创新有利于突破环境和资源制约，实现经济、社会和生态的和谐发展。农业科技支撑体系主要包括农业科技投入体系、农业创新企业培育体系、农业科技成果转化体系、农业科技人才培养体系等（谯薇，2012）。其中，农业科技投入体系是科技创新的基础，决定农业科研水平的高低；农业创新企业培育体系是科技创新的核心，有助于把握农业创新的方向，满足市场需求；农业科技成果转化体系是科技创新的重点，是将科研成果投入实践应用的重要环节，也是科技创新的根本价值所在；农业科技人才培养体系是科技创新的保障，是农业科技可持续发展的关键。

新型农业经营主体。现代农业以规模化、专业化为主要特征，当前存在务农劳动力老龄化、农业生产兼业化和副业化的趋势，严重阻碍了现代农业的发展（张纯信，2016）。同时，传统的一家一户分散的经营模式不利于先进农业生产技术的推广。近年来，为了满足现代农业发展需求，在市场驱动和国家政策积极引导下，新型农村经营主体不断涌现。专业大户、农民合作社、农业企业等新型农业经营主体的出现，扩大了农业生产规模，提高了农业科技水平和劳动力的知识水平，实现了农业生产方式由劳动力密集型向资本密集型和技术密集型的转变。

良好的农业生产基础设施。农业生产基础设施是现代农业发展的基础，农业生产基础设施的建设对促进农村经济的增长具有重要意义（王彦利，2018）。道路、水利、电力、温室大棚等农业基础设施的建设有利于降低各项成本、降低农业的自然风险和经济风险、促进农业生产的专业化和规模化发展，同时还是建立统一市场的前提条件（钱克明和彭廷军，2013）。

2. 建设路径

城乡融合，促进城乡要素互动，从农业资源单向流动向城乡双向互动转变。树立城乡融合发展理念，转变由于城乡不对等、乡村本体地位不被认同而带来的农业资源单向流动的局面，以城乡统筹的发展理念促进城乡之间要素互动。紧追创新发展理念，以知识在农业中的运用为抓手，积极利用城市科技研发技术，增强城乡之间的信息、技术要素互动，实现知识反哺农业，构建农业现代化发展路径。

因地制宜，依托当地资源优势，从农业产业体系调整向体系转型优化转变。着眼于农业产业竞争力提升和地域特色塑造角度，坚持因地制宜、依托优势资源的发展理念，转变“腾笼换鸟”式调整农业产业种植、加工的思路，以“护笼养鸟”的发展思路对现有农业产业体系进行转型优化。梳理优势农业发展资源，合理配置优势农业资源要素，进而优化现有产业布局，增强农业产业的竞争力，走“一产强、二产优、三产活”的产业转型之路，构建现代化农业产业体系。

以民为本，秉持“科教兴农”思路，从农业生产体系结构性调整向整体创新能力提升转变。着眼于创新农业生产力与农业供给角度，以自然生产资源、科学技术、村民为切入点，以农业生产体系整体的创新能力提升为目标。转变以往只对自然生产资源的利用结构进行调整的思维，以农民发展作为本位，平衡城乡农业科学技术知识结构，以科学技术武装农民，提升村民技能水平。以科学技术转化带动村民的技能提升，进而提升整体创新能力，实现农业生产体系由结构性调整向整体的创新能力提升转变，构建现代化农业生产路径。

循序渐进，推动内生动力形成，农业经营体系从政府抓重点项目向抓经营环境转变。着眼于拓宽农业生产关系与扩大经营规模角度，以市场导向、政策创新、人文环境营造、服务设施支撑为切入点，以农业产业经营体系环境的生成为目标。转变由政府管控过度、严把重大重点项目审批关而忽略市场规律导致的生产经营关系单一、经营规模发展带有局限性的局面。在尊重循序渐进的市场规律的前提下，以弹性、公平、法治的政策作为保障，以特色、诚信、自信的人文空间作为承载，以农业产前、产中、产后的服务设施作为支撑，通过三方面的共同发力生成具有活力和吸引力的产业经营环境。促使要素驱动向创新驱动的转变，打造村庄内生动力支撑的经营体系与经营环境，构建现代化农业经营体系。

3. 典型案例

群三兴村位于陕西省西安市周至县马召镇，有 5 个村民小组 268 户 1200 人，东邻 108 国道，西邻沙河，南临关中环线（S107），距离周至县城约 10km。全村经济来源主要是猕猴桃种植和外出务工两个方面。其中，猕猴桃种植是该村的主导产业，是农户收入的主要来源，现有耕地 77. 3hm^2（均为水浇地），其中 95%为猕猴桃果园；外出务工是村庄经济发展的重要支撑，外出务工人员约占总人口的 1/3，占劳动力人口的一半以上。

1993 年，在周至县人民政府的引导下，群三兴村村民率先尝试在自家的耕地上种植猕猴桃，由此拉开了群三兴村由传统粮食作物种植转型为猕猴桃专业种植的大幕，猕猴桃产业正式起步。2006 年，全村换种改良品种，通过高接换头等方法扩大‘海沃德’‘西选 2 号’猕猴桃新品种种植，大力发展‘海沃德’猕猴桃，成立了第一个‘海沃德’猕猴桃协会，并且通过了欧盟绿色食品认证，形成了市场及品牌优势。2014 年以来，网络销售模式在群三兴村兴起，不少农户建立起网络淘宝店售卖猕猴桃，“互联网+”农业不仅为农户拓宽了销售渠道，而且降低了农户的销售成本，为农户增加了收益。2015 年，村上的 3 名种植大户组织村民建立了专业合作社，将‘秦美’等老品种猕猴桃进行初加工。自此，群三兴村在企业的带动下，以专业协会为技术交流平台，以合作社为“先头兵”，以农户为基础，形成了“企业+协会+合作社+农户”的产业发展模式。经过 20 多年的发展，群三兴村已发展成为周至县猕猴桃四大产业基地之一。通过特色经济林果种植，实现了乡村经济的快速发展。

群三兴村乃至整个周至县，因其良好的气候条件无疑是猕猴桃种植最适宜的产区之一。猕猴桃喜阴凉湿润环境，怕旱、涝、风，耐寒、不耐早春晚霜，土壤需要疏松、排水良好，土壤必须为有机质含量高且呈微酸性砂质土壤。而周至县的资源禀赋为猕猴桃的种植提供了绝佳的自然环境条件，成为猕猴桃模范产区。并且，以群三兴村为代表的村庄在发展猕猴桃产业方面得到了诸多方面的支持。在县、镇领导积极倡导之下，村干部带领村民率先尝试，在种植、销售等环节，通过积极改良品种、引进技术、创新方法、拓宽销售渠道等措施，使群三兴村的猕猴桃走上可持续的发展道路，村民真真正正从中获利；同时，得益于村庄周边的西安市秦美食品有限公司、合德堂食品工业（周至）有限公司等相关企业的带动，以及西安市兴电果品专业合作社，通过组织村民将猕猴桃老品种‘秦美’切片后形成新产品，并与企业联动，既解决了部分村民农闲的就业问题，增加了收入，又保证了猕猴桃产业的健康发展。当然，群三兴村猕猴桃产业发展也面临着诸多问题。其中，销售市场的波动使群三兴村的猕猴桃产业缺乏韧性和抵抗力，2003～2004年，受市场行情和果品种类所牵累，果品销售很不理想，结果导致村民收入剧减，直到2006年才逐步恢复生机。同时，果品储藏保鲜以及如何有效延长猕猴桃的销售周期也是该村产业发展过程中的一大难题。

为了促进群三兴村猕猴桃产业的进一步发展，提出以下规划措施：一是加大政策扶持，加强“市场+农户+基地”的建设模式并做大产业链，从产销一体化方向着手，打破农户独家经营模式的限制。二是加强农业种植技术培训，通过定期评选猕猴桃经营、销售示范户，引导其他村民规范化种植及经营。三是积极尝试规模化经营模式，使全村猕猴桃种植在果品色泽、外观、品质等方面得到保障，实现销售渠道多样化、规范化、高效化。四是继续完善土地经营模式，不愿意流转土地的农户，可以尝试技术托管模式，由合作社统一经营管理，农户积极参与，再依托企业优势，以期获得猕猴桃产业向高端化、精品化发展。五是继续拓展电商渠道，借着互联网入户的契机，加强猕猴桃电商销售渠道的建设，通过在天猫、淘宝店等网上渠道进行积极宣传，以“线上+线下”的模式弥补实体销售的短板；对已有的30户电商平台进行规范管理和全面支持，并积极引导其他村民学习经验，创建互联网时代猕猴桃等果业的辉煌期。

4.3.3 休闲旅游型

伴随着城市环境的恶化和生活压力的增大，人们越来越希望回归自然、返回田野，同时农村经济重组和农业危机减少了农村的经济来源，而休闲旅游有利于促进农村剩余劳动力的就业，也逐渐成为破解农村产业结构不合理和解决农村贫困问题的希望，受到人们的关注（卢小丽等，2014）。休闲旅游型美丽乡村是乡村实现转型发展的主要类型，通过进行村庄建设、发掘旅游资源、完善旅游服务配套设施带动乡村地区经济的发展，提高居民收入水平。该类村庄一般具有丰富的旅游资源，住宿、餐饮、休闲娱乐设施完善齐备，适合休闲度假。

1. 基本特征

良好的生态景观资源。生态景观资源是开展乡村旅游、休闲旅游的核心。伴随着城市化和工业化进程的不断加快，城市环境的不断恶化、紧张忙碌的工作环境、单调乏味的都市生活使人们倍感疲惫。同时，自改革开放以来，我国的人均收入水平不断提高，消费能力不断增强，人们的消费观念发生了巨大的变化，休闲娱乐的消费需求逐渐高涨，休闲旅游成为都市人放松身心、拥抱自然的重要方式。生态优美、环境污染较少的乡村景观，慢节奏的乡村生活方式是休闲旅游发展的核心要素，城市居民成为休闲旅游的主体人群。

独具特色的旅游产品。旅游产品的开发要彰显乡土特色，避免同质化竞争。深入挖掘本地特色美食、民间技艺、特色手工艺品，打造特色品牌。例如，餐饮设计体现地方特色，使用当地食材、原料，以民间菜和农家菜为主；旅馆设施建设注重传统与现代相结合，一方面要符合地方传统建筑风貌，与环境相协调，另一方面要注重建筑内部设施的现代化，给游客创造一个良好的居住环境；购物商品以当地工艺美术品、土物产品等为主，同时加强管理，避免欺客现象发生。

完善的公共服务设施。公共服务设施是乡村旅游业的重要保障，不断提高公共服务设施的服务水平对促进乡村休闲旅游具有重要意义。公共服务设施的建设一方面要充分体现“农家”韵味，村庄独具特色的乡土民居、蜿蜒崎岖的乡间小道、清新爽口的民间野味等是都市人的向往和追求；另一方面要符合游客旅游的审美心理活动的需求，注重分析游客的审美心理，使游客产生舒适、安全的心理感受（薛丽华，2006）。

2. 建设路径

因地制宜，打造乡村休闲旅游亮点。我国乡村地域广阔，类型多样，不同地域有着不同的自然风光和人文特色，因此乡村休闲旅游要因地制宜，从自身的特点出发，进行合理定位，依托自身的比较优势，整合当地旅游资源，打造乡村休闲旅游的亮点，从而提升乡村的吸引力和重游率，实现乡村休闲旅游的可持续发展。在多山和丘陵地区，大力发展沟域经济，建设具有浓厚乡土气息的生态山庄，让游客体验农家饭、农家景和农家院，并依托山地条件开展丛林探险、野战游戏、定向越野、篝火晚会等项目；在滨水地区，依托水资源优势开发休闲垂钓、漂流等旅游项目；在传统的农业地区，大力发展观光农业、创意农业等，让游客充分享受田园风光和淳朴的生活方式。乡村休闲旅游要挖掘当地的特有优势，围绕当地特有的自然、社会和文化条件进行精准定位和项目策划，满足市场多元个性的旅游体验需求。

打造“文化+”“生态+”的乡村休闲旅游模式，营造品牌效应。我国的乡村休闲旅游已经迈入新的阶段，传统的“吃农家饭、住农家院、赏农家景”已经无法满足人们个性化和多层次的需求体验，人们除了关注物质需求，更为关注乡村休闲旅游的心理体验。乡村因其不同于城市的风土人情、生活方式和环境景观而备受游客青睐，为了保证乡村休闲旅游的可持续发展，需要在乡村特有的风土人情、生活方式和环境景观上下功夫，深入挖掘乡土文化，营造良好的生态景观，提高乡村休闲旅游产品的档次和品质，打造“文化+”“生态+”的乡村休闲旅游模式，这可以满足游客多样化的需求，实现乡村旅游的多样化、个性化、创新性发展，打造乡村休闲旅游品牌。

加强基础设施和公共服务设施建设，提升服务水平。大力推进道路、交通、住宿、电力、电信等基础设施和公共服务设施建设，对相关服务人员进行系统性培训，提高当地的服务水平。鼓励多种形式的资金投入，大力推进PPP模式。政府应加强引导和管理，进行政策和制度创新，投资建设基础设施和公共服务设施，为乡村休闲旅游的发展奠定基础；积极鼓励民间资本投入设施建设和旅游产品的开发与经营环节，引导村民以资金、技术、劳动力、土地产权等入股乡村休闲旅游（刘邦凡等，2013）；优化投资环境，提高外来投资者的积极性，通过相应的政策和制度，鼓励外来资本积极参与乡村休闲旅游基础设施的建设。

3. 典型案例

董岭村隶属于陕西省西安市蓝田县小寨镇，地处关中大旅游圈范围，与温泉名镇汤峪镇毗邻，其东、南依山靠岭，北与著名的白鹿原影视城毗邻且隔路相望，西经107省道至西安45km。全村172户630人，距离蓝田县城15km，紧邻关中公路环线，距离沪陕高速、福银高速等外部交通出入口仅7km，交通区位优势十分明显。全村以核桃种植为主导产业，栽植核桃面积共计140hm^2，人均收入突破万元。2011年，董岭村被授予“全国核桃标准化栽植示范区”；2013年，创建了蓝田董岭核桃现代农业园区。

董岭村产业发展大致经历了四个阶段：传统农业阶段（2005年以前）、调整摸索阶段（2005～2008年）、核桃种植阶段（2008～2015年）和休闲旅游阶段（2015年以来）。

1）传统农业阶段。2005年以前，董岭村是一个闭塞的小山村，小麦、玉米等大田作物是村民的主要经济来源，种植结构单一、耕作环境差，经济效益低下是这个阶段的主要特征。

2）调整摸索阶段。从2005年开始，董岭村尝试种植苹果和药材，但苹果产量不好，品质不佳，药材市场销路不好，村民积极性受到极大挫伤，种植苹果和药材的发展道路宣告失败；同时，在村干部的带领下建设养殖区，但由于缺乏市场信息、产销途径不畅，以及养殖户缺乏技术经验和防护不到位等，养殖效益也不理想。

3）核桃种植阶段。2008 年，董岭村开始尝试种植核桃，取得了良好的经济效益。在扩大种植规模、积极改良品种、核桃品牌化的基础上，成立了董岭核桃专业合作社，主要辅助农户进行统销核桃等工作。通过积极宣传核桃品牌，打响了董岭核桃的名气。2011 年，董岭核桃在中国杨凌农业高新科技成果博览会①上获奖，董岭核桃商标驰名远近。2014 年，董岭核桃专业合作社荣获“农业示范合作社”称号。但随着核桃收入占农户收入比例的下滑，村民的种植积极性有所下降。

4）休闲旅游阶段。立足于董岭村毗邻著名景点白鹿原影视城的优势，该村正在积极发展董岭农业文化主题公园旅游体验，以期形成核桃种植与乡村旅游相互促进的可持续发展态势。

董岭村未来应积极建构“以核桃产业为依托，休闲旅游业为主导”的格局，积极实施“企业+合作社+农户”的发展模式，探索“ 文化+”“生态+”的乡村休闲旅游发展道路，实现村庄经济的可持续发展。一是积极倡导“企业+合作社+农户”的发展模式。董岭村核桃种植产业目前存在的问题主要是：合作社提供支持不够，不能满足核桃品种多样化及产品高精端优化的要求；同时大面积的核桃种植和大量的合作社涌现，决定了单纯依靠核桃种植没有市场优势。针对董岭核桃专业合作社存在的问题，通过成立现代农业有限公司，统一经营管理好核桃产业运行，包括对核桃现有品种的改良升级、积极引进新品种，引领核桃向高端化发展；同时，发挥其在拓宽销售渠道、延伸产业链方面的作用，对相关产业发展起到刺激和带动作用，引导董岭村核桃向科学化、高效化、标准化方向发展。二是探索“文化+”“生态+”的乡村休闲旅游发展道路。以市场为导向，依托白鹿原影视城和影视艺术小镇，发展生态观光旅游，开发农耕文化体验区，丰富旅游产品、提升旅游服务、提高综合收益，打造全域旅游示范村。

4.3.4 路域经济型

路域经济，就是指以道路网络为基础，以路网辐射范围内的人、财、物资源配置为核心的亚区域和跨区域经济系统（李海东，2006）。当然，路域经济有广义和狭义之分（顾光印，2013），广义的路域经济是指依托道路辐射带动形成的生产力布局及区域经济发展体系；狭义的路域经济是指围绕道路及其附属资源开

---

① 中国杨凌农业高新科技成果博览会（简称杨凌农高会）由科学技术部、商务部、农业部、国家林业局、国家知识产权局、中国科学院和陕西省人民政府等共同主办，是国家 5A 级农业综合展会和国际展览业协会认证展会。杨凌农高会是目前国内规模最大、影响力最强、最受涉农企业和农业人士欢迎的展会，每届参展企业千余家，参会观众上百万，成交金额超过千亿元。

发形成的多元化经营模式（喻新安等，2013）。结合路域经济的概念，路域经济型的美丽乡村发展模式就是从乡村的自然、经济、社会、文化优势出发，充分依托道路的辐射带动作用，一方面催生新的以“路”为核心的业态，另一方面整合现有业态，形成新的产业体系。

1. 基本特征

以路为基，多元发展。对路域经济型的美丽乡村来说，需以道路为基础，进行多元化发展。完善的道路网络有利于提高能源、物资、人流的流动效率，促进城市与城市之间、城市与乡村之间的人、财、物的交换效率，带动区域经济的发展。依托道路的辐射作用，有利于促进乡村在道路服务、商贸、物流、仓储等领域的发展。同时随着交通条件的改善，农村的产业结构将不断优化，乡村的农业逐渐向优质、高产、高效的方向发展（龚紫和李向东，2003），一些经济价值高但不宜保存的新产品得以生产；随着交通条件的改善，农产品加工业将逐渐兴起；一些景观环境优美、文化底蕴深厚的乡村，休闲旅游、文化旅游等产业将迎来不可多得的发展机遇。

依托优势，错位发展。道路沿线不同区域的乡村发展状况具有很大差异，应充分依托自身自然、经济、社会等方面优势，开展分工协作，实现一体化发展，避免造成同质化竞争。一方面，不同区域乡村具有不同的自然条件，距城市较近的乡村，城市化水平较高，产业基础较好，各种基础设施较为完善，在发展物流、仓储等方面具有比较优势；具有良好的自然环境条件的乡村，在发展乡村生态旅游方面具有比较优势。另一方面，不同地区的乡村具有不同历史条件和政策限制，如某些地区对乡村环境的管制力度较大，企业进入门槛较高，导致某些存在轻微污染的企业难以在乡村落户。不同的自然、历史、经济、政策等因素决定了不同地区的乡村必须结合自身特点，依托道路辐射作用，开展分工协作，最后实现整体发展。

以点带面，协同发展。道路沿线村庄的发展水平是不均衡的，区位条件、自然资源条件、文化底蕴等的差异决定了道路沿线应采取以点带面、协同发展的模式。良好的区位条件、丰富的自然资源和深厚的文化底蕴有利于人流、物流、信息流的集聚，也有利于商贸、工业、休闲旅游、文化旅游的发展。关于道路沿线乡村发展，应支持优势明显的乡村快速发展，帮助其构建现代化的产业体系，同时依托道路的空间联系效应，引导周边地区围绕核心地区布局相应的服务产业或开发相关的服务产品，从而促进沿线的协同发展。例如，对农产品加工企业周边的乡村地区，通过构建“公司+合作社+农户”的模式，实现周边地区农业的规模化种植，形成产销一体化的模式。

2. 建设路径

培育特色产业，塑造发展动力。立足于区域经济的发展需求，理顺经济的发展趋势，依托道路交通条件的改善，将村庄的潜在主导优势迅速转化为现实经济优势。首先，积极研判市场需求并评估道路交通条件的改善对村庄产业发展带来的影响；其次，明确村庄产业结构和产业发展模式的转型路径；最后，制定村庄潜在主导优势转化为现实经济优势的策略。其中，村庄产业结构和产业发展模式的转型路径是核心（图 4-7）。基于道路交通条件的改善和市场需求的研判，大力发展现代农业，调整农业种植结构，积极种植城市居民和周边村民需求量大的、价格高的经济作物；同时，依托道路的建设，发展非农产业，并合理规划非农产业用地，形成服务型路域经济。依托村庄的产业基础、资源、区位、交通等优势条件，发展农产品加工业和服务业，不断延长产业链，实现农产品增值。充分利用过境交通发展交通运输业，在交通便利的地段发展汽修服务、现代物流、仓储等生产性服务业和商业服务、集贸市场等生活性服务业。另外，充分挖掘乡村生态景观、风土人情、农耕文化等的内涵，发挥村庄“乡村性”的优势，积极发展乡村休闲旅游业。

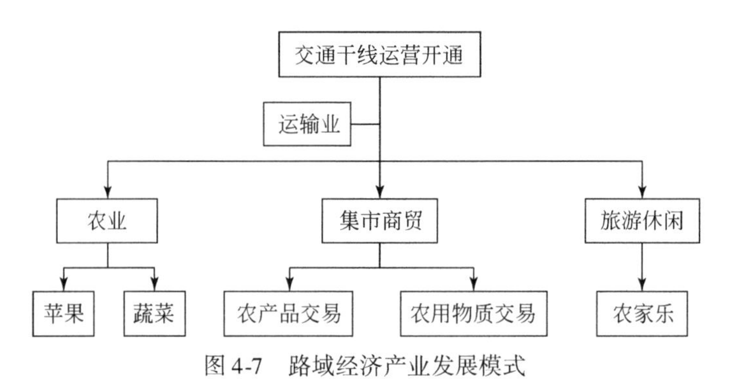

图 4-7　路域经济产业发展模式

完善配套设施，奠定发展基础。路域经济型村庄的发展有赖于各类配套设施的不断完善，主要包括各类基础设施和制度政策。首先，路域经济以“路”为本，应构建完善的道路交通体系。在国家计划的国省干线公路的基础上，应重点修建乡村道路，实现村庄的联通，扩大产业的服务市场，为实现村庄的联动发展和产业的区域配置提供基础。完善的道路联通体系有利于村庄自身文化资源和景观资源优势的发挥，为乡村休闲旅游业的发展提供机遇，而良好的生活服务设施，如给水、住宿、商业等有利于促进乡村休闲旅游业的发展。因此，应积极完善村庄的给水、排水、环卫、商业和娱乐等基础设施和公共服务设施，开展农村饮水安全、电气化等工程建设，努力实现村庄的亮化、美化，建设集中供水和排水体系，建设村庄综合文化服务中心，提高村民的生活水平，为乡村休闲旅游提供支撑。其次，路域经济型村庄要注重制度政策的创新，加快农村土地流转的步伐，使土地经营权向经验丰富的大户转移，促进现代农业、生态农业和体验农业的发展；进行户籍制度改革和股份制改革，引导社会资本、技术和人才向村庄流动，多主体共建路域经济。

保护自然环境，提供发展保障。良好的自然环境和生态安全是路域经济发展的重要保障。紧邻公路、国道、省道等的村庄，一方面具有良好的交通条件，有利于发展路域经济，另一方面又容易受到汽车尾气的影响，形成较为严重的环境污染问题，不利于乡村休闲旅游业和商贸服务业的发展。为了充分发挥其紧邻交通干线的优势，必须加强村庄的生态环境建设，营造良好的自然景观和村庄面貌。积极推进交通干线天然林和防护林项目的建设，生态退化区采取植树造林、改良土壤、退耕还林、还草、还湿等方式大力开展生态修复，实现村庄的生态可持续。同时，制定村庄环境保护规划，划定生态保护红线，避免破坏性建设，充分利用村庄的山体、水系营建良好的生态景观环境，实现既保护村庄自然生态格局，又营造良好生态景观，带动路域经济健康持续发展的目的。

3. 典型案例

四岔铺村①位于陕西省延安市宝塔区柳林镇，延安东过境路与通往燕沟的道路交叉口处。现状人口180人。居民点整体上呈团聚状，住户间存在一定间隔，一般由几片较为集中的小块居民点构成。居民点结构趋于紧凑，集聚程度较高且规模较大，有利于村庄各项功能布局的完善，基础设施投资相对较小。四岔铺村目前除了一些传统的百货、餐饮等小型商店外，还分布有少量的汽修、建材、驾校、仓储等服务型企业。

考虑到东过境线两侧缺乏过境车辆服务用地这一现状问题，拟定将四岔铺村发展为交通服务型美丽乡村。依托东过境沿线的交通运输业，以现代服务业、建材工业为主导，以城郊旅游、花卉种植为辅助，初步形成“一村一品”，逐渐扩大服务范围，提升服务能力，带动村庄经济向持续、合理、科学的方向发展。

贯彻实施联网公路、农民饮水安全、农村电气化等工程建设，促进城乡设施共享与均等化，提高农村公共服务和社会事业发展水平。在公路交叉口等交通条件便利处发展汽修服务、物流仓储等生产性服务业和商业服务、集贸市场等生活性服务业（魏东等，2014）。设置加油站、车辆养护维修、餐饮及大型停车场等设施。在社区中心布置中心广场、文化活动中心等，着力建设日用百货、花卉物流等市场，积极带动餐饮、住宿、商贸、运输等第三产业发展，建设三产长廊，积极推进东过境路沿线的发展（图4-8）。

---

① 本案例来自《延安市东过境路沿线区域控制性详细规划》。该规划获2015年陕西省优秀城乡规划设计奖二等奖，主要编制人员包括刘科伟、李建伟、吴欣、刘林、郭静、魏东、李佳、李晓娟、李冬雪等。

图 4-8　四岔铺村规划鸟瞰图

4.3.5　文化传承型

文化传承发展模式是依托乡村特有的文化资源（包括物质文化和非物质文化资源），形成“文化+产业”的发展模式。古村落、古建筑、古民居、传统歌舞、技艺等既具有文化价值，也具有经济价值。一方面，这些文化遗产蕴含了丰富的精神力量，见证了我国历史的发展和社会变革，具有很高的文化教育价值，梁思成曾说“古建筑绝对是宝，而且越往后越能体现出它的宝贵”；另一方面，近年来随着人们对传统文化的关注，以古村落、古建筑、古民居、传统歌舞、技艺等为核心的乡村休闲旅游越来越受到广大人民的青睐，依托旅游业带来的巨大人流产生的经济效应，极大地促进了农村第三产业的发展，从而优化乡村产业结构、促进乡村经济的发展、带动农民增收。

1. 基本特征

丰富的历史文化遗产。历史文化遗产是文化传承的核心，是发展乡村文化旅游，优化乡村产业结构的基础。伴随着现代化进程的推进，我国的传统文化受到极大冲击，农村聚落景观趋同，正在逐渐丧失特色。古村落、古建筑、古民居、传统风俗等成为一种稀缺资源，吸引着众多向往独特景观、风俗、文化的游客。同时，随着人流的大量汇集，餐饮、娱乐、住宿等服务产业逐渐兴起，乡村产业结构逐渐得到优化。第三产业的兴起吸引了大量的乡村剩余劳动力，促进农民收入增加。乡村的历史文化遗产，既包括古村落、古建筑、古树名目、古牌坊等物质遗产，同时也包括民俗歌舞、民间绝艺、传统习俗等非物质遗产。

特色鲜明的村落空间。特色是旅游发展的根本动力，人们旅游就是寻找、欣赏、体验不同地方各式各样的差异（吴必虎，2016）。文化传承型村庄空间的营造应以彰显地域传统文化为重点，形成独具特色的乡村景观，切忌盲目模仿，造成恶性竞争。首先，村落空间的营造应立足于对古建筑、古民居、古树名木等的保护。古建筑、古民居、古树名木等是乡村文化活的载体，是吸引游客最重要的资源。其次，深入挖掘乡村的传统文化，在塑造具有文化特色的空间上做文章，形成特色主题空间，如以乡村的传统技艺（剪纸、制陶、绘画等）、著名人物、著名建筑等为主题，形成形态各异又特色鲜明的村落空间。最后，应注重新建建筑与传统建筑风貌的协调，在规模、尺度、样式、色彩等方面做到和谐统一。

完善的公共服务设施。公共服务设施是文化传承型村庄发展的重要保障。旅游追求的是一种舒适、愉快的身心体验，是一种包含吃、住、行、游、购、娱在内的全方位的体验活动。餐饮、交通、住宿、娱乐等设施的建设有利于吸引游客，强化乡村的活力，形成旅游品牌，对促进文化传播和增加旅游收入具有重要作用，同时也可以增加农民的收入，提升农民的生活水平。

2. 建设路径

促进观念转变，留住传承主体。城市与农村在很多方面都存在差异，尤其体现在资源、信息、交通、服务条件等方面，这些区别也是造成乡村人口流失的主要原因。生活水平主要体现在有形的物质生活和无形的精神生活两个方面，现阶段乡村生活提升以物质层面为主，因此要加强基础服务设施建设，提供交流空间，提升乡村居民的获得感、归属感、幸福感，从而提升整体生活水平，有效抑制乡村人口的不断流失。无形的乡村文化以乡村居民为文化传承主体，只有通过一代又一代年轻人的学习研究才能传承发扬乡村文化，因此需要鼓励扶持重视乡村文化的传承人，提高他们的社会认可度，鼓励乡村文化队伍建设，避免乡村文化传承主体的流失与文化断层。

推进文化产业，促进永续发展。时代在发展，乡村文化不能一成不变，也不能完全复制其他地方的发展，应通过创新整合，结合地域文化、民族特色、现代科技，以当地特色文化为内生动力，推动文化产业发展，实现文化价值与经济效益的双赢。首先，对当地乡村文化资源进行充分挖掘，突出当地的人文底蕴、自然风貌，保持原真性，展现区别于城市喧嚣的乡村慢生活；其次，抓住消费者迫切需要满足的心理体验与精神需求，增强乡村文化的体验性与互动性，增强吸引力的同时促进人与文化之间的互动交流；最后，保护生态环境，生态环境是乡村得天独厚的基础条件，将自然资源作为优势条件进行开发的同时注重资源保护，保证乡村文化产业的可持续发展，保护乡村文化与村民赖以生存的家园。

健全管理制度，强化宣传手段。乡村文化的开发主体多样，政府、企业、民间资本、社会各方力量都能参与，应该构建一套完整、立体化的监管机制，实行规范化管理，使乡村文化良性发展，建立健全奖惩制度，实行相互监督，对乡村文化传承有贡献的给予奖励，对破坏乡村文化的行为进行处罚，培养社会对乡村文化的保护意识。另外，加强乡村文化的推介宣传，充分利用乡村的生态、建筑、文化资源，积极发展乡村旅游，让大家亲身体验、感受特色乡村自然文化风情，重视乡村文化价值挖掘，提升公众对乡村文化传承的责任感与使命感。积极进行市场开发，让具有特色的乡村剪纸、刺绣、绘画、雕刻等能够融入现代元素，作为纪念品伴随游客走向全国各地，推动乡村经济发展。

3. 典型案例

鲍旗寨村隶属陕西省西安市蓝田县焦岱镇，地处洋峪河中段的川岭地区，距107省道2.5km，西接汤峪、南临任家庄，东北与张村接壤，距蓝田县20km，距西安市43km，交通便利。村庄居河沿岸，背靠黄土丘陵，前沿河流平地，自然环境独特，生态环境优美，气候环境宜人，关中民俗乡土气息浓郁，被西安美术学院师生誉为中国秦岭脚下的“普罗旺斯”。鲍旗寨村辖三个村民小组，全村共326户1214人。

鲍旗寨村产业发展经历了三个阶段：传统农业阶段（2006年以前）、生态农业阶段（2006~2010年）和乡村旅游阶段（2010~2016年）。

1）传统农业阶段。2006年以前，鲍旗寨村是一个普通的小村庄，与关中地区的大多数村庄别无二致，村内耕地利用形式单一，仅种植小麦、油菜、土豆、玉米、黄豆、芝麻等旱地作物；同时，受坡地多平地少耕作条件制约，粮食产量一直不高，农民生活水平徘徊在温饱线上。

2）生态农业阶段。2006年，按照“宜农则农，宜林则林”的原则，利用背靠黄土丘陵、前沿河流平川、坐位向阳的优势，走绿色生态、乡村特色的发展道路；与西北农林科技大学专家携手合作，按照标准化、专业化、规模化要求建设核桃产业园，并在林下开展畜牧养殖、蔬菜、药材、苗木种植等活动；2008年，鲍旗寨村成立核桃产销专业合作社，合作社加强对社员及村民核桃栽植、苗木培育、家禽饲养等的技术指导，积极承担社员核桃产业生产服务、市场开发、产品销售等工作；合作社坚持以科技为先导，以市场为导向，以优质良种核桃栽植为基础，广泛开展林-油、林-菜、林-药、林-苗、林-禽等林下复合经营项目；经过几年的发展，2010年合作社种植、养殖户的经济效益达到了每亩2800元，鲍旗寨村农民人均纯收入也达到了5800元。

3）乡村旅游阶段。2010年，西安美术学院的师生来到鲍旗寨村，被村庄古朴的风貌所吸引，于是提出在此开设写生基地，鲍旗寨村的乡村旅游发展由此开始。首先，组建写生农家乐基地管理委员会，对村内农家乐进行统一管理，并为来村写生及进行测绘实习的师生提供服务；其次，成立蓝田县鲍旗寨校外教育实践开发有限公司，采用企业模式进行管理，以高校为核心，通过合作协议使在村内及周边地区进行写生及测绘实习的高校师生食宿于农户家中，为高校和学生提供便利的同时也促进了本村的旅游业发展。2009 ~ 2014 年，鲍旗寨村累计接待游客 18 万人次，实现综合接待收入 200 多万元，农家乐接待户由最初的 12 户增加到 60 余户，户年均增收超过 3 万元；鲍旗寨的校外教育实践基地已经成为关中地区唯一的户外大型教学科研创作实践基地，在教育实践领域取得了突破性的进展和可观的社会经济效益。截至 2016 年 8 月，已有 24 所院校及社会组织与鲍旗寨村签订了合作协议；随着各大高校相继将此作为实习基地，鲍旗寨村的知名度得以提升，大量的游客也开始前来摄影写生、休闲旅游，体验农村、农民生活，鲍旗寨村的旅游业发展驶入了持续发展的快车道。

鲍旗寨村未来应进一步加强基础设施建设，保护和弘扬民俗文化，积极发展乡村旅游业。一是加强基础设施建设。基础设施的完善是旅游业持续发展的基础，而鲍旗寨村内由于电路问题至今不能使用空调，自来水也经常供不上，这些都是制约其进一步发展的因素。游客前往乡村旅游地是感受氛围，放松自我，并非降低自身生活质量，因此需要在不损害村内整体风貌的同时完善基础设施和文化娱乐设施，在满足游客基本需求的同时让其有条件进行娱乐活动，让游客愿意“留下来”。二是保护和弘扬民俗文化。鲍旗寨村目前仍保存着完好的青瓦民房 100 余座，古风车、织布机、纺线车、石碾、石磨遗留众多，2013 年教育部批准该村为“本科教学工程”大学生校外实践教育基地、全国高校写生测绘实践教育基地，是关中地区唯一挂牌的户外写生实习科研基地，这对营造村庄“原生态”的氛围而言极为重要，应当在乡村旅游的发展过程中有目的、有意识地进行整理保护和利用展示，为游客提供差异性体验。三是坚定不移地继续发展旅游业。旅游业是富民兴村的朝阳产业，乡村旅游更是近年来兴起的一种旅游项目，满足城市居民饱览山川、回归自然的需要，以旅期缩短、花费节约、线路众多、目的模糊而获得了城市居民的青睐，较之以计划性强、线路单一、期限较长的传统旅游而言更具有优势，更易获得满足感，更易达到陶冶身心、放松心情的目的。鲍旗寨村需要通过乡村旅游产业来发展带动美丽乡村建设，增加村民收入，全面建设小康家庭和小康社会。通过乡村旅游的发展，形成典型的示范效应，带动地方农村社会经济的发展。

4.4 本章小结

1）随着我国城市化和工业化进程的加快，农村产业由原来的“同质同构”向“异质异构”转化，具有形式多样化、功能复合化的转型趋势，呈现出梯度差异逐步扩大、现代农业持续发展、乡镇企业异军突起和乡村旅游业势头迅猛的发展特征。改革开放以来，由于制度和技术的变革，农村产业结构逐渐打破单一农业主导的发展局面，在党和国家大力推进现代农业发展的基础上，乡镇企业和乡村旅游业发展迅猛，并且呈现出逐渐成熟化和规范化的趋势，农村的产业结构不断得到调整和优化。然而，由于自然条件、社会经济条件和区位条件的差异，乡村的梯度差异逐步扩大，区域差异和以城市为中心的圈层差异显著。

2）在新的发展形势下，村庄产业的发展应结合政府发展政策、市场需求、农村资源优势、区位优势和发展过程中积累的比较优势，形成能够充分利用自身资源并符合市场需要的产业结构，培育壮大农村集体经济，促进第一、第二、第三产业融合发展，积极发展特色产业，构建完善的现代农业体系。

3）我国村庄量大面广，不同区域的村庄具有不同的自然、区位、社会经济和建设条件。结合陕西村庄的立地条件，将村庄划分为城郊集约型、现代农业型、休闲旅游型、路域经济型和文化传承型五种基本模式。城郊集约型的村庄具有交通便捷、基础设施完善、科技化和专业化水平高、经营方式集约化和规模化特征，积极承接城市的功能转移，为城市和周边农村提高优质化的服务。现代农业型村庄具有先进的农业科技支撑体系、新型农业经营主体和良好的农业生产基础设施，应依托当地资源优势，优化转型农业产业体系，不断推进农业产业体系整体创新能力的提升和经营环境的转变。休闲旅游型村庄具有良好的生态景观资源、独具特色的旅游产品和完善的公共服务设施，应打造乡村休闲旅游亮点，营造“生态+”的品牌效应。路域经济型村庄具有“以路为基，多元发展”“依托优势，错位发展”“以点带面，协同发展”的基本特征，应在完善配套设施和保护自然环境的基础上，围绕道路培育沿线村庄的产业体系。文化传承型村庄具有丰富的历史文化遗产、特色鲜明的村落空间和完善的公共服务设施，应不断提高村民的保护意识，健全村庄文化遗产和特色空间的管理制度，积极推进农村文化产业的发展。

参考文献

陈潇玮，王竹 . 2016. 城郊乡村产业与空间一体化形态模式研究——以杭州华联村为例［J］. 建筑与文化，（12）：117-119.

成德宁，郝扬 . 2014. 城市化背景下我国农村工业的困境及发展的新思路［J］. 学习与实践，（3）：37-42.

丁晓燕，孔静芬 . 2019. 乡村旅游发展的国际经验及启示［J］. 经济纵横，（4）：79-85.

董秋云 . 2019. 乡村旅游研究综述［J］. 价值工程，38（6）：188-190.

方民生 . 1997. 浙江市场化模式的基础与背景分析［J］. 浙江学刊，（2）：23-28.

耿灵芝 . 2017. 关于发展壮大村级集体经济的思考［J］. 农民致富之友，（1）：145-145.

龚伟 . 2014. 空间视野下的乡村旅游社区演化研究：以 Q 村和 Y 村为例［D］. 上海：华东师范大学博士学位论文 .
龚紫，李向东 . 2003. 新蔡县路域经济成税收亮点［J］. 河南税务，(23)：62.
顾光印 . 2013-03-20. 加快发展高速路域经济［N］. 河南日报，(4).
郭景福，赵奥 . 2019. 民族地区乡村旅游助力乡村振兴的制度与路径［J］. 社会科学家，(4)：87-91.
胡鞍钢，王蔚 . 2017. 乡村旅游：从农业到服务业的跨越之路［J］. 理论探索，(4)：21-27，34.
黄佩民 . 2007. 中国农业现代化的历程和发展创新［J］. 农业现代化研究，(2)：129-134.
金玉姬，丛之华，崔振东 . 2013. 韩国农业 6 次产业化战略［J］. 延边大学农学学报，35 (4)：360-366.
雷如桥，陈继祥，刘芹 . 2005. 浙江“块状经济”发展动力机制研究［J］. 生产力研究，(1)：106-107，111.
李海东 . 2006. “泛珠三角经济圈”路域经济一体化发展研究［J］. 生产力研究，(5)：97-100.
李慧 . 2018-7-3. 互联网+农业：让农产品“出村”让信息“进村”［N］. 光明日报，(10).
李先德，孙致陆 . 2014. 法国农业合作社发展及其对中国的启示［J］. 农业经济与管理，(2)：32-40，52.
李玉磊，李华，肖红波 . 2016. 国外农村一二三产业融合发展研究［J］. 世界农业，(6)：20-24.
林永新 . 2015. 乡村治理视角下半城镇化地区的农村工业化——基于珠三角、苏南、温州的比较研究［J］. 城市规划学刊，(3)：101-110.
刘邦凡，李明达，王静 . 2013. 略论乡村休闲旅游的发展［J］. 中国集体经济，(31)：63-64.
刘海洋 . 2016. 农村一二三产业融合发展的案例研究［J］. 经济纵横，(10)：88-91.
刘辉，周慧文 . 2004. 我国的块状经济及其可持续发展研究［J］. 经济问题探索，(5)：4-7.
刘慧 . 2002. 我国农村发展地域差异及类型划分［J］. 地理学与国土研究，(4)：71-75.
刘吉瑞 . 1997. “小企业、大市场”(下)——对浙江经济体制运行特征的描述［J］. 浙江学刊，(1)：23-27.
刘健，董建文，余坤勇，等 . 2008. 乡村旅游与新农村建设关系探讨［J］. 福建农林大学学报(哲学社会科学版)，11 (5)：6-10.
卢贵敏 . 2017. 田园综合体试点：理念、模式与推进思路［J］. 地方财政研究，(7)：8-13.
卢良恕，孙君茂. 2004. 新时期中国农业发展与现代农业建设［J］. 中国工程科学，6 (1)：22-29.
卢良恕 . 2003. 以科技为支柱建设现代农业［J］. 中国科技信息，(10)：39-40.
卢小丽，成宇行，王立伟 . 2014. 国内外乡村旅游研究热点——近 20 年文献回顾［J］. 资源科学，36 (1)：200-205.
闵宗殿 . 2005. 试论清代农业的成就［J］. 中国农史，(1)：60-66.
牛雷，王玉华，陈琛 . 2015. 中国农村工业集体企业空间结构演变特征［J］. 世界地理研究，24 (3)：134-142.

农业部课题组 . 2008. 现代农业发展战略研究［M］. 北京：中国农业出版社 .
钱克明，彭廷军 . 2013. 关于现代农业经营主体的调研报告［J］. 农业经济问题，34（6）：4-7，110.
谯薇 . 2012. 建立农业科技支撑体系的内涵、理论基础及对策建议［J］. 农村经济，（12）：105-107.
石元春 . 2003. 建设现代农业［J］. 求是，（7）：18-20.
汤爽爽，郝璞，黄贤金 . 2017. 大都市边缘区农村居民对宅基地退出和定居的思考——以南京市江宁区为例［J］. 人文地理，32（2）：72-79.
田莉，戈壁青 . 2011. 转型经济中的半城市化地区土地利用特征和形成机制研究［J］. 城市规划学刊，（3）：66-73.
汪军能，张落成 . 2005. 江苏省乡镇企业发展的新特点［J］. 现代经济探讨，（8）：48-51.
王德刚 . 2010. 乡村生态旅游开发与管理［M］. 济南：山东大学出版社 .
王芳，曹海霞 . 2018. 乡村旅游：城市带动农村发展的新动力［J］. 农业经济，（7）：49-50.
王来栓，朱润喜 . 2013. 东中西部地区农民收入差距分析［J］. 未来与发展，（6）：110-115.
王乐君，寇广增 . 2017. 促进农村一二三产业融合发展的若干思考［J］. 农业经济问题，38（6）：82-88，3.
王小鲁 . 1999. 农村工业化对经济增长的贡献［J］. 改革，（5）：97-106.
王兴平，涂志华，戎一翎 . 2011. 改革驱动下苏南乡村空间与规划转型初探［J］. 城市规划，35（5）：56-61.
王彦利 . 2018. 农业基础设施发展与农村经济增长的动态关系［J］. 农业开发与装备，（9）：38.
王雨村，屠黄桔，岳芙 . 2017. 产业融合视角下苏南乡村产业空间优化策略研究［J］. 现代城市研究，（10）：44-51.
魏东，唐楠，徐姗，等 . 2014. 城市过境公路沿线区域的城乡空间资源保护与利用规划探讨——以延安市东过境路沿线区域为例［A］// 中国城市规划学会 . 城乡治理与规划改革——2014中国城市规划年会论文集［C］. 北京：中国建筑工业出版社 .
吴必虎 . 2016. 基于乡村旅游的传统村落保护与活化［J］. 社会科学家，（2）：7-9.
吴林华 . 2015. 浅谈中国古代农业科技发展的特点及形成原因［J］. 中国集体经济，（27）：64-65.
西嶋定生 . 1981. 中国古代农业的发展历程［J］. 董恺忱译 . 农业考古，（1）：10-16.
谢韶光 . 2010. 我国农业现代化的发展历程及对策分析［J］. 科技和产业，10（1）：123-126.
幸元源 . 2009. 改革开放以来我国乡镇企业的发展历程和展望［J］. 改革与开放，（11）：99.
薛丽华 . 2006. 从审美心理学的对立原则谈乡村旅游服务设施建设——以贵阳市乡村旅游为例［J］. 乐山师范学院学报，（8）：121-123.
佚名 . 改革开放以来我国乡镇企业的发展历程和展望研究［EB/OL］. https://www.docin.com/p-1722743665.html［2018-8-26］.
易海军 . 2018. 城市边缘区村庄空间演变及发展模式研究——以宁波市镇海区为例［J］. 小城镇建设，（12）：18-25.

尤海涛，马波，陈磊 . 2012. 乡村旅游的本质回归：乡村性的认知与保护［J］. 中国人口·资源与环境，22（9）：158-162.
于法稳 . 2019. 新时代乡村旅游发展的再思考［J］. 环境保护，2019，47（2）：14-18.
于金富，胡泊 . 2014. 从小农经营到现代农业：经营方式变革［J］. 当代经济研究，（10）：47-52，97.
于秋华 . 2009. 改革开放三十年中国乡村工业发展的经验与启示［J］. 经济纵横，（4）：45-48.
于秋阳，冯学钢 . 2018. 文化创意助推新时代乡村旅游转型升级之路［J］. 旅游学刊，33（7）：3-5.
喻新安，赵西三，王志刚 . 2013. 路域经济带动区域经济发展的新引擎［J］. 中国产经，（6）：10-11.
翟新花，赵宇霞 . 2012. 新型农村集体经济中的农民发展［J］. 理论探索，（4）：73-76.
张碧星 . 2018. 促进乡村旅游高质量发展［J］. 人民论坛，（32）：82-83.
张纯信 . 2016. 现代农业发展与农业经营体制机制创新［J］. 河南农业，（8）：98.
张攀春 . 2012. 现代农业的主导功能及其可持续发展［J］. 农业现代化研究，33（5）：548-551.
张永杰 . 2012. 我国现代农业科技的发展趋势与工作重点［J］. 农业展望，8（1）：48-50.
张永强，蒲晨曦，张晓飞，等 . 2017. 供给侧改革背景下推进中国农村一二三产业融合发展——基于日本“六次产业化”发展经验［J］. 世界农业，（5）：44-50.
张众 . 2019. 乡村旅游对农村劳动力就业的影响及其路径［J］. 山东社会科学，（7）：143-147.
赵华 . 2018. 提升乡村旅游品质 助力乡村振兴战略［J］. 人民论坛，（25）：82-83.
郑星，张泽荣，路兴涛 . 2003. 农业现代化要义［J］. 经济与管理研究，（3）：10-14.
仲亚东 . 2008. 小农经济问题研究的学术史回顾与反思［J］. 清华大学学报（哲学社会科学版），（6）：146-156，158.
周通 . 2018. 推进农村产业融合发展实现乡村振兴［J］. 中国国情国力，（7）：55-57.
朱倩琼，郑行洋，刘樱，等 . 2017. 广州市农村聚落分类及其空间特征［J］. 经济地理，37（6）：206-214，223.
Alemu G，Zewdu M，Malek. 2015. Implications of Land Policies for Rural-urban Linkages and Rural Transformation in Ethiopia［J］. Essp Working Papers.
Bossuet，L. 2006. ［J］. Sociologia Ruralis，46（3）：214-228.
Mahon M. 2007. New populations，shifting expectations：The changing experience of Irish rural space and place［J］. Journal of Rural Studies，23（3）：345-356.
Masuda J R，Garvin T. 2008. Whose Heartland? The politics of place in a rural-urban interface［J］. Journal of Rural Studies，24（1）：112-123.
Smithers J，Joseph A E，Armstrong M. 2005. Across the divide：Reconciling farm and town views of agriculture-community linkages［J］. Journal of Rural Studies，21（3）：281-295.
Wang Y，Liu Y，Li Y，et al. 2016. The spatio-temporal patterns of urban-rural development transformation in China since 1990［J］. Habitat International，53（53）：178-187.

第5章　土地利用规划

2017年2月，国土资源部印发了《国土资源部关于有序开展村土地利用规划编制工作的指导意见》(国土资规〔2017〕2号)，提出鼓励有条件的地区编制村土地利用规划，统筹安排农村各项土地利用活动，并于当年9月出台了《国土资源部办公厅关于印发村土地利用规划编制技术导则的通知》(国土资厅发〔2017〕26号)。2019年，自然资源部印发了《关于加强村庄规划促进乡村振兴的通知》，将土地利用规划正式作为村庄规划工作的重要任务之一。近年来，随着党和国家对农村地区和农村问题的关注，乡村地区编制了大量的规划，如村庄规划、新农村规划、土地开发整理复垦项目规划、美丽乡村规划、乡村振兴规划、各种基础设施建设规划等（肖金华，2017），由于规划目标和任务的差异，各类规划之间在用地布局上矛盾重重。同时，我国现行的土地利用规划涵盖国家、省、市、县和乡镇五级，村级土地利用规划仅在重庆和浙江等地开展了试点工作，大部分地区的村级土地利用规划仍处于空白，再加上土地利用规划和村庄规划长期分属于国土部门和建设部门，由此造成农村土地利用存在严重的土地资源浪费、空间布局散乱、违法用地普遍等问题。在党的十九大后，乡村振兴战略的实施和自然资源部的成立，为构建包括村级土地利用规划在内的村庄规划体系创造了条件。因此，本章立足于这样的背景，从生产、生活、生态协调发展的视角，积极探索“多规合一”的实用性村庄土地利用规划技术方法体系，以期实现土地资源的可持续发展。

5.1　村级土地分类标准

5.1.1　现行土地分类标准

土地分类（land classification）是土地科学的基本任务之一，也是土地资源评价、土地资产评估和土地利用规划研究的基础和前期性工作（梁留科等，2003；唐益平，2008；刘立国，2016）。土地分类研究不仅可以使土地科学理论体系更为完善，而且能够更加清楚认识土地质量、数量和空间分布情况。土地分类是将各个土地单位按照其质的共同性或相似性进行概括合并后，得到不同类别的土地单位。目前，比较有代表性的村级土地分类标准主要有三个：一是 2014 年住房和城乡建设部制定的《住房城乡建设部关于印发〈村庄规划用地分类指南〉的通知》(建村〔2014〕98 号)，将村庄规划用地分为村庄建设用地、非村庄建设用地和非建设用地 3 个大类、10 个中类和 15 个小类，旨在为科学编制村庄规划，加强村庄建设管理，改善农村人居环境提供指导，适用于村庄的规划编制、用地统计和用地管理工作，侧重于村庄建设用地的安排与管理；二是 2017 年国土资源部制定的《国土资源部办公厅关于印发村土地利用规划编制技术导则的通知》(国土资厅发〔2017〕26 号)，将村土地利用规划用地分为农业用地、村庄建设用地、交通水利及其他用地、城镇用地和生态用地 5 个一级类、20 个二级类，旨在加快编制村土地利用规划，统筹安排农村土地利用各项活动，促进农村土地规范、有序和可持续利用，适用于指导全国范围内开展村规划编制工作，侧重于村域空间土地利用与管理；三是 2017 年由国土资源部组织修订，经国家质量监督检验检疫总局、国家标准化管理委员会批准发布并实施的国家标准《土地利用现状分类》(GB/T 21010—2017)，将土地利用现状划分成 12 个一级类、73 个二级类，侧重于土地调查、规划、审批、供应、整治、执法、评价、统计、登记及信息化管理等工作。可以看出，其服务对象和服务目的不同，制定部门和管理部门也不尽相同，因此在村庄土地研究与管理过程中权责不统一、空间冲突的现象时有发生，给实际村庄规划与建设管理带来诸多不便。为避免这一现象发生，本研究基于土地功能对村级土地分类体系进行分类界定，建构有利于土地资源管控、国土空间规划编制、土地科学利用的村级土地分类标准。

5.1.2 土地分类原则

1）综合性原则：土地是由多种要素共同构成的自然综合体，在对用地进行分类时必须立足于土地相似性和差异性的分析，系统全面地解析土地的组成部分，明确土地的组成要素及其在土地分类中扮演的角色及所发挥的作用。并且，在具体的分类过程中应综合考量各要素共同作用的结果，分析各类要素共同作用对土地内部特征和外部表象的影响，注重综合考量，避免以偏概全。

2）主导因素原则：在分析土地各组成要素时，必须考虑对土地用途影响起主导性作用的因素。但是主导因素并不是特别容易识别的，必须在野外和室内进行认真观察和分析，以当地实际生产生活生态情况为基础、地区协调发展为导向。

3）因地制宜性原则：新划分村级土地分类标准既要有所发展，又要与现有的土地分类标准衔接，还需要满足实际发展的需要，为以后发展留有余地；既要服务于地区发展，也要植根于当地实际情况，符合村庄实际，为村庄发展服务。

4）精简协调原则：新划分村级土地分类标准要与现有土地分类标准相协调，既可以避免地类不统一所产生的过度成本，又可以对城乡协调发展起到积极的作用。同时，应尽量精简合并地类，避免地类之间相互重叠，给实际工作带来不便。

5.1.3 土地分类的步骤

（1）确定分类的对象

研究目标和任务、编制地图的比例尺和研究区域的复杂程度等对分类对象的确定具有重要影响。具体而言，若研究目标和任务相对笼统，则所采用的土地单位的级别就相对较高。相反，若研究目标和任务相对明确具体，则所采用的土地单位的级别就相对较低；同时，若研究范围较为广泛，则所采用的土地单位的级别就相对较高，反之则相对较低。另外，若研究区域的复杂程度较高，为了确保土地分类的精度，则应考虑采用土地单位级别较低的分类对象，反之则应考虑采用土地单位级别较高的分类对象。由于村级土地利用分类研究尺度较为微观，应采用低级别的土地单位作为分类单元。

（2）确定分类依据和分类指标

首先，分类依据和分类指标的确定应以科学性为主导，要能客观真实地反映研究区域内土地的基本特征和土地利用分异规律；其次，分类依据和分类指标的确定要以目标为导向，明确土地类型研究的目的和目标，做到有的放矢，在以科学性为主导的基础上选择与研究目的和目标相关的指标；最后，应坚持因地制宜的原则，以现有土地利用分类为基础，依托当地的实际情况，制定具有针对性的分类标准。研究以现有土地利用分类为基础，综合考量村庄规划分类标准，制定村级土地的评价指标体系，为用地适用性评价、“三生”空间的划定与优化奠定基础。

5.1.4 村级土地分类标准

土地是一个复杂的综合功能体，集生产、生活和生态三大功能于一体。城乡规划、生态规划、土地利用规划等均是以土地为主要规划对象的空间规划，由于各自的侧重点和出发点的差异，其相应的用地分类原则和标准也存在一定差异，在土地分类的过程中应综合考虑土地的三大功能属性，构建完善的土地利用分类标准。

长期以来，受到以经济增长为导向发展模式的影响，土地利用模式强调人类对土地的能动作用，突出土地的生产和生活功能，结果却造成土地的生态功能长期遭到忽视。在 2017 年 9 月国土资源办公厅制定《国土资源部办公厅关于印发村土地利用规划编制技术导则的通知》(国土资厅发〔2017〕26 号）以前，由于缺乏统一完善的生态用地分类标准，生态用地无法得到有效保护（龙花楼等，2015)，长期侧重于生产和生活空间的安排与布局。现行的《住房城乡建设部关于印发〈村庄规划用地分类指南〉的通知》(建村〔2014〕98 号)，基于城乡统筹视角突出土地的可建性与非可建性，侧重于生活用地的安排。因此，基于土地功能合理安排，以“生产为本，生活为主，生态为重”为基本理念，建构基于土地功能的村级土地分类体系。

本书提出的土地分类体系以《国土资源部办公厅关于印发村土地利用规划编制技术导则的通知》(国土资厅发〔2017〕26 号）和《住房城乡建设部关于印发〈村庄规划用地分类指南〉的通知》(建村〔2014〕98 号）为基础，参考《土地利用现状分类》(GB/T 21010—2017)、《乡（镇）土地利用总体规划编制规程》(TD/T 1025—2010)、《城市用地分类与规划建设用地标准》(GB 50137—2011)、《镇规划标准》(GB 50188—2007)、《城乡用地分类与规划建设用地标准》(GB 50137)(修订)(征求意见稿）等技术标准与文件，研究形成了村庄土地利用规划用地分类体系（表 5-1)。结合村庄发展的实际情况和土地的功能，将现有分类体系进行有效的归并，形成 3 个一级类、10 个二级类和 20 个三级类。一级类包括农用地、建设用地和生态用地，基本对应村庄的“三生”空间用地情况；其中，农用地指直接用于农业生产的土地类型，包括耕地、园地、商品林、草地、其他农用地 5 个二级类用地；建设用地指建造建筑物、构筑物的土地，包括村庄建设用地和非村庄建设用地 2 个二级类用地；生态用地指农用地和建设用地以外的土地，包括生态林、水域和自然保留地 3 个二级类用地。

关于设施农业方面，涉及两类用地，即农用地中的设施农用地和建设用地中的村庄公共服务用地。根据设施农业规模体量、景观特质和用地属性的不同来划归不同的类别：直接用于经营性畜禽养殖生产设施及附属设施用地，直接用于作物栽培或水产养殖等农产品生产的设施用地及相应附属用地，直接用于设施农业项目辅助生产的设施用地，晾晒场、粮食果品烘干设施、粮食和农资临时存放场所、大型农机具存放场所等规模化粮食生产所必需的配套设施用地划归设施农用地；具有明显的建设属性的兽医站、农机站等农业生产服务及其附属设施用地划归村庄公共服务用地。

表 5-1　村庄土地利用规划用地分类体系

一级类	二级类	三级类	含义	备注
农用地			指直接用于农业生产的土地，包括耕地、园地、商品林、草地、其他农用地	
	耕地		指种植农作物的土地，包括熟地、新开发复垦地整理地、休闲地、轮歇地、草田轮作地；以种植农作物为主，间有零星水果树、桑树或其他树木的土地；平均每年能保证收获一季的已垦滩地和海涂。耕地中还包括南方宽<1.0m，北方宽<2.0m的沟、渠、路和田埂	与《乡（镇）土地利用总体规划编制规程》相同
		水田	指用于种植水稻、莲藕等水生农作物的耕地。包括实行水生、旱生农作物轮种的耕地	与《乡（镇）土地利用总体规划编制规程》相同
		水浇地	指有水源保证和灌溉设施，在一般年景能正常灌溉，种植旱生农作物的耕地。包括种植蔬菜等的非工厂化的大棚用地	与《乡（镇）土地利用总体规划编制规程》相同
		旱地	指无灌溉设施，主要靠天然降水种植旱生农作物的耕地，包括没有灌溉设施，仅靠引洪淤灌的耕地	与《乡（镇）土地利用总体规划编制规程》相同
	园地		指种植以采集果、叶、根茎为主的集约经营的多年木本和草本作物（含其苗圃），覆盖度大于50%或每亩有收益的株数达到合理株数的70%的土地	与《乡（镇）土地利用总体规划编制规程》相同
	商品林		指生长乔木、竹类、灌木的土地，以及沿海生长红树林的土地。包括迹地，不包括城镇、村庄范围内的绿化林木用地，铁路、公路、征地范围内的林木，以及河流、沟渠的护堤林	
	草地		指生长草本植物为主，用于畜牧业的土地	与《乡（镇）土地利用总体规划编制规程》相同
	其他农用地	设施农用地	指直接用于经营性畜禽养殖生产设施及附属设施用地；直接用于作物栽培或水产养殖等农产品生产的设施用地及相应附属用地；直接用于设施农业项目辅助生产的设施用地；晾晒场、粮食果品烘干设施、粮食和农资临时存放场所、大型农机具存放场所等规模化粮食生产所必需的配套设施用地，不包括兽医站、农机站等农业生产服务及其附属设施用地	

续表

一级类	二级类	三级类	含义	备注
农用地	其他农用地	农村生产道路	指公路用地以外的南方宽度≥1.0m、北方宽度≥1.0m 的村间、田间道路（含机耕道）	与《乡（镇）土地利用总体规划编制规程》相同
		坑塘水面	指人工开挖或天然形成的蓄水量<10 万 m^3 的坑塘常水位线所围成的水面	与《乡（镇）土地利用总体规划编制规程》相同
		农田水利用地	指农民、农民集体或其他农业企业等自建或联建的农田排灌沟渠及其相应附属设施用地	与《乡（镇）土地利用总体规划编制规程》相同
		田坎	主要指耕地中南方宽度≥1.0m、北方宽度≥2.0m 的地坎	与《乡（镇）土地利用总体规划编制规程》相同
建设用地			指建造建筑物、构筑物的土地，包括村庄建设用地、非村庄建设用地	
	村庄建设用地		村庄各类建设用地，包括村庄住宅用地、村庄公共服务用地、村庄产业用地、村庄基础设施用地、村庄绿地与公共空间用地及村庄其他建设用地等	
		村庄住宅用地	村庄辖区范围内各形式的住宅及其附属设施用地	与《乡（镇）土地利用总体规划编制规程》相同
		村庄公共服务用地	用于提供基本公共服务的各类集体建设用地，包括公共管理、文体、教育、医疗卫生、社会福利、民俗、宗教等设施用地，以及兽医站、农机站等农业生产服务及其附属设施用地	
		村庄产业用地	用于生产经营的各类集体建设用地，包括商业设施用地、旅游设施用地、工业生产用地、物流仓储用地	与《乡（镇）土地利用总体规划编制规程》相同
		村庄基础设施用地	村庄道路、交通和公用设施等用地	与《乡（镇）土地利用总体规划编制规程》相同
		村庄绿地与公共空间用地	用于村民活动的公共绿地和广场等公共开放空间用地及公共绿地，不包括生产防护绿地	

续表

一级类	二级类	三级类	含义	备注
建设用地	村庄建设用地	村庄其他建设用地	未利用及其他村庄集体建设用地。包括村庄集体建设用地内的未利用地、边角地、宅前屋后牲畜棚和菜园等	
	非村庄建设用地		除村庄集体用地之外的建设用地	与《乡（镇）土地利用总体规划编制规程》相同
		交通水利用地	指城乡建设用地范围之外的交通运输用地和水利设施用地。其中，交通运输用地是指用于运输通行的地面线路、场站等用地，包括公路、铁路、民用机场、港口、码头、管道运输及其附属设施用地；水利设施用地是指用于水库、水工建筑的土地	与《乡（镇）土地利用总体规划编制规程》相同
		国有建设用地	包括采矿用地、其他独立建设用地，以及风景名胜设施用地、特殊用地、盐田等	
		城镇用地	指城市、建制镇居民点，包括城镇范围内的商服、住宅、工业、仓储、学校等单位用地	与《乡（镇）土地利用总体规划编制规程》相同
生态用地			指农用地和建设用地以外的土地，包括生态林、水域、自然保留地	
	生态林		生产防护绿地，包括城镇、村庄范围内的绿化林木用地，铁路、公路、征地范围内的林木，以及河流、沟渠的护堤林	
	水域		指农用地和建设用地以外的土地	与《乡（镇）土地利用总体规划编制规程》相同
		河流水面	指天然形成或人工开挖河流常水位岸线之间的水面，不包括被堤坝拦截后形成的水库水面	与《乡（镇）土地利用总体规划编制规程》相同
		湖泊水面	指天然形成的集水区常水位岸线所围成的水面	与《乡（镇）土地利用总体规划编制规程》相同

续表

一级类	二级类	三级类	含义	备注
生态用地	水域	滩涂	指沿海大潮高潮位与低潮位之间的潮浸地带，河流、湖泊常水位至洪水位间的滩地；时令湖、河洪水位以下的滩地；水库、坑塘的正常蓄水位与最大洪水位间滩地；生长芦苇的土地	与《乡（镇）土地利用总体规划编制规程》相同
	自然保留地		指水域以外，规划期内不利用、保留原有性状的土地，包括冰川及永久积雪、沼泽地、荒草地、盐碱地、沙地、裸地、高原荒漠、苔原等	与《乡（镇）土地利用总体规划编制规程》相同

关于村庄绿地方面，涉及三类用地，即农用地中的商品林、建设用地中的村庄绿地与公共空间用地、生态用地中的生态林。在此根据绿地在村庄发展中所起的作用与功效不同划归不同的类别：以生产木材、薪材、干鲜品和其他工业原料等为主要经营目的的森林、林木划归商品林；向公众开放，以游憩为主要功能，兼具生态、美化、防灾等作用的绿地划归村庄绿地与公共空间用地；具有卫生、隔离和安全防护功能的绿地划归生态林。

5.2 用地适宜性评价

土地评价（land evaluation）也被称为土地资源评价，是指基于土地类型的划分，在对土地资源进行综合判断的基础上，根据明确的目的和用途对土地的数量和质量进行判定，以此来确定土地的适宜性、生产潜力、经济效益和环境效益等，最后确定土地价值的过程（宋晓丽和樊俊文，2011）。土地评价是进行土地利用规划的前提，对土地资源的保护、开发、利用和管理具有重要意义，直接影响土地的可持续发展。虽然从概念角度，土地与土地资源存在一定差异，但是在众多文献中，土地评价和土地资源评价经常被混用，其含义也基本相同（刘黎明，2002）。

进行土地评价必须有明确的评价对象，将土地评价的对象称作土地评价单元。土地评价单元是进行土地评价的最基本单位（胡业翠和赵庚星，2002），是指在进行制图分析时具有一定特征的区域，可以综合全面地反映评价单元的根本特征。结合国内的理论与实践经验，主要存在三种土地评价单元的划分方式，分别为：①以土地利用类型为基本依据，将其划分为不同的土地评价单元，如建设用地与非建设用地、耕地与林地等（杨小雄等，2009）；②以土壤分类体系作为评价单元划分的基本依据，我国一般采用土类、土属和土种的标准，而英国、美国则以土系为基本准则（唐红娟，2014）；③为了便于管理，我国常以行政区划单元为基本评价单元，如省、市、县、乡等。

以村域为研究对象，基于高分辨率遥感影像数据，依托 ArcGIS 空间分析技术，从“三生”空间的适宜性角度出发，探究村庄用地适宜性评价方法及过程，进而探索其在国土空间规划体系下实用性村庄规划的应用模式及路径。基于相应的评价结果确定各个评价单元的用地适宜性，从而确定该空间的最适宜用地类型，引导村级土地利用规划中土地利用功能分区的发展方向，对合理引导未来村庄发展、转变土地开发利用方式及优化国土空间布局，保障土地利用合理性、可持续性和土地利用价值具有十分重要的作用。

5.2.1 评价指标选取

目前，用地适宜性评价的研究较为成熟，成果十分丰富，其评价因子的选择也大同小异，然而相关研究更多地关注城市、市域和县域层面（Dai et al.，2001；Malczewski，2004；Gong et al.，2012；Chen et al.，2003；关小克等，2010），而对村庄这一层级的研究较少。而直接将现有关于城市、市域和县域的评价因子直接应用于村庄层面，易出现“水土不服”的现象，因此立足于村庄的发展实际，因地制宜地选择评价因子，构建全面、详细、有针对性的评价方法体系十分必要。

从实地踏勘、调研出发，借鉴用地适宜性评价的相关理论成果和实践经验，依托现有的村庄土地分类标准，从“三生”空间适宜性的角度出发，以联合国粮食及农业组织（Food and Agriculture Organization of the United Nations，FAO）的《土地评价纲要》、《农用地分等定级规程》(TD/T 1004—2003)、《中国 1：100 万土地资源图》的土地资源分类系统、《城镇土地分等定级规程》(GB/T 18507—2014)、《国务院关于印发全国生态环境保护纲要的通知》(国发〔2000〕38 号）和《生态环境状况评价技术规范》(HJ 192—2015）等相关规范与技术标准中的相关规定为参考，依据村庄的自然条件和用地特点，综合考虑土地适宜性评价，结合村庄实地调研，选取适合农村社会、经济和生态发展的土地适宜性评价因子（表 5-2）。在此需要特别说明的是，本评价指标体系以渭北旱塬的岔口村为研究对象，虽然尽可能地考虑了普适性，但是指标体系或多或少还是具有一定的案例局限性。

表 5-2 用地适宜性评价指标体系与因子权重

目标层	准则层		指标层		模糊层次分析法综合权重
	内容	权重	内容	权重	
生产用地适宜性综合指数	土壤条件	0.3259	表层土壤质地	0.1930	0.0629
			土壤有机质含量	0.2506	0.0817
			土壤盐渍化程度	0.2305	0.0751
			有效土层厚度	0.3259	0.1062
	地形条件	0.2902	坡度	0.6208	0.1802
			坡向	0.3792	0.1100
	排水灌溉条件	0.1987	灌溉水源	0.1643	0.0326
			排水条件	0.1985	0.0394
			灌溉保证率	0.4013	0.0797
			灌溉时长	0.2359	0.0469
	经济因素		产量-成本指数	0.5702	0.1056
			土地利用率	0.4298	0.0796
生活用地适宜性综合指数	自然条件	0.1852	朝向	0.3567	0.0483
			高程	0.2223	0.0301
			坡度	0.421	0.0570
	社会经济条件	0.2705	空气污染程度	0.3258	0.0881
			噪声影响程度	0.2729	0.0738
			人均建设用地面积	0.4013	0.1086
	公共设施条件	0.1735	生活便利程度	0.3014	0.0523
			公共设施完备程度	0.1799	0.0312
			路网密度	0.2205	0.0383
			对外交通便捷度	0.2982	0.0517
	建筑物指标	0.1665	建筑物质量	0.5195	0.0800
			建筑密度	0.4805	0.0865
	民众意愿	0.1083	村民对现状的满意度	0.1083	0.1083
	给排水条件	0.1458	饮水条件满意度	0.6211	0.0906
			排水条件便捷度	0.3789	0.0552

续表

目标层	准则层		指标层		模糊层次分析法综合权重
	内容	权重	内容	权重	
生态用地适宜性综合指数	地形条件	0.2254	高程	0.3207	0.0723
			坡度	0.4506	0.1016
			坡向	0.2287	0.0515
	生物资源条件	0.1653	生物丰富度	1	0.1653
	人为干扰条件	0.1228	交通线影响程度	0.4257	0.0523
			农村居民点影响程度	0.5743	0.0705
	水资源条件	0.2859	距离水源的距离	0.3592	0.1027
			灌溉水源	0.3287	0.0940
			排水条件	0.3121	0.0892
	土壤条件	0.2006	有效土层厚度	0.5286	0.1060
			表层土壤质地	0.4714	0.0946

（1）生产用地适宜性评价因子的选取

在国民经济和社会发展中，农用地具有重要的作用和地位，其中耕地利用的变化将对包括粮食安全和社会保障在内的重大民生问题产生不容忽视的影响。精确了解和掌握农用地的数量、质量和动态变化情况，进行农用地适宜性评价具有重要价值。研究表明，气候、土壤、植被、水等自然资源条件和区位、交通、基础设施、土地利用状况等社会经济条件等（金涛，2006）是耕地适宜性的重要影响因素，因此目前常见的生产用地适宜性评价指标体系也是从这几方面建立的，评价主要考虑土地第一性生产力及影响土地第一性生产力的各个因子，评价目的是为农业生产服务，以提高土地生物产量，并保护农业生态（史同广等，2007）。基于空间性、因地制宜性、综合性和可操作性的基本原则，从土壤条件、地形条件、排水灌溉条件和经济因素四个维度选取 12 个因子建构生产用地适宜性评价指标体系。

土壤条件：农业生产活动最重要的空间载体是土壤，土壤条件的好坏直接决定农用地质量的高低。借鉴现有农用地分等定级的相关理论方法和实践经验，选取以下四个指标进行土壤条件评价，分别为表层土壤质地、土壤有机质含量、土壤盐渍化程度（soil salinization）和有效土层厚度。具体而言，表层土壤质地即是指可耕层土壤质地，包括砂土、壤土、黏土和砾质土，其类型不仅受到土壤本身自然条件即土壤质地类型和特点的影响，也受到多种人为因素如耕种、施肥、灌溉等的影响，表层土壤质地对土壤肥力影响很大（沈慧等，2000）。土壤有机质含量是指土壤中含碳有机化合物的多少，是反映土壤肥力特性的一个重要指标（卢艳丽等，2007），土壤有机质含量的高低直接影响土壤中营养物质的丰富程度，同时反映了土壤可为土壤微生物提供所需的氮源、碳源和能源等的丰富程度。土壤盐渍化程度反映了土壤表层中易溶盐的含量，盐渍化程度越高，表明土壤条件越差，越不利于农作物的生长。有效土层厚度等于能够使植物生长的土壤层和木质层的厚度之和，对农作物的质量和产量具有直接影响。

地形条件：主要选取坡度和坡向两个指标。其中，坡度是对地表单元陡缓程度的反映，是衡量地表地形条件的重要指标，是影响水土流失的重要因素，坡度对农作物的生长和产量、土壤肥力的维持具有重要影响。坡向的定义是坡面法线在水平面上的投影方向，直接影响当地的日照时数、太阳辐射强度和土壤水分的再分布，决定地表作物的采光条件，对农业生产具有重要影响。

排水灌溉条件：主要选取灌溉水源、排水条件、灌溉保证率和灌溉时长四个指标。其中，灌溉水源主要来自深层地下水和附近地表水，充足优质的水源直接影响灌溉质量。排水条件对农作物的生长和产量具有重要影响，如在旱作区良好的排水条件对抵抗夏季极端暴雨天气的侵袭具有重要作用，从而降低农作物的受灾程度，保证农作物的产量。灌溉保证率的高低直接影响着农户对种植农作物品种的选择。灌溉时长是衡量灌溉效率与质量的重要指标。

经济因素：主要选取产量-成本指数和土地利用率两个指标。产量-成本指数反映生产各种产品的单位成本水平的综合变动程度，是成本管理的一种有效工具，取决于作物种植的类型和农户的投入情况，该指数越高，代表农民的耕作积极性越高，反之则越低。土地利用率指已利用的土地面积与土地总面积之比，一般用百分数表示，可以用来反映土地利用程度。

（2）生活用地适宜性评价因子的选取

为了科学合理利用国土空间，立足于土地的自然属性和环境承载力，进行生活用地适宜性评价就显得十分必要。研判作为生活用地的适宜性，并剖析其作为生活用地的优势和制约条件，进而为建设用地的选择和布局提供指导，为促进人地协调发展和地域系统功能的可持续发展提供支撑。与城市相比，村庄生活用地的类型较为简单，立足于村民生活的实际情况，借鉴城市建设用地适宜性评价和建设用地分类的相关理论、技术和方法，构建符合村庄实际的评价指标体系。评价指标体系具体包括自然条件、社会经济条件、公共设施条件、建筑物指标、民众意愿和给排水条件等指标。

自然条件：从数据的可获得性、处理的难易程度出发，结合村庄的发展建设实际，确定朝向、高程和坡度作为村庄生活用地自然条件适宜性评价的三大指标。其中，朝向对住宅的采光具有重要影响。高程对农村住宅区抵抗灾害的侵袭具有重要意义，如较高的地势对避免洪涝灾害的侵袭具有重要意义。坡度则对农村住宅区的排水和建设工程质量十分重要。

社会经济条件：对社会经济条件的评价，主要从空气污染程度、噪声影响程度和人均建设用地面积三个方面展开。其中，空气污染程度和噪声影响程度直接反映了农村居民的居住环境质量，空气污染程度低，噪声影响程度小，则居民的居住环境质量较好，反之亦然。人均建设用地面积的大小则反映了农村居民的生活水平和居住满意度。中华人民共和国成立以来，我国农村的人均建设用地呈现出不断增加的趋势。

公共设施条件：对公共设施条件的评价，主要从生活便利程度、公共设施完备程度、路网密度和对外交通便捷度等方面来进行测度。其中，生活便利程度反映了居民到达基础服务设施和公共服务设施的便利程度，通过到基础服务设施和公共服务设施的距离进行衡量。生活用地的适宜性受公共服务设施类型的影响较大，一般而言公共服务设施类型越丰富、越完备则表明该地区越适宜人口的规模集聚。路网密度是衡量地块公共设施条件的重要指标，路网密度越大则表明该地块的交通越便利，越有利于人们生活和开展各类活动，反之则不便。同理，对外交通的便捷度反映了人们远距离出行的便捷程度，人们不是孤立存在的，各种社会经济活动需要与外界取得广泛的联系，对外交通便捷的区位更容易吸引人们聚集。

建筑物指标：对建筑物的测度，主要从建筑物质量和建筑密度（building density）两个维度进行。其中，建筑物质量的评价应坚持全面性和综合性原则，全面综合考虑房屋建筑结构、建筑年代和废弃与否进行评价。建筑密度是实际建筑占地面积与宅基地面积的比值，反映农村居民居住的舒适程度和居住环境品质。在此需要说明的是，因农村建筑容积率往往远小于1，并且差别不大，因此反映城市居住环境品质和开发强度的第一指标——容积率对农村来说，意义不大。

民众意愿：是进行农村生活用地适宜性评价的主观因素，反映了农村村民对现状的满意程度，彰显了评价结果的可行性和人本性，采用访谈和问卷调查等手段获取相应的评价数据。

给排水条件：给排水条件从饮水条件满意度和排水条件便捷度两个方面进行评价。

（3）生态用地适宜性评价因子的选取

早期的土地适宜性评价以促进农业发展为目标，通过资源调查主导对农用地的生态适宜性进行评价，主要研究成果包括《中国1：100万土地资源图》的土地资源评价系统、《黄淮海平原1：50万土地资源图》的土地资源评价系统等

(江浏光艳, 2009), 随后, 在全国范围内掀起了土地利用规划和耕地保护的浪潮, 伴随着人们的生态环保和可持续发展意识不断提高, 以土地资源的可持续发展为主要目标的土地生态适宜性评价成为研究的主要方向 (唐嘉平和刘钊, 2002)。土地生态适宜性影响因子通常包括地质地貌、土壤、水文条件等评价因子。本书在分析村庄地形地貌、水文、土地利用、交通、乡村聚集力、自然灾害、环境保护等诸多因素的基础上, 参考国内外相关文献研究和《开发区区域环境影响评价技术导则》(HJ/T131—2003) 与《关于印发〈生态县、生态市、生态省建设指标 (修订稿)〉的通知》(环发〔2007〕195 号) 等国内生态用地相关技术规范 (董家华等, 2006; 代磊等, 2006; Chen et al., 2010), 构建村庄生态用地适宜性评价指标体系, 具体指标包括地形、水资源、土壤、生物资源和人为干扰等。

地形条件: 对生态用地适宜性地形条件的评价, 主要从高程、坡度和坡向三个维度进行。高程对植物的生长类型和布局具有重要影响。坡度对土壤侵蚀和水土流失程度具有影响。坡向则更多的是影响日照时长和土壤水分分布。

生物资源条件: 结合《生态环境状况评价技术规范》(HJ 192—2015) 和村庄实际情况, 本书通过生物丰富度来衡量土地生态环境优劣程度, 该指标既可反映生物资源条件, 又可反映生物的多样性程度。

人为干扰条件: 人类活动对生态用地的适宜性具有重要影响, 交通线的选线定性和农村居民点的建设对村庄生态环境影响最为剧烈, 因此选取交通线和农村居民点的影响程度作为人为干扰的评价因子。其中, 交通线的影响主要是指汽车尾气和扬尘等对环境的影响。农村居民点的影响主要是指日常生活活动对生态环境造成的影响。

水资源条件: 主要包括距离水源的远近和灌溉水源、排水条件两个方面, 前者关系到水资源是否可被利用与利用成本, 后者关系到水资源的利用效率与排水效率。

土壤条件: 对土壤条件的评价, 主要从两个维度展开, 分别为有效土层厚度和表层土壤质地。这两项不仅极大地影响土壤养分的储存能力, 而且直接决定植物的生长类型和根系发育的程度, 对其进行评价能够充分全面判断土壤条件。

5.2.2 评价单元划分

开展土地适宜性评价工作时, 要求对评价对象进行评价单元的划分。遵照一定的规则将整体评价对象划分为基本空间单位——评价单元 (刘黎明, 2002), 这些评价单元既相对分散独立, 又存在内在逻辑联系。决定评价单元大小的因素众多，主要有研究区域的范围大小和研究区域内地形、地貌、生物多样性分布情况等因素。在诸多因素的影响下，不同的划分标准所包含的信息均不同，如何划分评价单元显得尤为重要。

目前土地适宜性评价单元的划分方法基本上可以概括为栅格法、地块法和叠加法三种方法（姜英超，2018；王繁等，2008；方彦，2009；彭瑶，2013；刘娟，2015；孙驰，2016）。

栅格法：将评价区域划分为大小相同、形状一致的多个栅格单元——评价单元。此方法通过点对点运算方式，在保持相对位置不变的条件下，实现了对栅格的加、减、乘、除运算。虽然此方法通过结合 GIS 空间分析技术直接对栅格进行计算分析，能够有效减轻人工工作量，使得计算更为高效精确，但其在评价单元划分上没有充分考虑实际因素，且栅格大小的选择也存在诸多问题，过大则差异性降低，过小则运算量增加。

地块法：研究者通过对评价对象实际信息的详细了解，依照一定划分规则对其进行评价单元划分。此方法一般运用于较小区域的评价单元划分，其要求研究者较为全面地了解评价区域内的地形、地貌、社会、经济等具体情况。此方法解决了单元划分导致地块边界被打破这一问题，使得评价结果更具针对性、指导性、操作性；但由于其要求研究者对地块要有非常高的熟悉度，人力条件的局限使得研究区域被限定在较小范围内，且无法保证研究人员能够全方位全要素地把控实际情况，会在一定程度上影响评价结果的科学合理性。

叠加法：同比例尺条件下对不同的要素图件进行叠加处理，在形成封闭图斑基础上对小面积图斑进行合并，最终得到评价单元。就土地适宜性评价而言，评价单元划分的具体方法根据使用底图的不同，评价单元大致包括土壤类型、土地类型单元和土地利用类型三种情况。此方法能在单一要素层面上保证评价单元划分的科学合理性，但在多要素影响层面上则无法兼顾全局。例如，以土地利用类型为划分依据时，虽然保证了每个评价单元的土地利用类型基本一致，但无法保证土壤类型一致。

通过对上述三种常见划分方法的综合考虑，在充分分析其优缺点的基础上，结合实际情况，针对不同类型用地提出针对性的空间划分方式。

生产用地适宜性评价与生活用地适宜性评价：建议使用地块法，并依据土地利用现状及道路交通情况，对研究区域进行评价单元划分。生产用地与生活用地作为承载居民日常生产生活的评价区域，使用地块法能够做到对其内部情况的充分了解；其一般呈现出集中连片的特点，使得研究区域相对集中聚集在较小范围内，具备使用地块法的基本条件，且使用地块法能够使得评价结果更具针对性、指导性、操作性。

生态用地适宜性评价：建议使用叠加法与栅格法相结合的方式对研究区域进行评价单元划分。首先，通过叠加法将与生态用地适宜性相关的要素（如土地利用现状、坡度、高程等）图件进行叠加，产生新的要素层；其次，使用栅格法将其栅格化，即可形成评价单元。生态用地区域范围一般较大，涉及影响因素众多，因而数据量巨大，通过将叠加法与栅格法结合，运用 ArcGIS 空间分析处理大量数据，能够有效评价多因素、大区域的生态用地适宜性。

5.2.3 指标权重确定

用于确定评价因子权重的方法主要有层次分析法（analytical hierarchy process，AHP）、德尔菲法（Delphi）、主成分分析法、灰色关联度分析法等。综合考虑各种权重确定方法的优劣，本书采用的是模糊层次分析方法（魏纲和周琰，2014）。模糊层次分析法及层次分析法是 20 世纪 70 年代美国运筹学 T. L. Saaty 教授提出的一种定性与定量相结合的系统分析方法。

将模糊数学与层次分析法的优势结合起来形成的模糊层次分析法，通过将人对事物的认知强弱程度用模糊数来表示，从而对层次分析法加以改进，扩展了其适用范围，以弥补层次分析法主观性强的缺陷。

模糊层次分析法的基本思想和步骤与层次分析法的步骤基本是一致的，其主要步骤如下。

（1）建立评价指标层次结构和构建判断矩阵

通过对需要决策问题的条理化、层次化处理，构建一个层次性强的模糊层次分析模型；同时，通过问卷调查方式咨询相关领域专家学者，采用 Saaty 标度法对各指标间的层次性做出判断（表 5-3），并据此构建判断矩阵 $\boldsymbol{A}_{m\times n}$。

表 5-3　判断矩阵标度及其含义

标度	含义
1	表示两个指标因素相比，同等重要
3	表示两个指标要素相比，前者比后者稍重要
5	表示两个指标要素相比，前者比后者明显重要
7	表示两个指标要素相比，前者比后者强烈重要
9	表示两个指标要素相比，前者比后者极端重要
2，4，6，8	表示上述相邻判断的中间值
倒数	若指标 m 与指标 n 的重要值为a_{mn}，则指标要素 n 与 m 重要性之比为 $1/a_{mn}$

（2）模糊化比较矩阵构造及一致性检验

根据式（5-1），计算一致性指标 C_I，

$$C_I = \frac{\lambda_{max} - n}{n-1} \tag{5-1}$$

结合平均随机一致性指标（表5-4），根据式（5-2），计算一致性比率 C_R：

$$C_R = \frac{C_I}{R_I} \tag{5-2}$$

当 $C_R<0.10$ 时，认为判断矩阵具有可以接受的一致性；当 $C_R \geqslant 0.10$ 时，需要调整和修正判断矩阵，使其满足 $C_R<0.10$，从而具有满意的一致性。

本书所采用的平均随机一致性指标见表5-4。

表5-4 平均随机一致性指标

矩阵阶数 n	1	2	3	4	5	6	7
C_I	0	0	0.58	0.90	1.12	1.24	1.32

用三角模糊数对层次分析法构造的比较判断矩阵 $\boldsymbol{A}_{m\times n}$ 进行模糊化处理。对层次分析法判断矩阵 $A_{m\times n}$ 中 Saaty 标度值用三角模糊数 $f=(1,m,u)$ 进行模糊化，即三角模糊数隶属度函数 $uf(x)$，计算方式如下：

$$uf(x)=\begin{cases}\dfrac{x-l}{m-l}, & x\in[l,m] \\ \dfrac{u-x}{u-l}, & x\in[m,l] \\ 0, & 其他\end{cases} \tag{5-3}$$

式中，m 是模糊数 f 的最可能值；l 和 u 是集合的左边界，超出这个边界后，元素对这个集合没有隶属关系。

构造模糊判断矩阵 $A_{m\times n}$ 的形式为

$$\overline{A_{m\times n}}=\begin{bmatrix}(a_{11l},\ a_{11m},\ a_{11u}) & (a_{12l},\ a_{12m},\ a_{12u}) & \cdots & (a_{1nl},\ a_{1nm},\ a_{1nu}) \\ (a_{21l},\ a_{21m},\ a_{21u}) & (a_{22l},\ a_{22m},\ a_{22u}) & \cdots & (a_{2nl},\ a_{2nm},\ a_{2nu}) \\ \vdots & \vdots & \vdots & \vdots \\ (a_{n1l},\ a_{n1m},\ a_{n1u}) & (a_{n2l},\ a_{n2m},\ a_{n2u}) & \cdots & (a_{mnl},\ a_{mnm},\ a_{mnu})\end{bmatrix} \tag{5-4}$$

(3) 模糊权重计算及模糊判断矩阵解模糊化

模糊权重采用和积分计算如下：

$$\omega_i = \frac{\sum_{j=1}^{n} a_j}{\sum_{i=1}^{m} \sum_{j=1}^{n} \overline{a_{ij}}},\ i=1,\ 2,\ 3,\ \cdots,\ m;\ j=1,\ 2,\ 3,\ \cdots,\ n \tag{5-5}$$

式中，$\overline{a_{ij}}$为 $A_{m\times n}$的第 i 行第 j 列的三角模糊数。

权重 ω 的形式如下：

$$\omega = [(\omega_{1l},\omega_{1m},\omega_{1u}),(\omega_{2l},\omega_{2m},\omega_{2u}),\cdots,(\omega_{nl},\omega_{nm},\omega_{nu})]^{\mathrm{T}} \tag{5-6}$$

一般可通过 α-截集-积分法、可能度法、平均值法及 α-截集-乐观指数 λ 法对模糊判断矩阵进行模糊化处理（Li et al.，2009）。本书采用的判断矩阵模糊化方法是可能度法。其具体过程如下：$M_1(l_1,m_1,u_1)$和$M_2(l_2,m_2,u_2)$是三角模糊数，$M_1\geqslant M_2$的可能度 $v(M_1\geqslant M_2)$用三角模糊函数计算公式为

$$v(M_1\geqslant M_2)=\left\{\begin{matrix} 1 \\ \\ \dfrac{l_2-u_1}{(m_1-u_1)-(m_2-l_2)},m_1\leqslant m_2,u_1\geqslant l_2 \\ \\ 0 \end{matrix}\right\} \tag{5-7}$$

$$v(M\geqslant M_1,M_2,\cdots,M_k)=\min v(M\geqslant M_i),i=1,2,\cdots,k \tag{5-8}$$

再根据式（5-8）得到排序向量 $w'a$，归一化得到 k 层指标 A_i权重 w。

由于一级指标层也是采用模糊层次分析来计算权重，故将二者的权重相乘即可得到指标 A_i的总权重，然后对权重进行归一化处理，即可得到各评价指标权重值。

有关指标权重的确定，主要通过对多位资深土地研究专家进行咨询，得到多组具有主观性的权重数据，并以重要性标度为参照对其进行两两对比后得到多个判断矩阵。对经一致性检验合格后的判断矩阵使用三角模糊数进行模糊化处理，将其结果按照式（5-3）进行计算得到权重，并利用可能度法对模糊矩阵解模糊化，最后得到指标权重（表 5-2）。

5.2.4 评价标准分级

在分析实际调研数据的基础上，查阅相关技术规程、咨询专家、访问科技人员和农户，对前人经验（刘耀林和焦利民，2008）进行总结，并根据实际划分情况进行调整，最终形成包括生产用地适宜性评价指数、生态用地适宜性评价指

数、生活用地适宜性评价指数在内的共计 3 个目标层、15 个准则层和 38 个指标层的用地适宜性评价体系。通过对不同指标因子进行等级划分，并赋予相应的分值，得到村庄用地适宜性评价指标等级划分及赋分情况（表 5-5）。

表 5-5　村庄用地适宜性评价指标等级划分及赋值情况

目标层	准则层	指标层	一级	二级	三级	四级
生产用地适宜性综合指数	土壤条件	表层土壤质地	黏土	壤土	砂土	砾石
			100	80	50	20
		土壤有机质含量	>2.0	1.0~2.0	0.6~1.0	<0.6
			100	85	60	40
		有效土层厚度	>100cm	60~100cm	30~60cm	<30cm
			100	80	60	30
		土壤盐渍化程度	<0.2%	0.2%~0.4%	0.4%~0.6%	≥0.6%
			100	80	60	30
	地形条件	坡度	<8°	8°~15°	15°~25°	>25°
			100	70	50	20
		坡向（正北方向为 0°，顺时针）	150°~210°	120°~150°、210°~240°	90°~120°、240°~270°	0°~90°、270°~360°
			100	80	50	20
	排水灌溉条件	灌溉水源	自来水	自来水+井水	井水	无法灌溉
			100	80	60	20
		排水条件	好	较好	一般	差
			100	80	60	20
		灌溉保证率	有保障	尚能保障	保障程度一般	保障程度差
			100	80	60	20
		灌溉时长	<1h	1~2h	2h	无法灌溉
			100	80	60	20
	经济因素	产量-成本指数	高	高中	中	低
			100	80	60	20
		土地利用率	高	高中	中	低
			100	80	60	20

续表

目标层	准则层	指标层	一级	二级	三级	四级
生活用地适宜性综合指数	自然条件	朝向	南、西南和东南	西、东	北、西北和东北	杂乱
			100	75	50	25
		高程	605～620m	675～697m	592～605m	620～675m
			100	80	60	40
		坡度	0°～8°	8°～15°	15°～25°	>25°
			100	80	60	25
	社会经济条件	空气污染程度	>500m	300～500m	150～300m	<150m
			100	70	50	20
		噪声影响程度	>500m	300～500m	100～300m	<100m
			100	80	50	25
		人均建设用地面积	>150m^{2}或<125m^2	140～150m^2	135～140m^2	125～135m^2
			100	80	50	20
	公共设施条件	生活便利程度	<500m	500～800m	800～1000m	>1000m
			100	80	60	40
		公共设施完备程度	好	较好	一般	差
			<300m	300～800m	800～1000m	>1000m
		路网密度	密集	密集	一般密集	不密集
			100	80	60	20
		对外交通便捷度	便捷	较便捷	一般便捷	不便捷
			100	80	60	20
	建筑物指标	建筑物质量	一类建筑	二类建筑	三类建筑	废弃建筑
			100	80	60	20
		建筑密度	高	高中	中	低
			100	80	60	20
	民众意愿	村民对现状的满意度	满意	较满意	一般满意	不满意
			100	80	60	20
	饮水排水条件	饮水条件满意度	满意	较满意	一般满意	不满意
			100	80	60	20
		排水条件满意度	好	较好	一般	差
			100	80	60	20

续表

目标层	准则层	指标层	一级	二级	三级	四级
生态用地适宜性综合指数	地形条件	高程	620～675m	592～605m	675～697m	605～620m
			100	80	60	40
		坡度	0°～8°	8°～15°	15°～25°	>25°
			100	80	50	20
		坡向（正北方向为0°，顺时针）	150°～210°	120°～150°、210°～240°	90°～120°、240°～270°	0°～90°、270°～360°
			100	80	60	30
	生物资源条件	生物丰富度	>50%	30%～50%	15%～30%	<15%
			100	80	60	40
	人为干扰条件	交通线影响程度	>500m	300～500m	100～300m	<100m
			100	80	60	30
		农村居民点影响程度	>500m	300～500m	100～300m	<100m
			100	80	60	30
	资源条件	距离水源的距离	>1000m	800～1000m	300～800m	<300m
			100	80	60	30
		灌溉水源	自来水	自来水+井水	井水	无法灌溉
			100	80	60	20
		排水条件	好	较好	一般	差
			100	80	60	20
	土壤条件	有效土层厚度	>100cm	60～100cm	30～60cm	<30cm
			100	80	60	30
		表层土壤质地	黏土	壤土	砂土	砾石
			100	80	50	20

注：表中20～100表示相应评价等级对应得分

需要说明的是，表层土壤质地根据1978年全国土壤普查办公室制定的中国土壤质地试行分类、《农用地质量分等规程》（GBT 28407—2012）和《陕西省耕地质量评等定级技术规程》，结合案例的实际调研情况进行划分。

土壤有机质含量、土壤盐渍化程度、有效土层厚度、排水条件、产量-成本指数等指标参照《农用地质量分等规程》（GBT 28407—2012）进行划分。

坡度：参照《陕西省耕地质量分等定级技术规程》、《土壤侵蚀分类分级标准》（SL190—2007）《城市用地竖向规划规范》（CJJ83—2016）和《城市规划原理》（第四版）进行划分。

坡向：以正北方向为0°，顺时针旋转进行计算。

空气污染程度（污染源）、噪声影响程度（噪声声源）、生活便利程度（村内主要商业中心）、公共设施完备程度（村内主要公共服务设施）和农村居民点影响程度（村内居民点）：主要依据与最相关因素的距离远近进行分级。

灌溉水源、高程等：根据评价村庄的实际情况来进行调整。

灌溉保证率：根据评价村庄的实际情况来进行调整。其中，有保障包括水田、菜地和可随时灌溉的水浇地；尚能保障是指有良好的灌溉系统，在关键需水生长季节有灌溉保证的水浇地；保障程度一般是指一般有灌溉系统，但在大旱年不能保证灌溉的水浇地；保障程度差是指无灌溉条件，包括旱地与望天田。

灌溉时长：根据航拍所得沟渠数据，结合实际在田间地头的调研资料，利用GIS的路径计算方法，可计算出每一个地块的具体灌溉时长。

人均建设用地面积：参照《美丽乡村建设指南》(GB/T 32000—2015)、《城市居住区规划设计规范》(GB 50180—93)(2016版)、《镇规划标准》(GB 50188—2007）和《陕西省村庄规划编制技术规范》(DBJ61/T 109—2015）等相关技术规范进行划分。

路网密度：通过建成区内道路长度与建成区面积的比值表示。

对外交通便捷度：主要通过与村内主要交通干道距离的远近来衡量，一般情况下采用直线衰减法进行测算。

建筑物质量：参照《建筑工程施工质量评价标准范》(GB/T 50375—2016)、《城市规划原理》(第四版)、袁献伟和赵洪军（2010）的研究，按照建筑年代、建筑结构和是否废弃等因素进行划分。

生物丰富度：主要以《生态环境状况评价技术规范》(HJ 192—2015）为参考。

交通线影响程度：主要依据距离村内主要交通干线和穿越村域的省道国道的距离远近来判断。

5.2.5 综合评价模型

通过GIS平台对各因子赋予对应的分值，建立属性数据库，并按照综合评价值选择加权求和的方法，即用数学模型分别计算村庄土地适宜性的评价值。

$$E = \sum_{i=1}^{n} Q_i P_i \tag{5-9}$$

式中，E为第i个评价指标的分值；Q_i为第i个指标综合评价的结果值；P_i为第i个指标的权重；i为评价指标的数目。

参照《农用地质量分等规程》(GBT 28407—2012)，将生产用地适宜性评价结果分为四类：高度适宜、中度适宜、一般适宜和基本适宜；参照《城乡用地评定标准》(CJJ 132—2009)，将生活用地适宜性评价结果分为三类：高度适宜、中度适宜和低度适宜；参照《开发区区域环境影响评价技术导则》(HJ/T 131—2003)(生态适宜性划分为很适宜、适宜、基本适宜、不适宜开发四个级别）和“十一五”规划（国土空间划分为优化开发、重点开发、限制开发和禁止开发四个级别)，将生态用地适宜性评价结果划分为四类：高度适宜、中度适宜、一般适宜和基本适宜。在对其可视化之后即可得到生产、生活和生态用地适宜性分区评价图。

根据生产用地适宜性评价、生活用地适宜性评价和生态用地适宜性评价的结果来看，同一块土地可能会有既适合生产又适合生活这种情况产生，这时就需要根据土地的现有用途、土地用途变更的难易程度和未来的土地发展需求对每块土地的用途进行逐一论证，进而在土地利用规划中科学合理地划定土地利用功能分区，并制定相应的管制措施。

5.3 空间管控边界划定与空间优化

5.3.1 划定办法流程

土地利用规划和城乡规划（简称“两规”）都是以村庄空间为操作对象，然而两者的规划目标、目的、任务和体系之间的差异，造成“两规”之间存在着较大的矛盾和现实冲突，导致规划对空间的管控力度减弱，造成空间的无序发展。因此，在进行村级土地利用规划的过程中，综合考虑“两规”的基本情况，构建基于“多规合一”的村庄空间管控的技术方法体系，具体步骤如下(图5-1)。

首先，以现状分析为导向，开展用地评价。通过对村庄地形地貌、水文气象、自然生态、人文历史、社会发展和经济建设等现状资料的收集与整理，进行“三生”空间用地适宜性评价，对村庄用地进行整体评估和划分，基本明晰“三生”空间的适宜保护与开发区域。其次，以发展目标为导向，核定发展指标。结合村庄的发展诉求，在对村庄资源环境承载力、人口增长率、城镇化发展潜力和区域发展的宏观政策等分析的基础上，综合确定村庄未来发展的合理人口规模及用地规模。再次，以发展问题为导向，协调冲突图斑。结合土地利用规划中的土地发展目标与土地用地布局，以及村庄建设规划中的村庄用地规模与村庄用地布局，通过多规协同，对比差异图斑，建构“统一基础、多规协调、空间管控、一

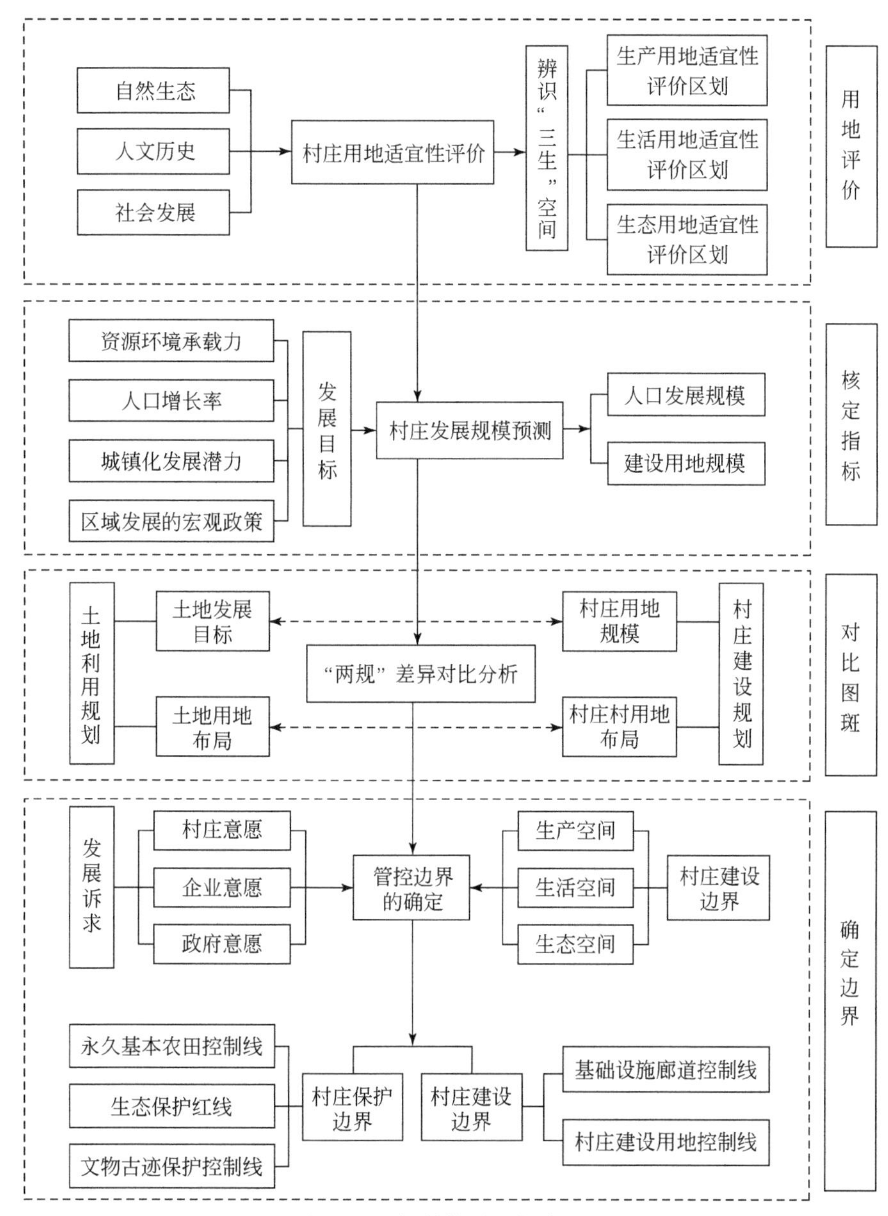

图 5-1　空间管控边界划定流程

张蓝图”的编制思路。最后，以实际操作为导向，确定管控边界。结合企业、村庄、政府等的发展意愿诉求，落实上位国土空间规划中关于“三生”空间的各项控制性指标，明确村庄保护边界与村庄建设边界，进而制定相应的管控措施。

为了实现“两规”的协调，便于村级土地的管控，促进村级土地的可持续发展，对村域空间的管控边界进行统一，主要包括村庄保护边界和村庄建设边界的划定。其中，村庄保护边界是为促进村域可持续发展，而对某些区域进行刚性控制线的划定，这些区域主要包括生态敏感区、基本农田、文物古迹聚集区等，因而刚性控制线一般包括生态保护红线、永久基本农田控制线和文物古迹保护控制线等。生态保护红线是对重点生态功能区、生态敏感区和脆弱区进行严格管控的边界。永久基本农田控制线是不得随意调整和占用的永久基本农田的控制边界线。文物古迹保护控制线是为保护文物本体和周边环境历史信息的真实性和完整性而划定。

村庄建设边界的划定以村庄的社会经济发展为基础，立足于村庄基础条件和对发展趋势的判断，通过研判“两规”的差异冲突，进行实地调研、座谈沟通等，对“两规”进行协调，本着集约节约利用土地的原则，综合划定村庄建设边界。村庄建设包括居民点建设、基础设施建设等内容，因此村庄建设边界包括村庄建设用地控制线和基础设施廊道控制线。村庄建设用地控制线是村庄居民点建设不可逾越的界线，是有限的土地资源得以可持续利用与发展的基础线。基础设施廊道控制线的划定应遵循国家相关法律、法规、规范和标准的要求进行划定，以保障各类基础设施布局合理，便于维护和管理。基础设施廊道是规划过程中用于基础设施布局的管廊带，旨在便于基础设施的统一管理和线位安排。

空间管控边界的划定是“基数统一、地类统一、指标统一”的村级国土空间规划体系新框架的基础，是“多规合一”实用性村庄规划的理论核心。国土空间规划下的空间管控边界的划定，以生态优先、强化管控为重点，通过土地用途管制、生态修复与综合整治、人居环境提升等，有利于提升土地节约集约利用，有利于生产空间集约高效、生活空间宜居适度、生态空间山清水秀的美丽乡村的建设；国土空间规划下的空间管控边界的划定，以国土空间为载体，严守生态保护红线、永久基本农田保护红线、文物古迹保护紫线，统筹产业发展、居民点建设、生态保护等各类用地，科学合理地有序利用村庄土地。

5.3.2 “三生”空间优化

目前农村地区社会经济形势的原有空间载体难以适应和满足当前快速城镇化和工业化下的生产、生活和生态需求（于辰等，2015）。20 世纪 90 年代以来，中国城市化快速发展，乡村人口以年均 1000 多万的规模涌入城市，成为城市化的主要方式（卢向虎等，2006）。城市化进程中，城镇化与工业化相互耦合交织，生产要素在系统中快速流动，系统结构性失衡的问题无法避免，出现了如农村空心化加剧、土地利用率低下、耕地地块细碎化及土地撂荒等问题。针对这些问题，通过对生产用地、生活用地及生态用地的合理优化调整，以期引导“三生”空间土地整合重构，实现各空间的平衡发展（徐斌等，2018；孙瑞桃和李庆雷，2018；黄金川等，2017）。

（1）生产空间的优化

改革开放以来，合理利用土地，保护耕地逐步成为我国的基本国策。2017年《中共中央 国务院关于加强耕地保护和改进占补平衡的意见》（中发〔2017〕4号）中重申“已经确定的耕地红线绝不能突破，已经划定的城市周边永久基本农田不能随便占用”，实现耕地总量不减少、质量更优、生态更好，从数量、质量、生态“三管齐下”进行耕地保护（董祚继，2017）。在粮食安全、耕地“红线”等刚性约束条件（孔静静和魏建新，2014）的作用下，生产空间用地优化主要包括耕地整理、闲置土地开发、废弃园地和工矿用地复垦等农业生产用地优化（赵华甫等，2008），以有效解决耕地地块过于细碎（熊昌盛等，2015）、农田灌溉等水利基础设施严重缺乏、土地利用效率低下等问题。同时，在实现基本农田集中连片规模化集中建设的基础之上，应积极将农业用地生态优化纳入治理范畴，实现农村生产空间和生态空间之间的整合优化（于辰等，2015）。基于此，生产空间优化的基本思路是：在保护永久基本农田的前提下，加快转变农业发展方式，优化农业用地生产布局，促进村庄农业用地结构转型升级，实现农村空间土地的高效利用及农村生产空间的高效集约重构。

首先，划定永久基本农田保护范围，做好永久基本农田保护规划。永久基本农田保护规划是土地利用总体规划中的重要内容。现行永久基本农田的划定以土地利用总体规划为基础，经用地分析后将生态保护条件较差、土地生态脆弱、已受污染或位于污染源附近、水利等基础设施条件较差的基本农田调出，使划定的永久基本农田与生态建设目标相一致。根据《基本农田划定技术规程》（TD/T 1032—2011）中的相关要求，对坡度大于25°且未采取水土保持相关措施、自然灾害易发区域的耕地，因生产建设和自然灾害毁坏而不能复耕的耕地，缺乏灌溉水的耕地，工业和重金属污染的耕地严禁划定为基本农田。从严审批建设项目，加强能源、水利等重大建设项目的管理，从源头上控制建设占用优质耕地，坚决落实已经划定的永久基本农田绝不能随便占用，缓解建设发展和耕地保护之间的矛盾。在划定基本农田时，应对城市区域功能、产业定位、发展方向及城市重大项目、交通、基础设施建设的需要进行综合考虑（闫志明等，2016）；注重区域生态环境保护，加强生态空间管制，促进耕地保护和生态功能相结合。

其次，加强土地整治，优化产业结构，使农业生态经济效益最大化。通过土地治理及土地用途规划等土地资源工程技术方法，按照“土地用途与用地分析结果相对应”的原则，解决当前村庄土地利用结构不够优化，农业土地利用规模不经济等问题，充分发挥各驱动效应比较优势，优化农业用地生产布局。在对农业生产区域功能规划宏观调控方面，根据资源禀赋、区位条件，积极支持和鼓励农业产销区以经济利益为纽带，以市场为导向，有计划地实施退牧还草，退耕还林、还草等工程，结合实际发展情况，优化生产用地结构。包括严格落实应退耕、退牧、封育的地区，加大饲草、饲料基地的建设，满足快速发展的畜牧业需要；通过实施土地整治，调整农地利用结构，归并零散地块，从而增加有效耕地面积，优化土地质量，提升土地利用效率及产出率，使土地质量与社会经济发展相适应。通过土地利用规划对各类空间用地进行合理安排，对建设用地规模及占用耕地规模进行重点把控，最终形成合理的土地利用结构。

最后，在土地资源管理的政策制度层面及生产要素优化模式层面进行创新及优化。在保留承包权、转让使用权等方面对农民进行鼓励，对农民参与社会分工和产业协作进行引导，使规模经营形式多样化，促使土地向节约集约利用方向发展，对各类用地总量进行严格把控，提升村庄土地利用率（杨忍等，2016），使村庄生产空间集约高效发展。在进行农业生产过程中，应引导农村居民生产生活行为方式规范化，科学施用化肥和农药，采用环保技术减少农业生产过程中产生的化学污染，促进农业农村走上可持续发展的道路。

（2）生活空间的优化

农村空心化问题可谓是目前村庄生活用地空间优化中的首要问题。农村空心化在空间上表现为大量废弃、闲置的宅基地所引起的土地低效利用和村庄外围新建宅基地挤占有限的耕地资源之间的矛盾。闲置宅基地所引起的一系列负面效应严重影响了村庄的健康可持续发展。在快速城镇化发展的背景下，农村居民点用地持续增加，“一户多宅”现象非常严重，造成土地资源的严重浪费；村庄内部的空心性及其外部的广延性直接造成宅基地在空间上更大程度的分散，给公共基础设施建设带来极大困难；村内道路基本沿袭原来的道路系统，狭窄弯曲，进出艰难；村外新宅竞相抬高地基，使一些村内旧房成为雨后“蓄水池”；闲置宅基地打破了原有村庄相对集中、同族临近的居住空间格局，四世同堂、亲缘邻近、邻里和睦的关系逐步弱化，并影响到各种社会经济关系的重构。因此，通过宅基地空间整治，优化公共空间就成为村庄生活用地空间优化的重点内容，既可解决村庄生活空间日益萎缩和衰败问题，又可创建“以人为本”、宜居适度的美丽乡村。

一是加大对闲置宅基地的整治，治理空心村。改革开放以来，在城镇化浪潮的作用下，农村人口持续减少，大量的宅基地被不断废弃，再加上农村宅基地利用粗放，“一户多宅”现象屡见不鲜，村庄呈“摊大饼”式无限增长，致使宅基地闲置、废弃成为村庄发展建设过程中不可避免的一个问题。房屋乃至村子出现的“空心化”现象，不仅致使有限的土地资源闲置浪费（杨玉珍，2015），而且使农村宅基地的利用效率大大降低。在我国土地资源紧张稀缺、价格日益见长的背景下，农村宅基地的闲置与土地资源市场的旺盛需求之间形成了极大反差（李科蕾，2015）。可以看出，宅基地闲置废弃有两种基本情况：建新房不拆旧房造成闲置废弃，即“建新留旧型”；城镇化导致农村宅基地闲置废弃，即“迁出废弃型”。其中“建新留旧型”数量多，分布广，土地资源浪费问题最为突出，据统计，我国 2.4 亿亩①农村建设用地中，因建设新房而致使原有宅基地闲置的面积占 10%～15%（郭青霞和张前进，2001），达到 $1.6\times10^6 \sim 2.4\times10^6$ hm^2；经过十多年的发展后，这个数据会更大。究其原因，主要有原有住房交通不便，区位不佳；经济条件改善，居民对居住条件的要求提高；甚至有封建迷信的影响。“迁出废弃型”的直接原因是农村剩余劳动力的城镇化，据估计，今后 20 年，每年将有约 1.836×10^6 hm^2 农村居民用地因城市化受到影响甚至闲置（韩丽平，2016），这将使村庄空心化进一步加剧。

针对闲置、废弃宅基地的两种情况，根据农村地域的空间差异性和农村空心化的特征，采取差异化的土地整治方式。对“建新留旧型”，基于有偿自愿的原则，建立农村宅基地使用权退出补偿机制，此类宅基地归村集体经济组织所有（曾芳芳和朱朝枝，2013）。对其土地上附着的房屋，视其质量好坏酌情处理，其中质量较差的建议直接拆除，质量较好的可结合扶贫工作或者旅游民宿开展相应的活动。退出后的宅基地，或退宅还耕，或进行集中养殖，或建设休闲广场、公共停车场等公共活动空间，或建设图书馆、文化馆等休闲文化中心，亦可结合资源禀赋情况积极发展文化旅游。对“迁出废弃型”，受“落叶归根”、宗族观念等传统思想的影响，“城镇化的村民”大多不愿意放弃既有宅基地，即使在宅基地已不具备任何居住功能的前提下也是如此，并且 86% 的村民不同意宅基地流转（龙开胜等，2012）。针对该类情况，在整治过程中应充分考虑村民精神文化诉求及传统思想的影响，鼓励村民出租宅基地的使用权，闲置宅基地的出租不会损害集体经济组织对宅基地的所有权。传统农业地区的宅基地可能面临难以出租的尴尬，建议在保留使用权的基础上，由邻居代管积极发展庭院经济，或种植经济林果，或种植生态林木，或作为养殖小区等。

二是激活村庄公共空间，丰富村民精神文化生活。受城镇化的影响，祠堂、水井、古树、码头等悄然而逝，祭拜信仰、纳凉攀谈无处进行，村庄公共空间开始出现衰退迹象。在村庄公共空间的保护方面，公共空间分布的位置、形态尺度均应结合原生自然环境和社会环境进行布设，尽量减少对现状自然环境和村落空间机理的破坏，最大可能地保留村庄原始的空间体验，与本地自然环境相呼应

---

① 1 亩≈666.67m^2。

（薛颖等，2014），对承载“乡愁”记忆的代表村庄特征的标志物，如古树、古塔、祠堂等，若不能再投入使用，应对其进行就地保护，加强对村庄历史的传承，强化其归属感，同时，积极利用一些城市家具或小品丰富空间内涵，增强场所感。在村庄公共空间的传承方面，从整体出发结合地域文化特色协调村庄公共空间景观风貌，注重公共空间整体与村庄色彩、建设材质与当地建筑材质、空间尺度与村庄整体尺度相协调；同时，传统的营造技术是保证村庄公共空间地域特色的技术保障，如农村的青瓦，见证村庄的风风雨雨，勾勒出了村庄质朴且真实的空间肌理；并且，应对反映乡土特色的建筑形式、材料、装饰及营造形式等非物质文化遗产进行保留，避免采用城市审美意趣与空间形制来破坏村庄的地域特色。例如，西安上院村通过废旧公共建筑与开放空间再利用及公共空间界面重塑，构建村庄新景观，以此来体现村庄场所独特性，为居民提供接触机会和开展社会活动的契机，最终实现激活地块潜在社会功能的目的（袁洋子，2019）。

（3）生态空间的优化

村庄生态本底是区域景观安全格局的重要组成部分，也是美丽乡村可持续发展的重要内涵（王伟等，2015）。随着美丽乡村建设的推进和农村居民生产、生活观念的改变，人们对生活环境的要求越来越高，对人居环境的要求也在随之提升，不仅需要能体现经济、美学的景观环境，还需要具有人文特征内涵的生态型乡村景观，但是在市场经济的驱动下，村庄功能空间的不合理利用也会对生态环境造成严重影响。村庄原有的生态空间格局被肆意破坏，原本“原生态”的河湖水面环境不断地被粗暴地缩减、封堵甚至填埋，水质遭到不可逆的恶化，自然型的生态空间被割裂为大小不同的斑块，生态空间逐步呈现破碎化的状态（冯奔伟等，2015）。因此应将生态环境保护放在第一位，摸清生态本底，重建生态功能，优化村庄景观生态格局，构建绿水青山的村庄生态空间。

一是制定切实可行的保护方案。从村庄生态系统的特点出发，对划入生态红线内的永久基本农田和保护区进行保护并严格监管，维持村庄生态系统结构和功能的稳定。积极开展乡村地区的生态功能评价和生态功能区划，确定不同生态功能区生态资源的保护目标、保护策略和保护重点，既需要划定基本农田保护范围，又需要对重要的生态林地、湿地进行保护，进而采取积极而有效的管制措施，既可满足村庄生态系统可持续运转的基本要求，同时又能满足城乡建设发展的需要。将土地整理与景观生态规划有机结合，使环境、生态等因素融入土地整理的生产目标之中，并结合景观生态学的相关理论进行综合规划与设计，可构筑由斑块-廊道-基底组成的景观生态系统、以耕地为基质的网络化景观体系，农田斑块是耕地、牧地、草地等用地的复合体，生态廊道包含河流、输电线、生物迁徙廊道等相对集中的开敞空间（丁蕾和陈思南，2016），应着眼于整个村庄景观生态的合理布局。通过绿色通道的营建，构建村庄绿脉体系，连接散布于乡村的大小生态空间，同时在连结点增加开敞空间。保护景观生态的多样性，将进一步提升农村生态系统的稳定性。

二是提出卓有成效的保护措施。对当前我国乡村生态系统演化过程中出现的生态系统景观结构的剧烈变化和结构破坏、某些生态资源质量下降、生态系统不断退化的问题则要通过生态工程的方法进行生态恢复。从村庄自然环境、村民的行为与心理活动等各功能系统的作用机制结合入手，开展土地及环境综合治理，保护村庄生态系统的稳定，优化生产空间与生活空间，为村庄产业发展与村民生活提供良好的环境，构建青山绿水的生态空间，提高村庄生态系统的恢复能力并增强生态服务功能。同时，通过用地管控措施实现对不同用地建设开发的管制。参照主体功能区划和城市规划的做法，可将村庄生态划分为禁止建设区、限制建设区及适宜建设区。禁止建设区为基本农田、自然风貌区、生态通廊和水源保护地，严格控制禁止建设区，禁止一切非必要建设活动；限制建设区包括山体、丘陵、湖泊水系等生态敏感区（席建超等，2016），对建设开发活动进行必要的限制；适宜建设区为除禁止建设区和限制建设区以外的用地，根据村庄发展的需要，允许开发建设的区域。此外，通过大数据分析手段，建立“大数据+大生态”的生态空间利用与保护的实时动态管控系统。对村庄生态空间的发展脉络进行梳理，提取山、水、林、田、路等村庄空间的支撑要素进行保护、利用及重构，重塑村庄空间活力，构筑高识别度的、生态环境友好的乡村旅游空间意象，提升乡村旅游竞争力，同时结合大数据等空间分析技术（黄嘉颖和程功，2017），探索美丽乡村与生态环境保护的模式（黄金川等，2017），释放乡村“大生态”可持续利用的商业价值，推动乡村地区乡村旅游产业的融入，真正将青山绿水变为金山银山。

5.4 实证案例研究

5.4.1 研究区概况

岔口村地处陕西省渭南市富平县梅家坪镇西北部，东与铜川市新区相邻，南与庙沟村相接，西至石川河，北侧为铜川市耀州区，区位条件优越（图 4-8）。岔口村地貌多样，地形复杂，总体地势呈现出西北高、东南低的格局，海拔介于 596 ~ 692m，高程差达到 96m，北部河谷地带和中部台塬区的高程变化幅度较大，而村东、西部地势较为平坦，起伏变化较小。

通过实地踏勘走访、问卷调查和查阅相关统计资料、规划资料等，发现岔口村土地利用存在以下几个方面的问题：一是耕地面积不断减少，人地矛盾日益突出。岔口村濒临铜川市耀州区和铜川市新区，受城市发展和建设的影响，公路、铁路重要交通干线和产业园区的建设占用了岔口村大量的优质耕地资源。同时，在农村人口不断流失的情况下，农村住宅建设用地面积不降反增，从而加剧了优质耕地资源的流失。截至 2015 年年底，岔口村现有耕地面积为 193.37hm^2，人均耕地面积为 613.29m^2（0.92 亩），仅为 2015 年陕西省人均耕地面积（1.59 亩）的 57.9%，远低于全省的平均水平，人多地少的矛盾日益突出。二是耕地质量参差不齐，并且利用率偏低。岔口村属于黄土台塬区，地貌大体可分为黄土台塬区、丘陵沟壑区和川道区三部分，并且地形起伏较大，高程差近百米，由此造成耕地自然条件差异较大，但总体而言耕地的质量较高。通过调研发现：岔口村水浇地面积为 159.77hm^2，旱地面积为 33.6hm^2。从坡度上考虑，其中坡度在 25°以上的坡耕地面积约为 24.17hm^2，占耕地总面积的 12.5%。坡耕地生态基础较为脆弱，容易出现水土流失现象，并且岔口村处于石川河的源头，承担着保护水源地的艰巨任务，面临着严峻的退耕还林任务。另外，土地的权属复杂，导致耕地资源的利用粗放，整体的利用率偏低。三是农户住宅无序建设，空心村问题日益严重。农村缺乏有效规划和管理监督的半自发式土地利用方式，使得农村出现了住宅建设无序、空间布局零散、公共空间缺乏、人居环境质量偏低的问题。同时，近年来随着农村人口的不断减少，农村的建设用地面积不降反增。岔口村存在严重的住宅建设无序和空心村问题，闲置、废弃宅基地数量约占全村宅基地总量的 1/3，这些现象严重的制约岔口村的建设和发展。

5.4.2 用地评价

通过实地调研踏勘所获得的资料和当地的统计数据，将其处理后利用 ArcGIS 软件分别对岔口村三类用地评价指标中各个因子进行评价，随后在 ArcGIS 中分别对三类用地的因子评价结果进行叠加，确定三类用地的适宜性评价结果，并进行可视化表达。

（1）生产用地适宜性评价

以生产用地评价指标体系中各因子评价的结果为基础，利用 ArcGIS 空间分析平台，根据所确定的评价方法和模型对其进行叠加分析，得到岔口村生产用地适宜性评价结果（图 5-2）：总体上，生产用地的适宜性较高，并且呈现出“周高中低”的特征。岔口村生产用地适宜性综合评价指数为 40.67 ~ 89.02，平均为 75.58。其中岔口村生产用地适宜性评价中最高等级的高度适宜用地分布于岔口村的东西两翼，分别为西部的台塬和东部的石川河沿岸，而表现最差的区域则位于石川河和北部残塬区，其次则是岔口村中部的黄土台塬区。

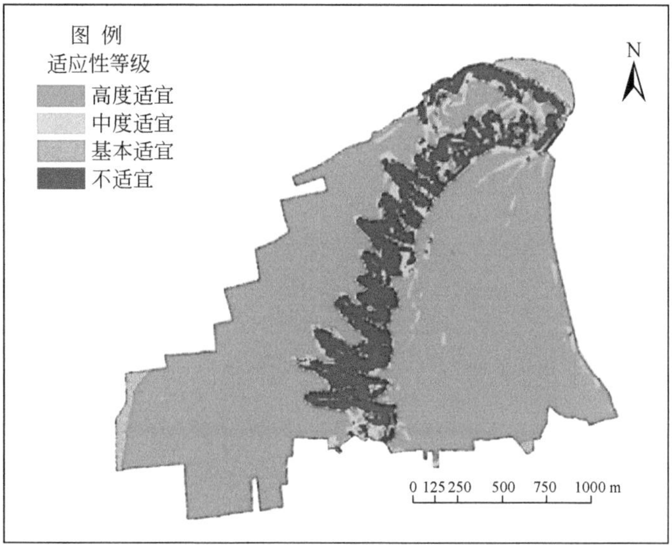

图 5-2 富平县岔口村生产用地适宜性评价示意图

（2）生活用地适宜性评价

以生活用地评价指标体系中各因子评价的结果为基础，利用 ArcGIS 空间分析平台，根据所确定的评价方法和模型对其进行叠加分析，得到岔口村生活用地适宜性评价结果（图 5-3）。总体上，生活用地的适宜性较高，并且呈现出 210 国道（G210）周边最高、中部黄土台塬区最低的格局。岔口村生活用地适宜性综合评价指数为 40.35 ~ 91.23，平均为 79.62。其中岔口村生活用地适宜性评价中最高等级的高度适宜用地分布于 210 国道附近的区域，其次是富耀路以东和石川河以西的地区，而表现最差的区域则位于中部台塬区、石川河和北部残塬区，其次则是岔口村中部的黄土台塬。

（3）生态用地适宜性评价

以生态用地评价指标体系中各因子评价的结果为基础，利用 ArcGIS 空间分析平台，根据所确定的评价方法和模型对其进行叠加分析，得到岔口村生态用地适宜性评价结果（图 5-4）：总体上，生态用地的适宜性良好，呈现出“中部高，两翼低”的空间分布特征。岔口村生态用地适宜性综合评价指数介于 50.23 ~ 86.87，平均为 72.53。其中，高度适宜用地为分布于中部的黄土台塬区、石川河和北部残塬区；富耀路以东和石川河以西的区域，表现为中度适宜；210 国道周边地区的生态用地适应性较差，表现为一般适宜；作为村民主要集聚区的黄土台塬东部地区的生态用地适宜性最差。

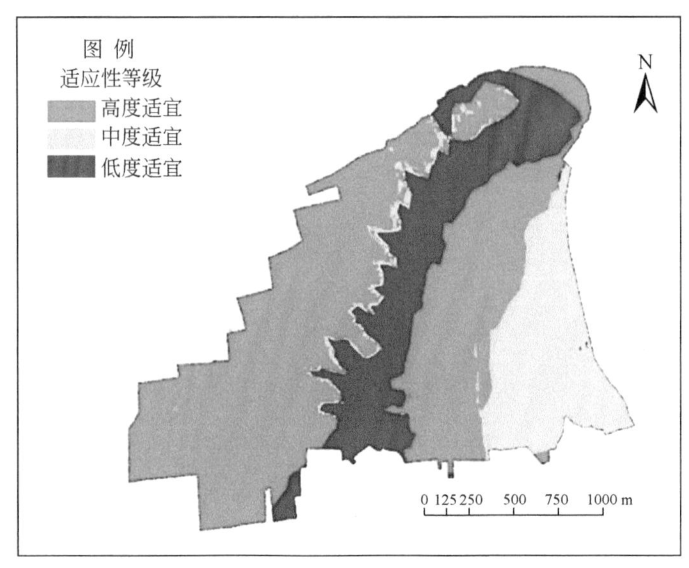

图 5-3　富平县岔口村生活用地适宜性评价示意图

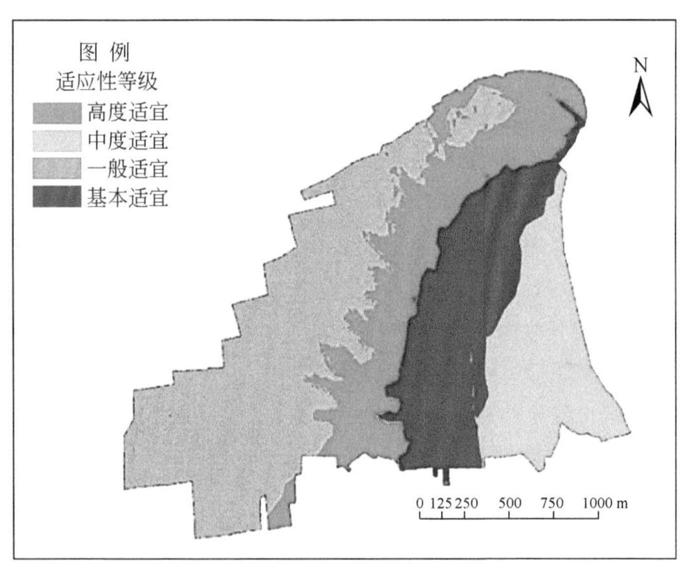

图 5-4　富平县岔口村生态用地适宜性评价示意图

（4）村域适宜性用地格局

基于岔口村生产用地适宜性评价、生活用地适宜性评价和生态用地适宜性评价结果及实际情况，确定岔口村村域适宜性用地格局（图 5-5）。从生产、生活、生态适宜性维度，将岔口村大致分成 6 个地块，分别为东部台塬 210 国道周边区域（地块1）、中部黄土台塬区（地块2）、村民主要聚集区（地块3）、富耀公路与石川河之间的区域（地块4）、北部残塬区（地块5）和石川河（地块6）。根据评价结果，生产用地选择应重点考虑东部台塬210国道周边区域（地块1）、富耀公路与石川河之间的区域（地块4），也可考虑在村民主要聚集区（地块3）布置污染和作业量不大的产业，不宜选择中部黄土台塬区（地块2）、北部残塬区（地块5）和石川河（地块6）；生活用地选择应重点考虑东部台塬210国道周边区域（地块1）、村民主要聚集区（地块3），也可考虑富耀公路与石川河之间的区域（地块4），不宜选择中部黄土台塬区（地块2）、北部残塬区（地块5）和石川河（地块6）；生态用地选择应重点考虑中部黄土台塬区（地块2）、北部残塬区（地块5）和石川河（地块6），也可考虑富耀公路与石川河之间的区域（地块4），不宜选择村民主要聚集区（地块3）。

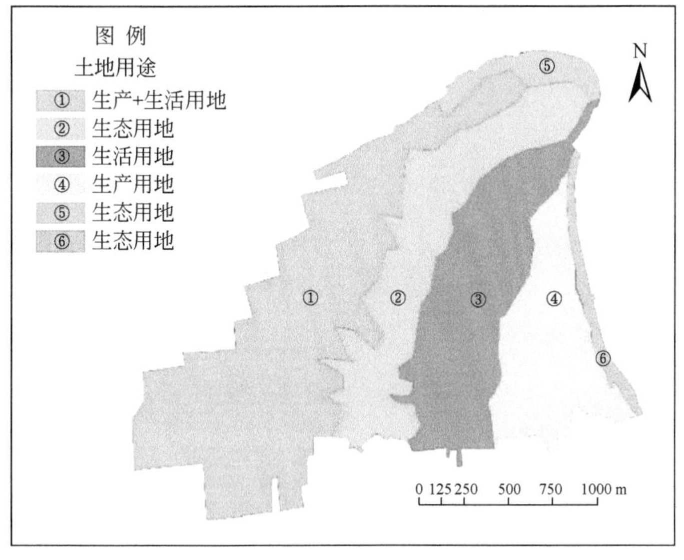

图 5-5 富平县岔口村 6 个地块最适宜用地布局示意图

5.4.3 核定指标

2015 年，岔口村现状人口为 3153 人，综合考虑岔口村的实际情况和人口迁移新建情况（《富平县梅家坪镇中心镇区总体规划（2013—2030）》将岔口村塬上部分规划为梅家坪中心镇区岔口社区），确定 2030 年岔口村人口规模为 4789 人，按 3 人/户计算，为 1596 户，根据渭南市富平县村庄人均建设指标的规定，规划户均用地面积介于 300 ~ 500m²，居民点建设用地面积约为 480hm²。

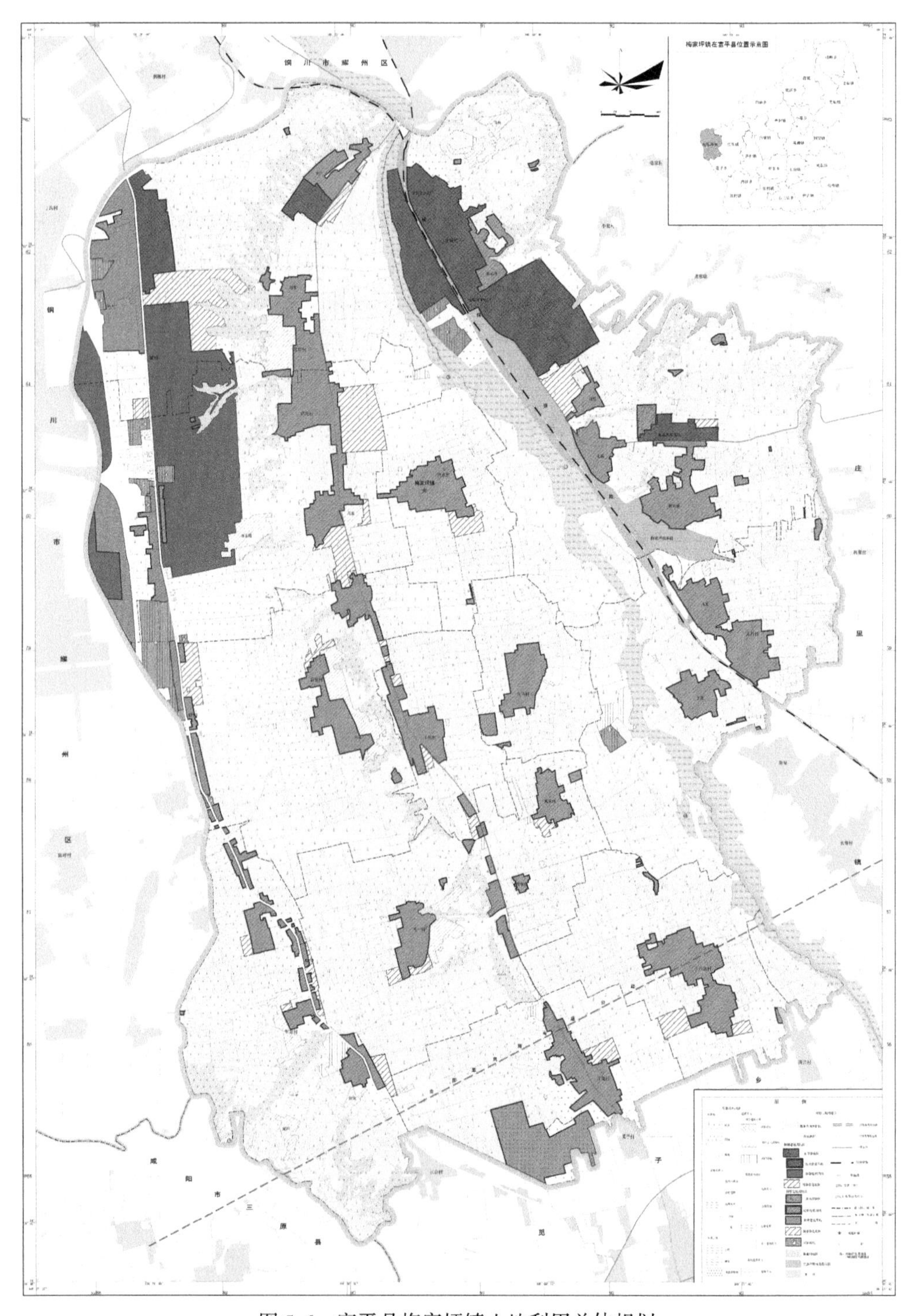

图 5-6　富平县梅家坪镇土地利用总体规划

图 5-7 富平县梅家坪镇域空间管制规划

5.4.4 对比图斑

以《富平县梅家坪镇土地利用总体规划（2006—2020年）》(图5-6）和《富平县梅家坪镇中心镇区总体规划（2013—2030年）》中的镇域空间管制规划(图5-7)作为岔口村土地利用规划和城乡规划的基本资料，基于ArcGIS空间分析平台分别将土地利用规划和城乡规划进行矢量化处理，从而对“两规”的差异和冲突进行分析。

从数量上看（表5-6)，土地利用规划与城乡规划存在较大差异，两者存在差异的斑块共有48个，差异总面积达到171.56hm²。其中，建设用地与其他用地的冲突是“两规”斑块冲突的主要类型，涉及斑块数为28个，占总数的58.3%，面积为107.98hm²，占总面积的62.9%；建设用地与基本农田、一般农用地和基础设施廊道的差异是其用地差异的主要类型，涉及的斑块数量分别为6个、9个、11个，分别占总数的12.5%、18.75%和22.92%。从空间分布上看(图5-8)，“两规”之间存在的差异斑块主要分布于岔口村东部和西部台塬，主要是生产、生活用地适宜性较高的区域。东部和西部台塬上涉及的差异斑块数量为32个，占总量的66.7%，面积为146.67hm²，占总面积的85.5%。

表5-6 富平县岔口村“两规”冲突斑块统计

冲突斑块编号	“两规”用地类型性质		面积（hm²）
	土地利用规划	城乡规划	
1	建设用地	基础设施廊道	5.29
2	一般农用地	建设用地	5.15
3	一般农用地	建设用地	11.10
4	道路	基础设施廊道	1.25
5	建设用地	基础设施廊道	0.95
6	建设用地	基础设施廊道	1.22
7	建设用地	基础设施廊道	4.59
8	一般农用地	基本农田	0.20
9	一般农用地	基础设施廊道	0.07
10	基本农田	建设用地	28.21
11	基本农田	基础设施廊道	7.20
12	一般农用地	基础设施廊道	0.50

续表

冲突斑块编号	“两规”用地类型性质		面积（hm^2）
	土地利用规划	城乡规划	
13	林地	基础设施廊道	3.96
14	一般农用地	基础设施廊道	0.02
15	建设用地	基本农田	2.72
16	基本农田	一般农用地	1.24
17	林地	基础设施廊道	0.41
18	建设用地	一般农用地	1.37
19	一般农用地	建设用地	1.61
20	建设用地	一般农用地	0.34
21	基本农田	基础设施廊道	3.28
22	建设用地	一般农用地	0.28
23	建设用地	基础设施廊道	2.03
24	一般农用地	基础设施廊道	1.41
25	建设用地	一般农用地	10.19
26	建设用地	一般农用地	0.64
27	建设用地	基础设施廊道	9.65
28	建设用地	基本农田	9.25
29	道路	基础设施廊道	0.43
30	基本农田	工业发展区	0.05
31	一般农用地	基本农田	0.23
32	一般农用地	生态涵养区	0.46
33	河流	基础设施廊道	2.43
34	铁路用地	生态涵养区	0.52
35	林地	建设用地	0.69
36	一般农用地	建设用地	0.80
37	建设用地	生态涵养区	1.30
38	林地	基础设施廊道	0.80
39	建设用地	基础设施廊道	2.19

续表

冲突斑块编号	“两规”用地类型性质		面积（hm²）
	土地利用规划	城乡规划	
40	建设用地	基础设施廊道	0.14
41	建设用地	基础设施廊道	0.19
42	建设用地	基础设施廊道	1.79
43	建设用地	基本农田	2.52
44	建设用地	基础设施廊道	0.99
45	建设用地	基本农田	2.46
46	一般农用地	基础设施廊道	0.29
47	基本农田	工业发展区	38.83
48	建设用地	基本农田	0.32
合计	—	—	171.56

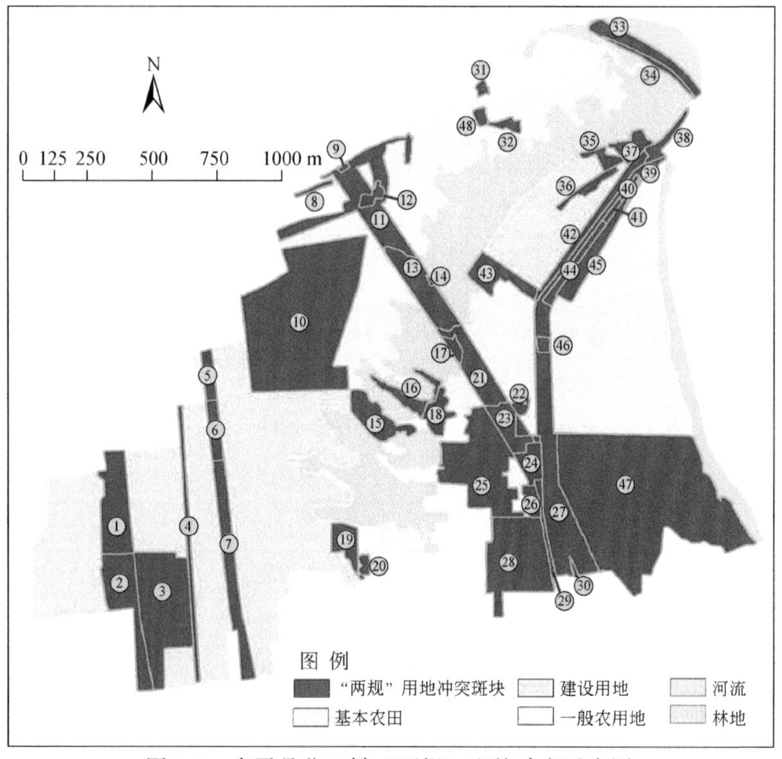

图 5-8　富平县岔口村“两规”斑块冲突示意图

图中数字为冲突斑块编号，参见表 5-6

综上可以看出，“两规”之间存在明显的差异和冲突，给村庄的发展、保护和管理带来了巨大的不便。因此，要促进村庄土地的可持续发展，必须进行“两规”的协调和统一。

5.4.5 确定边界

永久基本农田控制线的划定（图 5-9）：立足于土地利用总体规划和城镇总体规划中有关村域土地利用的规划成果，以岔口村生产、生活和生态用地适宜性评价为基本依据，将岔口村质量较好、产量较高、区位条件优越的耕地、园地划定为永久基本农田，并划定永久基本农田控制线，以保证区域粮食和生态安全。基本农田主要分布于岔口村的北部，面积约为 147.44hm^2，占岔口村总面积的 38.09%。

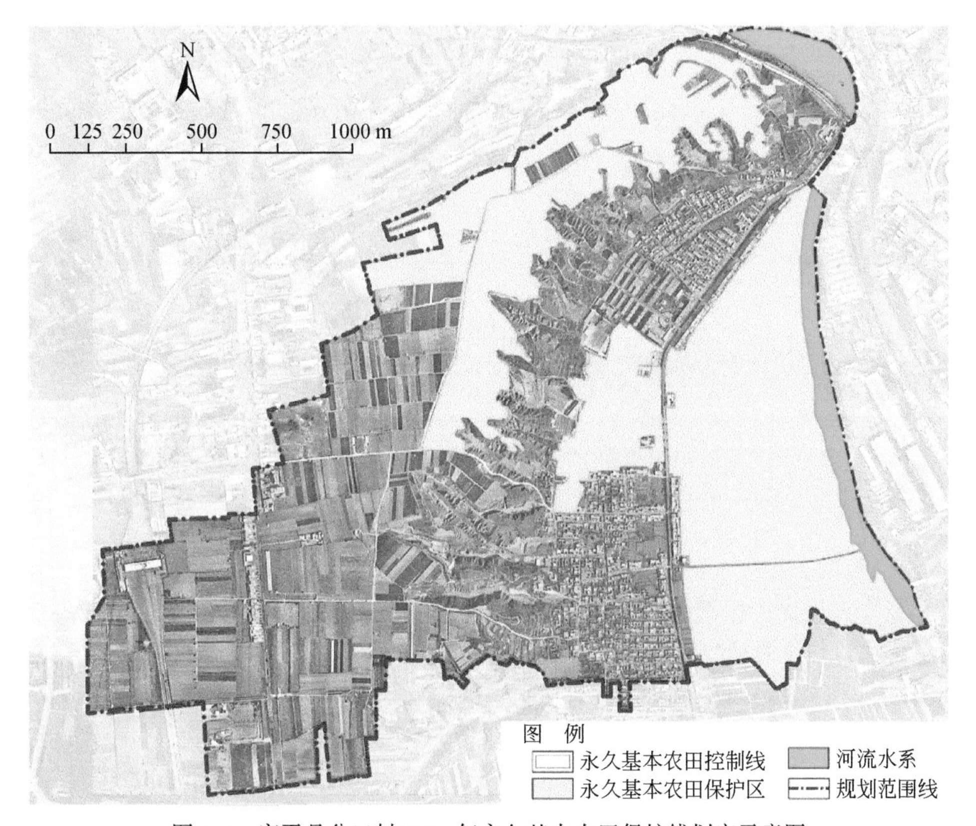

图 5-9　富平县岔口村 2030 年永久基本农田保护线划定示意图

生态保护红线的划定（图 5-10）：以现有规划成果为基础，以岔口村生产、生活和生态用地适宜性评价为基本依据，将岔口村具有水源涵养功能的石川河流域及北部残塬区和具有水土保持功能及其他功能的中部台塬区的林地等划定为生态保护空间，并划定生态保护红线，从而维持区域生态安全格局，保护生态系统功能，支撑社会经济的可持续发展。

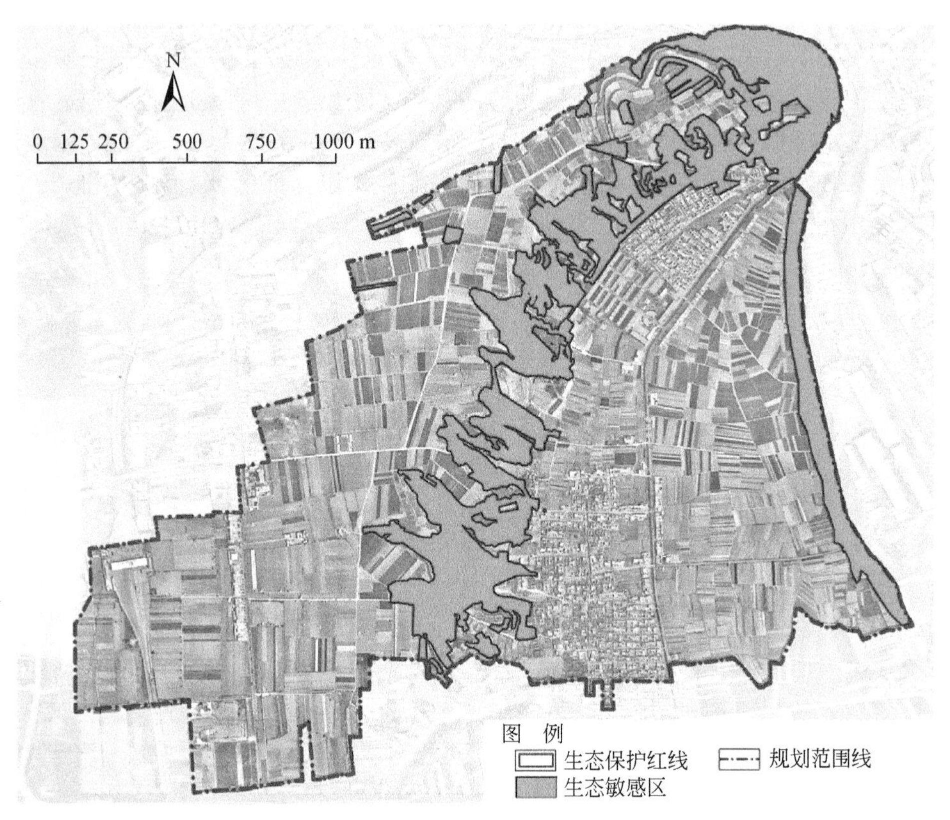

图 5-10　富平县岔口村 2030 年生态保护红线划定示意图

文物古迹保护控制线的划定（图 5-11）：富平县政府于 2011 年第 15 次常务会议将岔口村遗址确定为第四批富平县文物保护单位，主要包括米家窑红色交通站旧址、米家堡遗址和米赵庙遗址。为了对遗址进行保护并发挥其宣传教育作用，确定核心保护区的范围为东至 35KVQKS 07 电线杆 30m，西至沟沿，南至岔口村，北至梅铁 2 025 水泥电杆以北 200m，并确定核心区外围 30m 的建设控制地带，并据此划定文物古迹保护控制线。

图 5-11 富平县岔口村 2030 年文物古迹保护控制线划定示意图

村庄居民点建设用地控制线的划定（图 5-12）：通过对土地利用规划和城镇总体规划的差异和冲突进行深入研究与科学分析，并结合岔口村用地适宜性评价结果和刚性管控空间的划定结果，最终确定岔口村 2030 年村庄居民点建设边界。

基础设施廊道控制线的划定（图 5-13）：岔口村村域现有包茂高速、210 国道、西延铁路等大型基础设施，规划建设的铜川—富平城际高铁纵贯岔口村村域，此外村域内还有铜川收费站等设施。按照大型基础设施的类型和等级及相关规范标准的要求，划定基础设施廊道控制线。

根据岔口村用地适宜性评价、村庄刚性管控边界和村庄开发边界划定的结果，综合确定岔口村村级土地利用布局（图 5-14）。

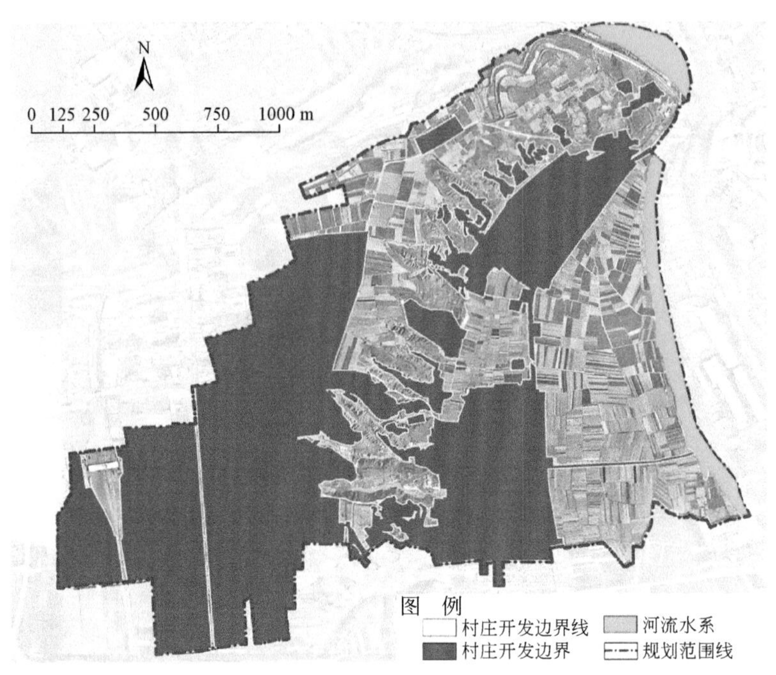

图 5-12　富平县岔口村 2030 年村庄居民点建设用地控制线划定示意图

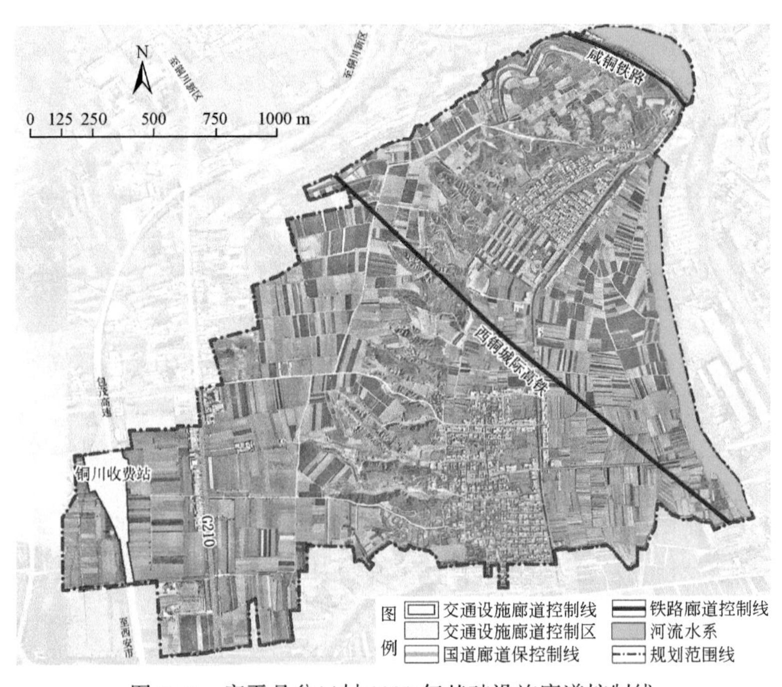

图 5-13　富平县岔口村 2030 年基础设施廊道控制线

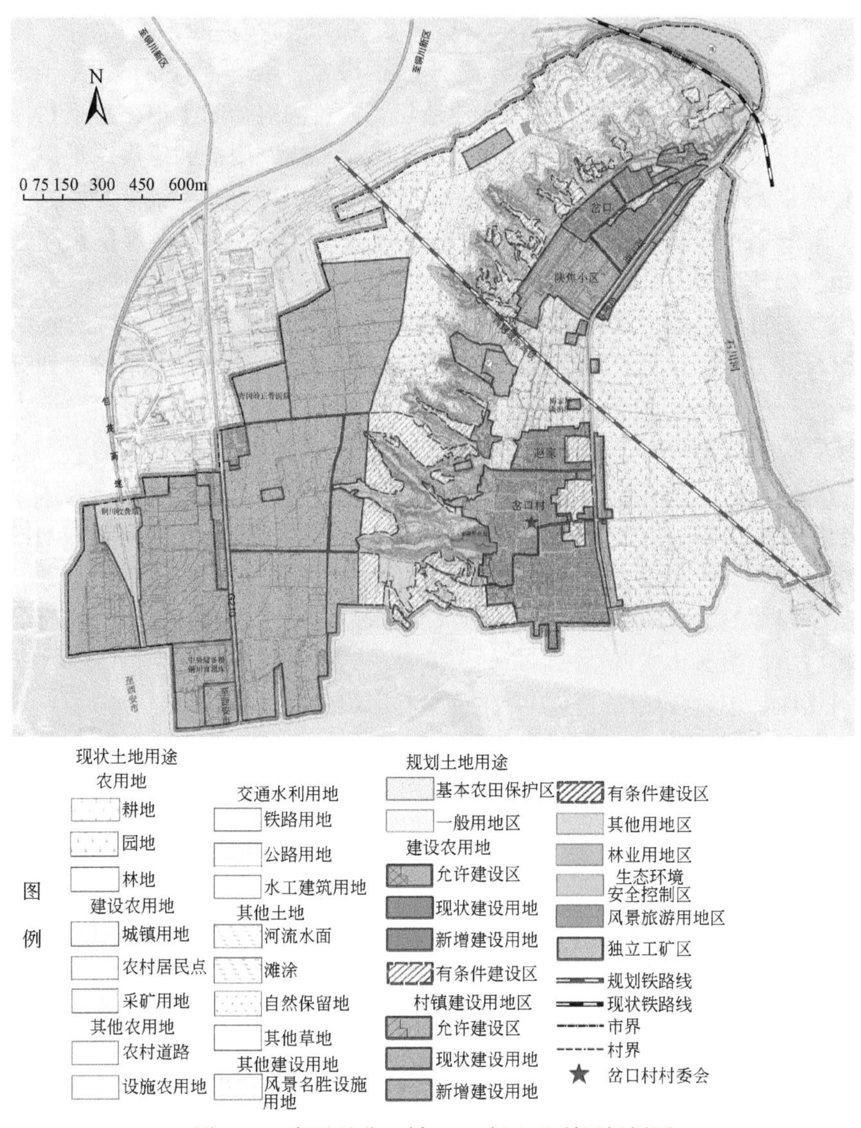

图 5-14　富平县岔口村 2030 年土地利用规划图

5.5 本章小结

1）通过对现行土地利用分类标准的系统梳理，立足于综合性、主导因素、因地制宜性和精简协调的原则，将村级土地划分为 3 个一级类、10 个二级类和 19 个三级类，作为“多规合一”的实用性村庄规划编制的基础。一级类包括农用地、建设用地和生态用地，基本对应村庄的“三生”空间用地情况。其中，农用地指直接用于农业生产的土地类型，包括耕地、园地、商品林、草地、其他农用地5个二级类用地；建设用地指建造建筑物、构筑物的土地，包括村庄建设用地和非村庄建设用地2个二级类用地；生态用地指农用地和建设用地以外的土地，包括生态林、水域和自然保留地3个二级类用地。

2）空间管控边界的划定遵循“用地适宜性评价—村庄发展规模预测—“两规”差异对比分析—管控边界划定”的基本步骤。首先，通过对村庄地形地貌、水文气象、自然生态、人文历史、社会发展和经济建设等现状资料的收集与整理，进行“三生”空间用地适宜性评价，对村庄用地进行整体评估和划分，基本明晰“三生”空间的适宜保护与开发区域。其次，结合村庄的发展诉求，在对村庄资源环境承载力、人口增长率、城镇化发展潜力及区域发展的宏观政策等分析的基础上，综合确定村庄未来发展的合理人口规模及用地规模。再次，结合土地利用规划中的土地发展目标与土地用地布局，以及村庄建设规划中的村庄用地规模与村庄用地布局，通过多规协同，对比差异图斑，建构“统一基础、多规协调、空间管控、一张蓝图”的编制思路。最后，结合企业、村庄、政府等的发展意愿诉求，落实上位国土空间规划中关于“三生”空间的各项控制性指标，明确村庄保护边界与村庄建设边界，进而制定相应的管控措施。

3）立足于村庄用地适宜性评价和空间管控边界的划定结果，提出村庄“三生”空间的优化策略。村庄生产空间的优化应在保护永久基本农田的前提下，加快转变农业发展方式，优化农业用地生产布局，促进村庄农业用地结构转型升级，实现农村空间土地的高效利用及农村生产空间的高效集约重构。村庄生活空间的优化应以治理农村闲置宅基地、治理空心村问题为重点，同时不断激活村庄的公共空间的活力，丰富村民的精神文化生活。村庄生态空间的优化应在摸清生态本底的基础上，通过制定切实可行的保护方案和提出卓有成效的保护措施，重建生态功能，优化村庄景观生态格局。

参考文献

代磊，汪诚文，刘仁志 . 2006. 宁波市土地生态适宜性评价分析［J］. 环境保护，（24）：40-42.

丁蕾，陈思南 . 2016. 基于美丽乡村建设的乡村生态规划设计思考［J］. 江苏城市规划，（10）：32-37.

董家华，包存宽，黄鹤，等 . 2006. 土地生态适宜性分析在城市规划环境影响评价中的应用［J］. 长江流域资源与环境，15（6）：698-702.

董祚继 . 2017. 新时期耕地保护的总方略［J］. 中国土地，（2）：8-11.

方彦 . 2009. 棕地再开发适宜性评价研究——以无锡市原惠山农药厂为例［D］. 南京：南京

农业大学硕士学位论文 .
冯奔伟，王镜均，王勇 . 2015. 新型城乡关系导向下苏南乡村空间转型与规划对策［J］. 城市发展研究，22（10）：14-21.
关小克，张凤荣，郭力娜，等 . 2010. 北京市耕地多目标适宜性评价及空间布局研究［J］. 资源科学，32（3）：580-587.
郭青霞，张前进 . 2001. 关于建立农村宅基地市场的思考［J］. 山西农业大学学报，21（3）：288-290.
韩丽平 . 2016. 闲置宅基地类型、成因及处置对策［J］. 华北国土资源，(2)：60-61.
胡业翠，赵庚星 . 2002. 土地资源定量化、自动化评价方法的探讨［J］. 国土与自然资源研究，(1)：43-44.
黄嘉颖，程功 . 2017. 陕南会峪村共生空间的营建探索［J］. 规划师，33（3）：96-101.
黄金川，林浩曦，漆潇潇 . 2017. 面向国土空间优化的三生空间研究进展［J］. 地理科学进展，36（3）：378-391.
江浏光艳 . 2009. 建设用地适宜性评价研究［D］. 成都：四川师范大学硕士学位论文 .
姜英超 . 2018. 基于 GIS 的威海环翠区城市土地适宜性评价［J］. 北京测绘，32（5）：594-598.
金涛 . 2006. 基于 GIS 的土地适宜性评价研究—以湖南省澧县为例［D］. 长沙：湖南师范大学硕士学位论文 .
孔静静，魏建新 . 2014. 乌鲁木齐市近 16 年建设用地和耕地变化驱动力比较分析［J］. 水土保持研究，21（4）：101-106.
李科蕾 . 2015. 进城人口农村闲置宅基地处理的现有法规及其调整［J］. 农业经济，(6)：50-52.
梁留科，曹新向，孙淑英 . 2003. 土地生态分类系统研究［J］. 水土保持学报，17（5）：142-146.
刘娟 . 2015. 隆回县虎形山乡崇木凼村土地适宜性评价研究［D］. 长沙：湖南大学硕士学位论文 .
刘黎明 . 2002. 土地资源学［M］. 北京：中国农业大学出版社 .
刘立国 . 2016. 我国土地利用现状分类标准修订研究［D］. 南京：南京农业大学硕士学位论文 .
刘耀林，焦利民 . 2008. 土地评价理论、方法与系统开发（精）［M］. 北京：科学出版社 .
龙花楼，刘永强，李婷婷，等 . 2015. 生态用地分类初步研究［J］. 生态环境学报，24（1）：1-7.
龙开胜，刘澄宇，陈利根 . 2012. 农民接受闲置宅基地治理方式的意愿及影响因素［J］. 中国人口·资源与环境，22（9）：83-89.
卢向虎，朱淑芳，张正河 . 2006. 中国农村人口城乡迁移规模的实证分析［J］. 中国农村经济，(1)：35-41.
卢艳丽，白由路，杨俐苹，等 . 2007. 基于高光谱的土壤有机质含量预测模型的建立与评价［J］. 中国农业科学，40（9）：1989-1995.
彭瑶 . 2013. 基于 GIS 的农村土地适宜性评价及其在规划中的应用研究——以义乌市岩南村为

例［D］. 南京：南京农业大学硕士学位论文.
沈慧，姜凤岐，杜晓军，等. 2000. 水土保持林土壤肥力及其评价指标［J］. 水土保持学报，14（2）：60-65.
史同广，郑国强，王智勇，等. 2007. 中国土地适宜性评价研究进展［J］. 地理科学进展，26（2）:106-115.
宋晓丽，樊俊文. 2011. 土地评价的概念诠释［J］. 云南财经大学学报（社会科学版），（2）：108-109.
孙驰. 2016. 基于适宜性评价的增量城镇建设用地空间配置研究——以扬州市为例［D］. 南京：南京农业大学硕士学位论文.
孙瑞桃，李庆雷. 2018. 三生共融型乡村旅游规划编制研究［J］. 曲靖师范学院学报，37（5）：66-71.
唐红娟. 2014. 福建省典型土壤的系统分类研究及土系数据库的建设［D］. 杭州：浙江大学硕士学位论文.
唐嘉平，刘钊. 2002. 基于 GIS 的特色经济作物种植适宜性评价系统［J］. 农业系统科学与综合研究. 18（1）：9-12.
唐益平. 2008. 基于 GIS 的土地资源利用与管理研究［D］. 绵阳：西南科技大学硕士学位论文.
王繁，裘江海，周斌，等. 2008. 基于 GIS 的海涂围垦区土地资源多目标适宜性评价研究［J］. 土壤通报，39（2）：218-222.
王伟，杨豪中，陈媛，等. 2015. 乡村生态景观的构建与评价研究［J］. 西安建筑科技大学学报（自然科学版），47（3）：448-452.
魏纲，周琰. 2014. 邻近盾构隧道的建筑物安全风险模糊层次分析［J］. 地下空间与工程学报，10（4）：956-961.
席建超，王首琨，张瑞英. 2016. 旅游乡村聚落“生产-生活-生态”空间重构与优化——河北野三坡旅游区苟各庄村的案例实证［J］. 自然资源学报，31（3）：425-435.
肖金华. 2017. 浅析村级土地利用规划的编制［J］. 中国土地，（5）：34-35.
熊昌盛，谭荣，岳文泽. 2015. 基于局部空间自相关的高标准基本农田建设分区［J］. 农业工程学报，31（22）：276-284.
徐斌，洪泉，唐慧超，等. 2018. 空间重构视角下的杭州市绕城村乡村振兴实践［J］. 中国园林，（5）：11-18.
薛颖，权东计，张园林，等. 2014. 农村社区重构过程中公共空间保护与文化传承研究——以关中地区为例［J］. 城市发展研究，21（5）：117-124.
闫志明，蒲春玲，孟梅，等. 2016. 基于城市总规的基本农田空间优化调整研究——以乌鲁木齐市高新区（新市区）为例［J］. 中国人口·资源与环境，26（6）：155-159.
杨忍，刘彦随，龙花楼，等. 2016. 中国村庄空间分布特征及空间优化重组解析［J］. 地理科学，36（2）：170-179.
杨小雄，梁燕燕，黄小兰，等. 2009. 区域土地利用规划布局研究进展［J］. 中国农业资源与区划，30（6）：1-6.
杨玉珍. 2015. 农户闲置宅基地退出的影响因素及政策衔接—行为经济学视角［J］. 经济地

理, 35 (7): 140-147.

于辰, 王占岐, 杨俊, 等. 2015. 土地整治与农村“三生”空间重构的耦合关系 [J]. 江苏农业科学, 43 (7): 447-451.

袁献伟, 赵洪军. 2010. 基于层次分析法对建筑工程质量风险的模糊综合评价 [J]. 建筑安全, 25 (4): 56-58.

袁洋子. 2019. 西安城郊乡村公共空间解构与优化策略研究——基于空间生产理论视角 [D]. 西安: 西北大学硕士学位论文.

曾芳芳, 朱朝枝. 2013. 休闲农业视野下闲置宅基地开发合理意蕴探析 [J]. 东南学术, (3): 116-123.

赵华甫, 张凤荣, 王茹, 等. 2008. 面向社会主义新农村建设的土地整理 [J]. 土壤, 40 (2): 188-192.

Chen L, Messing I, Zhang S, et al. 2003. Land use evaluation and scenario analysis towards sustainable planning on the Loess Plateau in China? case study in a small catchment [J]. Catena, 54 (1): 303-316.

Chen Y, Yu J, Khan S. 2010. Spatial sensitivity analysis of multi-criteria weights in GIS-based land suitability evaluation [J]. Environmental Modelling and Software, 25 (12): 1582-1591.

Dai F, Lee C, Zhang X. 2001. GIS-based geo-environmental evaluation for urban land-use planning: A case study [J]. Engineering Geology, 61 (4): 257-271.

Gong J Z, Liu Y S, Chen W L. 2012. Land suitability evaluation for development using a matter-element model: A case study in Zengcheng, Guangzhou, China [J]. Land Use Policy, 29 (2): 464-472.

Li L, Shi Z H, Yin W, et al. 2009. A fuzzy analytic hierarchy process (FAHP) approach to eco-environmental vulnerability assessment for the danjiangkou reservoir area, China [J]. Ecological Modelling, 220 (23): 3439-3447.

Malczewski J. 2004. GIS-based land-use suitability analysis: a critical overview [J]. Progress in Planning, 62 (1): 3-65.

第6章　人居环境建设规划

自改革开放以来，我国农村社会经济发展取得了举世瞩目的成就，农村面貌焕然一新，人居环境的建设水平不断提高（吴博，2019）。然而，在快速工业化和城镇化的过程中，伴随着农村人口的不断流失，农业生态系统不断失衡，农村居住条件、环境卫生状况和基础设施的建设发展不平衡、不充分，整体而言农村人居环境建设水平仍然较低，无法满足村民美好生活的需求，人居环境的建设任务仍然繁重（史磊和郑珊，2018）。党的十九大报告指出，“实施乡村振兴战略”“开展农村人居环境整治工作”；2018 年，中共中央办公厅、国务院印发《农村人居环境整治三年行动方案》，明确指出乡村人居环境的改善是乡村振兴的重要任务之一，关系到全面建成小康社会和广大村民的福祉；2019 年中央一号文件和《政府工作报告》中再次强调“农村人居环境整治”（于法稳，2019）。因此，在对乡村人居环境研究进行系统梳理总结的基础上，结合《西安市美丽乡村建设技术导则》和《铜川市耀州区美丽乡村规划建设管理技术导则》的编制，以及 2017 年和 2018 年的西安市“美丽乡村”建设第三方评估等工作，着重探讨乡村人居环境建设的内涵及具体的建设策略、方法和技术。

6.1　乡村人居环境解读

人居环境即是包括城市、乡镇和村庄在内的所有的人类生活聚居地区的统称（李伯华等，2014）。吴良镛先生认为应将人居环境视为一个整体，从社会、政治、文化和技术等各个方面对其进行研究（张文忠等，2013），以此来了解人类聚居的发展和演化规律，从而为人类提供理想的聚居环境服务。从国内外现有研究来看，有关人居环境的研究主要集中在城市领域，对乡村地区的关注相对较少（李伯华等，2010）。然而，近年来伴随着城镇化和工业化进程的快速推进，我国乡村人居环境出现了一系列问题。例如，乡镇工业的快速发展，在带动农民增收和村庄建设水平提高的同时，也造成农村自然环境的恶化，给农村的生态安全造成了极大的威胁；再加上长期以来“重城轻乡”发展理念的影响，我国乡村各类基础设施存在严重的缺口，农村的给水、排水和环境卫生状况不容乐观（李伯华等，2012）。因此，乡村人居环境的研究亟待深化，人居环境的整治经验亟待总结，如何科学解读乡村人居环境的内涵，明确其核心议题，制定其框架体系成为城乡规划学者的重要任务之一。

6.1.1 内涵解读

长期以来，政府、学者和规划师等对城乡人居环境建设较为关注，虽然关于城市人居环境建设的概念和内容也形成了较为统一的认识，但是由于乡村人居环境的建设基本处于起步阶段，不同领域对其概念和内涵的界定尚不统一。城乡规划领域将乡村人居环境视为一个地表空间的总称，即农民的住宅建筑和周边居住环境有机结合的地表空间；生态环境学将其定义为一个以人地关系和自然生态和谐为目的的以人为主体的复合生态系统；人文地理学则将乡村人居环境定义为人文与自然、生产与生活及物质享受与精神满足的统一和协调（李伯华等，2008）；而风水伦理学将尊重自然规律、注重自然环境与人造景观相协调确定为理想人居环境（朱彬等，2015）。

综合来看，乡村人居环境是一个复杂的系统，是乡村区域内农民生产和生活所需一切物质与非物质要素的结合体（常昊等，2012），包括社会文化环境、地域空间环境和自然生态环境三个要素集（李伯华和刘沛林，2010；李伯华等，2008）。首先，社会文化环境是乡村人居环境的社会基础。乡村村民是乡村人居环境的主体，而包括传统风俗、价值观念、制度文化和行为方式等在内的社会文化环境构成了乡村人居环境主体赖以生存和维系关系的社会网络环境。其次，农民生产生活需要在特定的地表空间中进行和完成。这种地表空间既包括空间的区位和范围，也包括附着在该空间上的自然资源和人工财富，是农村村民赖以生产生活及创造物质和精神财富的空间载体，是与村民生产生活方式相适应、相协调、相统一的实体地理空间。最后，自然生态环境为人类的生产和生活提供物质基础，并且对村民的情感维系和健康生活具有重要意义，为乡村人居环境提供了一个可持续的物质平台和精神领域（李伯华等，2012）。三大要素相互关联、相互补充，是乡村人居环境建设的重要组成部分。

6.1.2 核心议题

2018 年，中共中央办公厅、国务院办公厅印发的《农村人居环境整治三年行动方案》明确指出：改善农村人居环境，建设美丽宜居乡村，是实施乡村振兴战略的一项重要任务，事关全面建成小康社会，事关广大农民根本福祉，事关农村社会文明和谐。可见，农村人居环境建设是实现美丽乡村的基础，是乡村振兴的重要议题，强调以保障农民基本生活条件为底线、以村庄人居环境的整治为重点、以美丽宜居村庄的建设为目标、以实现农村生产生活条件的全面改善为主要任务。

农村人居环境建设是乡村振兴的基础。首先，农村人居环境的建设和整治为创建美丽乡村和实现乡村振兴提供了自然本底。近年来，政府、学者和规划师对农村人居环境的建设和整治关注度不断提高，投入了较多的人力、物力和财力，我国农村人居环境的建设和整治取得了较大成效。然而，农村人居环境的建设发展不平衡、不充分的问题广泛存在，脏、乱、差问题在一些地区尤其是中西部地区和东北地区的农村仍然比较突出，与全面建成小康社会和满足人们日益增长的美好生活的愿望还存在较大差距，依然是国家和社会各领域应该关注的焦点。其中，饮用水安全、污水治理、垃圾污染及生态安全是农村人居环境建设的首要任务。其次，农村人居环境建设为乡村提供了物质基础。改善农村人居环境就是提供舒适便利的住房、健全的道路交通环境、安全的饮水设施、稳定的供电网络、系统的排水设施等基础设施，这与乡村振兴战略中的“生态宜居”不谋而合。最后，农村人居环境建设为乡村振兴提供精神家园。农民精神生活的不断丰富、文化素养的不断提高和人与自然、社会与人之间和谐统一的文化环境是建设理想农村人居环境的重要内容。在“乡风文明”的环境下农民能够实现自我价值，也更乐于在农村生活。

乡村振兴对农村人居环境建设提出了更高的要求。首先，乡村振兴是乡村社会、政治、经济、文化和生态的全方位振兴，需要有优美的生态环境和丰富的物质基础。良好的农村人居环境建设可以为农村的发展提供不竭动力，符合农村发展的历史潮流，是新时期下我国乡村发展的必然趋势。其次，乡村振兴需要良好的基础设施保障。健全的基础设施，特别是满足农村居民住房、饮水和出行等基本生活条件的基础设施，是实现农村人居环境干净、整洁、便捷的必要保障，是各具特色的美丽宜居村庄建设的基础，是实现乡村振兴的必要条件。再次，乡村文化振兴是乡村振兴的重要内容之一，也是乡村振兴的薄弱环节。相对于乡村的产业振兴而言，乡村的文化振兴显得尤为重要。一方面，文化振兴对产业振兴及农村各项事业的发展具有重要推动作用；另一方面，长期以来以“经济建设为中心”的发展理念，极大地丰富了物质生活，并提供了丰富的物质文明建设经验，相对而言，文化的建设和振兴却是近年来面临的新问题，建设经验较为缺乏。精神文明建设与物质文明建设对农村人居环境建设而言同样重要，可以在潜移默化中提升农村居民的道德水平和科学文化水平，改善农村精神风貌，它直接关系到农民的幸福指数，体现着一个地区农民的精神风貌。

6.1.3 框架体系

2013 年，在浙江桐庐举行的全国改善农村人居环境工作会议对推进农村人居环境改善工作进行了研究部署，自此拉开了改善农村人居环境的序幕。2014 年，国务院办公厅印发的《国务院办公厅关于改善农村人居环境的指导意见》（国办发〔2014〕25 号）明确提出，到 2020 年，全国农村居民住房、饮水和出行等基本生活条件明显改善，人居环境基本实现干净、整洁、便捷，建成一批各具特色的美丽宜居村庄。2015 年，在第二次全国改善农村人居环境工作会议上强调要开展农村人居环境整治，提高新农村的建设水平。党的十九大报告指出，“实施乡村振兴战略”开展农村人居环境整治工作”；2018 年，中共中央办公厅、国务院办公厅印发了《农村人居环境整治三年行动方案》，把改善农村人居环境作为社会主义新农村建设和乡村振兴的重要内容。党的十八大以来，在党和国家一系列关于农村人居环境建设方针和政策的指导下，各省（自治区、直辖市）都做了相应的部署。2016 年，陕西省人民政府发布《陕西省人民政府关于加快全省改善农村人居环境工作的意见》（陕政发〔2016〕18 号），明确了全省人居环境建设的基本目标和实施举措，并且提出“到 2020 年，全省所有村庄基本实现环境干净、整洁、卫生”“到 2020 年，全省 80% 以上的村庄基本实现环境优美、绿色生态”“到 2020 年，居民出行、用电、住房等基本生活条件显著提升，全省 20% 以上的村庄建成田园美、村庄美、生活美的美丽宜居乡村。其中，清洁乡村的建设以开展农村生活垃圾处理、污水治理、卫生厕所改造为主要内容，建设清洁家园；生态乡村的建设以大力发展循环生态农业、培育特色产业、加快农村道路建设和村庄绿化、巩固提升农村饮水安全、提高农村自来水入户普及率为主要内容；美丽宜居乡村的建设以良好的资源禀赋条件为依托，注重村庄特色景观和田园风貌的塑造。

根据国家地方关于农村人居环境整治的基本要求，立足于农村人居环境建设的核心议题，从内涵丰富、实用经济、农民易懂易操作等角度将农村人居环境建设概括为“九大工程”：生活垃圾治理工程、生活污水处理工程、卫生改厕工程、绿色家园工程、饮水安全巩固提升工程、特色产业培育工程、电网升级改造工程、道路畅通工程和危房改造工程。除特色产业培育工程（已在前述章节涉及，在此不再赘述）外，其他工程可归并为环境卫生整治、设施配套完善、建筑特色塑造、绿色家园营建等方面（图 6-1）。

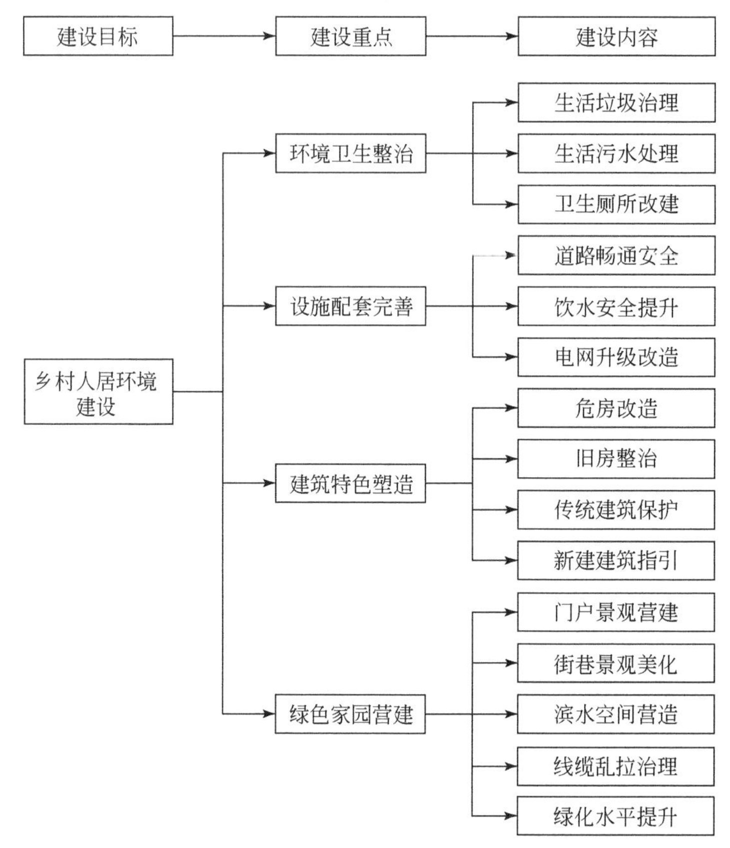

图 6-1　乡村人居环境建设框架体系

6.2　环境卫生整治

6.2.1　生活垃圾治理

农村垃圾是指农村居民在生活生产过程中产生的综合废弃物，它不仅包括家畜粪便、厨余等有机物，卫生纸、玻璃、塑料、橡胶、金属等废品，还包括农药容器、灯泡、电池等有毒有害物。近年来，随着农村生活水平的逐步提高和生产生活规模的不断扩大，农村生活垃圾总量迅速增加，且呈现出多元化和复杂化的特征，但农村垃圾在处理方式与处理体系上存在一定的滞后性。究其原因主要是：缺乏足够的资金支持和基础设施，缺乏有效的制度保障，农民的整体环保意识差。而不当的垃圾处理方式对乡村的各个方面产生了严重的危害，如占用土地损害地表，污染土壤、水体、大气，严重破坏农村生态环境，危害人体健康等。农村垃圾成分复杂化和产量巨大化严重影响了农民生活生产、农村城镇化建设和可持续发展，阻碍了“美丽乡村”的建设进程。为了减少环境污染，促进农村生态文明建设，提出如下乡村垃圾治理方式。

（1）推行垃圾分类，细化垃圾处理

农村生活垃圾分类主要有“两分法”和“两次四分法”两种方式。在条件一般的农村地区推行“两分法”，将生活垃圾分为可回收垃圾与其他垃圾进行处理。包括纸板、废报纸、废书、废旧金属、废塑料、废旧电器、废旧家具、废玻璃等在内的可回收生活垃圾，经村内收集后进入再生资源回收系统；除可回收生活垃圾外的其他垃圾直接进入终端垃圾处理设施进行处理。

在条件较好的农村地区推行“两次四分法”。将生活垃圾初步划分为可腐烂垃圾和不可腐烂垃圾，再将不可腐烂垃圾进一步细分为可回收垃圾、有害垃圾和其他垃圾。包括食品残渣、剩菜剩饭、过期食品、枯枝败叶等在内的可腐烂垃圾，经村内收集，乡镇收运至再生资源点或分拣中心后进入再生资源体系；包括纸板、废报纸、废书、废旧金属、废塑料、废旧电器、废旧家具、废玻璃等在内的可回收垃圾，通过简易堆肥装置（堆肥间、阳光房、沼气池等）进行发酵处理，并制成肥料；包括废药品、灯管灯具、废电池、废温度计、废油漆、废杀虫剂等在内的有害垃圾，经县（区）收集后统一运送至危险废弃物处理设施处理；除以上三种外的垃圾均为其他垃圾（指暂不可回收垃圾，在未设置垃圾堆肥系统的地区可暂包括可腐烂垃圾），一般将其运送至垃圾卫生填埋场或垃圾焚烧厂进行处理。

（2）全面治理生活垃圾

农村生活垃圾收集采取“村民自行投放，保洁员集中收集”的方式，并建立“村收集—镇转运—县处理”或“村收集直运”的处理体系，全面治理生活垃圾。每户配备加盖垃圾桶，每 10 ~ 15 户配备大垃圾桶（箱）密闭存放，鼓励村民自备垃圾收集容器；所有村庄原则上都应建设封闭式垃圾集中收集点，对露天垃圾池等敞开式收集场所、设施应进行改造或者停用，配置适当数量的垃圾收集车辆；转运设施及环卫机具的卫生水平要逐步提高，采用密闭车辆进行运输，在有条件的情况下应选用压缩式运输车，并建立与垃圾清运体系相配套、可共享的再生资源回收体系（曾超等，2016）；重点清理主次干道、居民活动广场、建筑周边、河边桥头、坑塘沟渠等地方堆弃的陈年垃圾。

（3）选择合理的垃圾处理模式

垃圾处理模式有城乡一体化处理模式、集中处理模式和分散处理模式等多种方式，村庄的地理区位、社会经济水平、自然条件等因素的差异导致了最适宜模式的差异。对距离城市较近（20～30km）、与城市间运输道路60%以上具有县级以上公路标准的地区，应采取城乡一体化处理模式，村内的生活垃圾通过“户分类—村收集—乡/镇转运”后进入县级及以上的垃圾处理系统进行垃圾处理；对社会经济条件良好、地处平原地区及服务半径和规模达到要求（服务半径≥20km、人口密度>66人/km^2、总服务人口>8万人）的地区，应采取集中处理模式，建立可为周边村庄服务的、与周边村庄间的运输道路60%可达到县级以上公路标准的区域性垃圾转运、压缩设施，经处理后送至县级及以上城市垃圾处理中心集中处理；对于布局分散、社会经济条件和区位交通条件较差、人口规模较小（人口密度≤66人/km^2）、与县级及以上城市距离较远（>20km）且与城市间运输道路40%以上低于县级以上公路标准的地区，适宜采用分散处理模式，在对垃圾进行分类后，将有机垃圾就地资源化处理。

（4）积极推行低污染、低能耗的垃圾处理方式

严禁垃圾露天焚烧，逐渐取消具有严重二次污染的简易填埋设施及小型焚烧炉，积极推行低污染、低能耗的垃圾处理方式。对以家禽家畜粪便、农作物秸秆和厨余垃圾为主的农村生活垃圾进行“源头减量，就地消纳”，通过采用高温好氧堆肥、生物质气化、蚯蚓堆肥、厌氧发酵等技术，建设堆肥设施和有机肥加工厂，同时健全秸秆储运体系，达到垃圾的就地或就近收集、储存、转运和转化，实现农村生活垃圾的无害化、减量化和资源化。对工业废弃物等垃圾要进行综合利用，发展能源化、建材化等综合利用技术，难以利用的部分则依托现有的危险废弃物处理设施进行集中处理。另外，在进行农业生产过程中，要选择加厚地膜和可降解地膜，对农药、化肥、地膜等可能造成污染的农业生产用品进行回收。

6.2.2 生活污水处理

伴随着城镇化、工业化和农民收入水平的不断提高，农村生活污水，如厨房污水、生活洗涤与沐浴污水、厕所污水等的产生量不断增加（吴昊等，2019）。相关研究表明，农村高限生活污水产生量从2013年的112.04亿m^{3}增加到2016年的125.26亿m^3，增长率为11.80%，年均增长率为3.93%。农村污水的排放具有总量多、时间差异大、水质波动大等特征（张曼雪等，2017；于法稳和于婷，2019），并且存在显著的区域差异，呈现出东部>西部>中部的特征。农村小规模分散式的聚居模式，使得生活污水排放量呈现出单个村庄较小、整体污水量较大的特征；从污水排放时间来看，早晨、中午和傍晚是农村污水排放的高峰期，夜间排放量较少，这主要是受农民生活规律的影响；从污水水质来看，农村

污水以营养物质和病菌为主要污染物，一般不含有毒成分，可生化性较强（贾小宁等，2018）。农村地区受经济条件、居住模式、技术条件等因素的制约，污水处理率普遍偏低，2018 年全国农村污水的处理率仅为 20% 左右，大量的污水不经处理便排放至附近的水体和农田，严重影响农村的生态环境和居民生活，极大地降低了农民的生活水平（于法稳和于婷，2019）。在这样的背景下，如何对农村的生活污水处理进行科学规划，提高农民的生活质量成为一个重要命题。针对这一命题主要提出以下处理策略。

（1）采用因地制宜的排水体制和污水收集方式

地势比较平坦的平原地区应采用雨污分流的排水体制；而地形较为复杂、不易实现雨污分流的丘陵和山地地区则可采用雨污合流体制。距离城镇较近的村庄的污水应纳入城镇污水处理体系，进行统一处理；距离城镇较远且人口较多的村庄则应建设集中统一的污水处理设施。人口较少、地形复杂的村庄则可通过建设户用污水处理设施，进行污水处理。另外，村民生活污水与厕所污水宜分别处理，生活污水排入污水收集管网，厕所污水还田处理。

（2）科学选择污水处理方式

村庄社会污水处理应从成本低、能耗少、易维护、效率高的角度出发，坚持维护生态安全和经济环保的基本原则，积极采用太阳能微动力污水处理（图 6-2）、人工湿地污水处理（图 6-3）、一体化污水处理（图 6-4）等方式。生活污水必须经过处理后再排放，并且污水处理设施应在村庄水系下游选址，布置于村庄夏季主导风向的下风向，并靠近收纳水体和农田灌溉区。

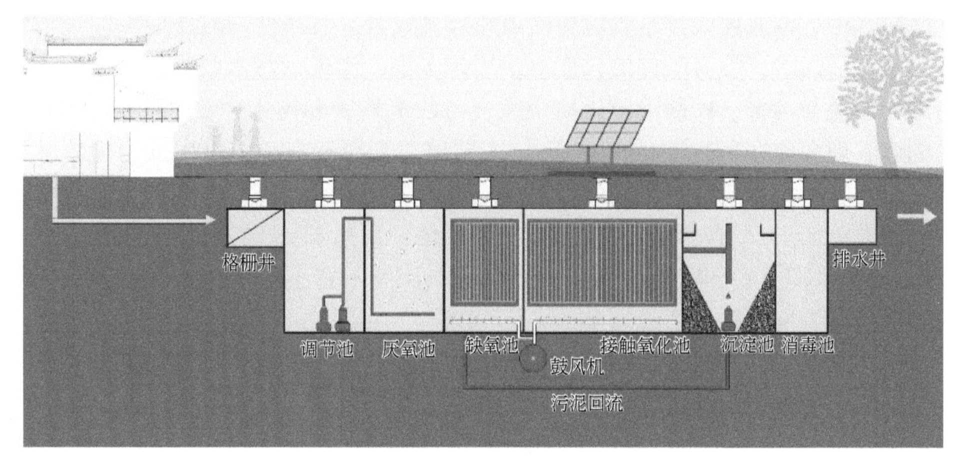

图 6-2　太阳能微动力污水处理结构示意图

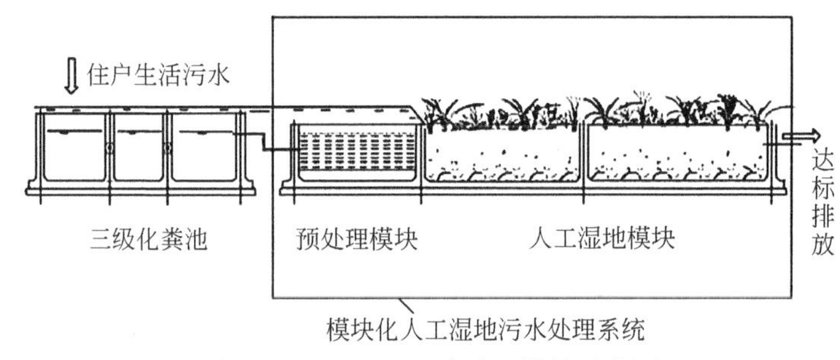

图 6-3　人工湿地污水处理结构示意图

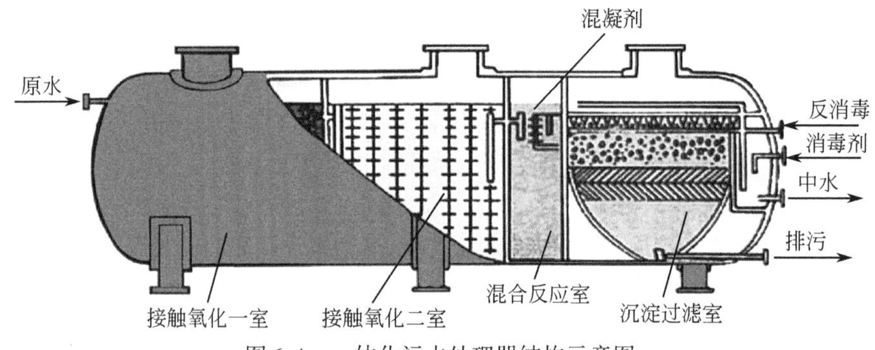

图 6-4　一体化污水处理器结构示意图

（3）合理布局污水处理管网

排水渠、沟或埋设排水管道应沿道路合理设置。有条件的村庄应专门铺设管道收集生活污水，没有条件的村庄可采用排水渠、沟进行污水收集。污水管道的布置应避免与沟渠、铁路等障碍物交叉，与建筑外墙和树木中心线间隔 1.0m 以上为宜，埋深应在车行道 0.5m 以下，主要道路管径不宜小于 200mm，埋置坡度应满足污水重力自流的要求。雨水排放应充分利用地形，宜与水利沟渠工程相结合，及时就近排入池塘、河流或湖泊等水体；雨水排水沟渠的纵坡不应小于 0.3%，雨水沟渠底部宽度不宜小于 150mm，深度不宜小于 120mm。另外，要定时维护排水管网，防止造成堵塞。

6.2.3　卫生厕所改建

厕所是衡量农村建设水平的重要标志，直接体现了农村的卫生、健康和环境条件。农村厕所的环境卫生状况直接体现着城乡差距，厕所环境、卫生状况的改善有助于改善村庄的面貌，从而缩小与城市的差距。农村大多数的传染病都是由厕所和饮水的不卫生引起的，并且饮水污染也主要由厕所排放造成，营造良好的卫生厕所环境对保障村民的健康具有重要意义（石炼等，2019）。近年来党和国家高度关注农村的“厕所革命”，在 2018 年的中央一号文件和《农村人居环境整治三年行动方案》中都将农村卫生厕所改造作为农村建设的一项重要任务。对农村卫生厕所的改建应主要从以下三个方面入手。

（1）建设干净整洁的公共厕所

清除村庄内的露天简易厕所，建设干净、整洁、能进行无害化处理的公共厕所。每个村庄应按照其人口规模相应地在村民集中活动的地方设置公共厕所。当村庄人口规模小于 1500 人时，以设置 1 ~ 2 座为宜；当村庄人口规模大于 1500 人时，每多 1000 人则增设 1 座公共厕所。公共厕所的建设应按照每千人不低于 $10m^2$、每处厕所的最小建筑面积不低于 $30m^2$ 的标准进行。公共厕所应全部实现水冲式，注意与其他构筑物保持安全距离。其中，与饮食行业及其销售网点、托幼机构的间距≥10m，与集中式给水点的距离≥30m（邢天河和吴巍，2014）。另外，严格禁止在水体周边建造厕所及厕所污水不经处理直接排放至水体，造成污染。

（2）选择合适的厕所形式

村民厕所的建造可采用双瓮漏斗式①（图 6-5）、三格化粪池式②（图 6-6）、具有完整上下水道冲水式等无害化卫生厕所，应因地制宜地结合当地的自然条件、村庄的建设条件、自身的经济条件和实际需求选择厕所形式。

具有完善排水系统的村庄，在条件允许的情况下应优先采用上下水道水冲式厕所；排水系统不够完善的村庄或者经济条件较差的农户，可采用成本相对较低的三格式、双瓮式厕所；干旱短水、寒冷地区的村庄可采用双坑交替式厕所（仲照东，2010）；而对禽畜养殖大户而言，则建议其使用三联式沼气池式厕所，具

---

① 双瓮式厕所主要由厕室、便器、前后两个瓮型粪池、进（过）粪管、后瓮盖、排气管等部分组成。前瓮体中间横截面圆的内半径不得小于 40cm，瓮体上口圆的内半径不得小于 18cm，瓮体底部圆的内半径不得小于 22.5cm，瓮深不得小于 1.5m；后瓮体中间横截面圆的内半径不得小于 45cm，瓮体上口圆的内半径不得小于 18cm，瓮体底部圆的内半径不得小于 22.5cm，瓮深不得小于 1.65m。双瓮容积不小于 $1m^3$。在寒冷地区，可把前后瓮粪池上部脖颈加长，以做到瓮体深埋，达到防冻效果。

② 三格化粪池式厕所主要由便池蹲位（或坐便器）、过粪管和三个密封式化粪池组成。总容积不小于 $1.5m^3$；第一、第二、第三化粪池的容积比例应为 2∶1∶3。三格有效深度不小于 1m，加上化粪池上部空间，池深约为 1.2m。过粪管以斜插管为首选，应斜插安装在两堵隔墙上，与隔墙的水平夹角呈 60°。其中第一化粪池到第二化粪池过粪管下端（即粪液进口）位置在第一化粪池的 1/3 处，上端（即粪液出口）位置在第二化粪池顶 15cm 处；第二化粪池到第三化粪池过粪管下端（即粪液进口）位置在第二化粪池的 1/3 或中部 1/2 处，上端在第三化粪池距池顶 15cm 处。双坑交替式卫生厕所，由两个互不相同但结构完全相同的方形厕坑组成，每个厕坑各有一个便器。一个厕坑供使用，另一个厕坑封存粪便。化粪池单坑容积不得小于 $0.6m^3$，高度为 60 ~ 80cm。

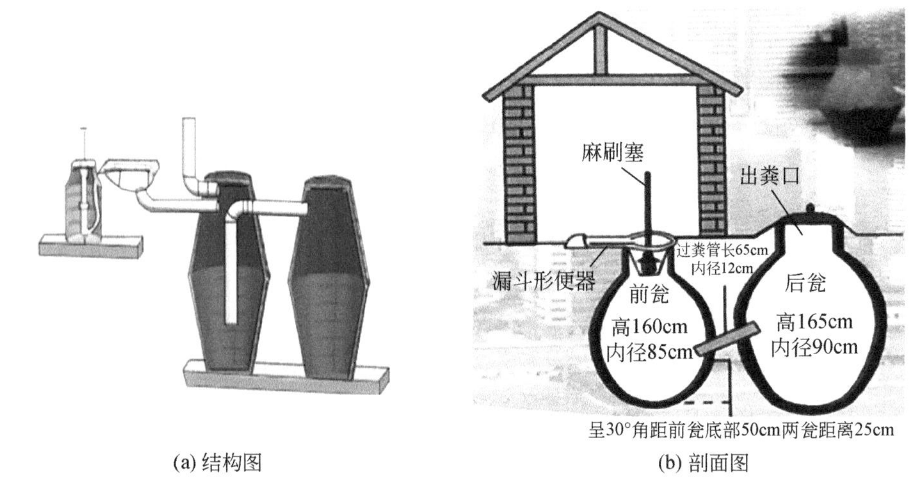

(a) 结构图　　(b) 剖面图

图 6-5　双瓮式化粪池厕所结构示意图

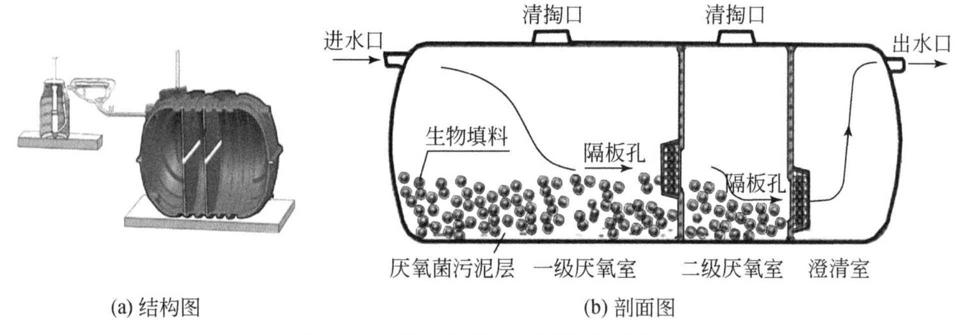

(a) 结构图　　(b) 剖面图

图 6-6　三格式化粪池厕所结构示意图

备可实现垃圾处理、使用清洁能源等优势；对于房屋结构、面积、供水等条件较好的农户，宜将厕所移至室内，可将其与洗澡间一起布置，将厕所和沐浴污水一同排入污水管网，并最终运至污水处理设施进行净化。

（3）加强厕所的防护、清洁措施

对水冲式厕所而言，由于一般处于室内，并且具有供水管道，易于受冻（特别是在严寒地区），需要对其加强防护并保持卫生，避免影响村民生活。为了防止水冲式厕所在冬季上冻，可以考虑安装内有加热管的水箱，并在外部加装保温棉；为保持厕所的清洁，大便池应采用高压冲水、自动关闭闸板的设计，以此来防止透风透味，位于室内的厕所应建设墙体的保温设施，并安装换气扇、电热板等，以确保适宜的温度和通风换气。另外，要对易于冰冻的厕所给水管进行重新铺设，采用防冻材料进行处理，以确保厕所在寒冷条件下的正常使用。

6.3 设施配套完善

6.3.1 道路畅通安全

农村道路是农村对外联系和实现村民互联的重要基础设施，对农村社会经济发展具有举足轻重的作用（唐娟莉，2013）。然而，在“重农轻乡”观念和城乡二元经济结构的作用下，农村道路的建设力度远低于农村发展的实际需求，并且存在很多问题：一是农村道路硬化不足给村民出行带来不便，仍然有一部分村庄的主要道路未实现硬化，影响村民通行，尤其是遇上阴雨天和农忙季节；二是村庄道路普遍存在断头路问题，并且质量较低，再加上管理维护的缺失，导致硬化路面破损后不能及时修复，给村民的生产生活造成了严重影响；三是农村道路相应的配套设施建设不足，普遍缺少照明路灯、绿化、垃圾箱、安全警示标识等设施，给村民的安全和环境卫生带来极大威胁，同时随着农村小汽车的拥有量急剧攀升和乡村旅游的快速发展，农村停车场的缺失问题也逐渐暴露（熊孟秋，2012；陶学榆和邹润宇，2007）。为了保障村民的出行方便、维护村民的交通安全、促进农村的社会经济发展，主要从以下几个方面进行农村道路建设。

（1）路网结构

村庄路网的规划建设应坚持安全、便捷、生态、经济的基本原则，在充分保障安全的基础上，从延续村庄原有空间格局的角度出发，充分利用现有的道路基础和闲置地，不劈山、不填塘、少砍树，营建村庄路网格局。

对人口规模大于 300 人的自然村，应建设道路使其实现相互连通，并实现村庄内部道路的全面硬化。村庄道路的改建应充分依托当地的地形条件，对山地丘陵地区应充分结合地形地貌进行道路改建，平原地区的改建则应考虑依托现有路网进行适当扩宽，打通主干路，实现道路的畅通。

（2）道路设计

道路设计应以原有路基为基础，选择合适的道路断面形式（图 6-7）。道路的断面形式、宽度、坡度等都要围绕村庄的地形条件、各类工程管线的布置要求和居民的居住与通行需求进行。对通村道路而言，通村主路宽度宜为 4.5～8.0m（含路肩、排水沟），其中路面宽度不小于 4.5m，并能够满足公共交通运行需求。不能满足双向行驶要求的现状道路（如基宽 3.5m 的受限路段）应合理设置会车场地（如错车台）；对村庄内部而言，宜按主要道路、次要道路和巷路等分级进行布置，断面形式宜为一块板。主要道路车行道宽宜为 6.0～8.0m，外侧宜设置

1. 0 ~ 1. 5m 人行道，两侧应设置行道树、排水边沟。次要道路车行道宽宜为 3. 5 ~ 4. 5m，宜设置单边排水边沟、单边行道树与人行道，有条件时可双边设置；如无条件设置人行道，应设置 0. 5 ~ 1. 0m 宽的路肩。巷路路面宽度不宜小于 2. 5m。道路坡度原则上应控制在 0. 3% ~ 3. 5% 为宜，山区道路最大纵坡不超过 8%。当道路纵坡<0. 3% 时应设置相应的排水设施，如锯齿状边沟；当道路纵坡>5% 时宜考虑路面防滑，当道路纵坡>8% 时最大坡长不宜超过 200m。道路横坡一般宜采用双坡面，当宽度不足 4m 时也可采用单坡面。

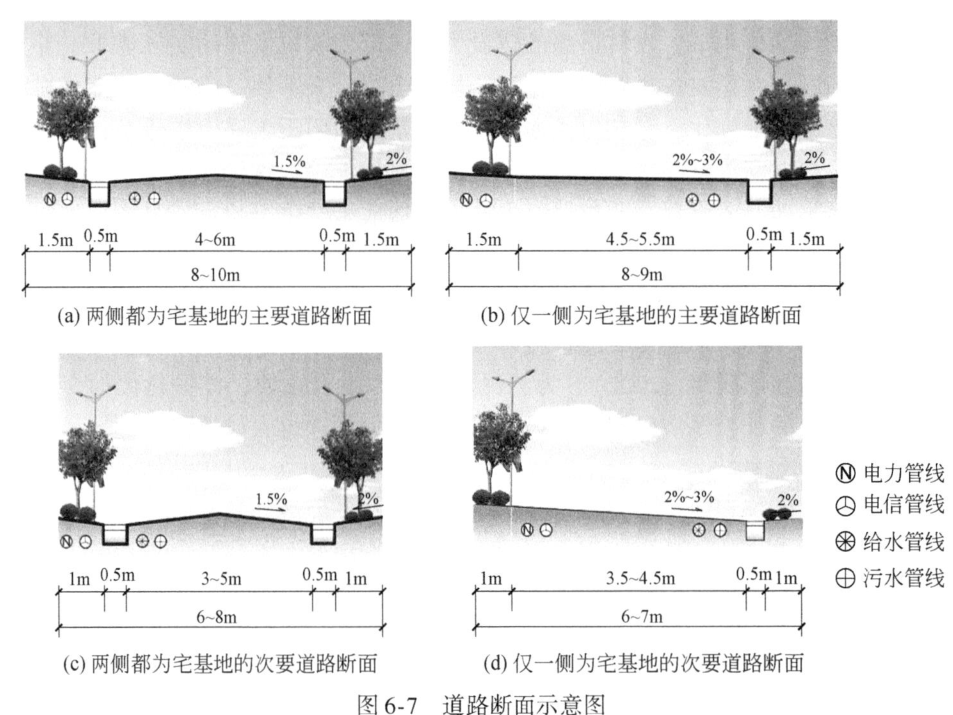

(a) 两侧都为宅基地的主要道路断面

(b) 仅一侧为宅基地的主要道路断面

(c) 两侧都为宅基地的次要道路断面

(d) 仅一侧为宅基地的次要道路断面

图 6-7　道路断面示意图

（3）路面材质

村庄路面材质选取以就地取材为基本原则，村庄类型和道路性质差异对路面材质的选择具有重要影响。传统村庄应选择与村庄历史文化和建筑风格相协调的材质，如富有文化情调的青石板、青砖等；平原地区的村庄，支路与宅间路可采用混凝土、青砖、红砖等材料，山区村庄支路可采用当地常见的块石、石板等材质，而宅间路可采用如块石、卵石等地方天然材料，突出舒适美观的设计，营造周围环境浑然一体的氛围（曲占波，2016）。进村道路和村内主干道宜采用水泥沥青路面，其他道路则宜选择具有乡土气息的地方材料进行铺设。

（4）停车场

随着村民生活水平的提高和乡村旅游的迅猛发展，停车场成为村庄必不可少的基础设施。不同类型的村庄，其停车场的布置形式也有不同的要求。现代农业发展型和传统村落保护型村庄宜在自家庭院，或小型活动空间设置停车场；民俗文化体验型和农村观光休闲型村庄宜在出入口处设置停车场，亦可根据旅游线路设置停车场①。乡村停车场的面积不宜过大，宜结合活动空间、农业生产等进行多功能复合布置，在不影响道路正常通行的情况下，可考虑采用路边停车的方式。

（5）安全防护

农村车辆逐渐增多给村民带来了严重的安全问题，安全防护成为农村道路建设的重要组成部分。禁止在国省干道、县道两侧公路用地范围内乱堆乱挂乱建，并且工程建设应满足道路交通安全防护距离。过境公路、铁路等交通设施与村庄道路平交时，以及过境公路穿越村庄时，应设置相应的交通安全设施及标志。

过境公路与村庄道路丁字相交时，宜在交叉口设置红绿灯或三角形中心岛；交叉口处民居建筑和公共建设宜后退一定安全距离，并应提前设置减速标志和减速带；过境车辆与过境公路通过交叉口或转弯进出村庄时，需保证交通视距三角形的视线畅通，禁止有阻碍司机视线的物体和道路设施存在；对存在危险的路段，应根据相关规定设置护栏、警示标志、反光带、反光镜等设施②；进村道路、村内道路、公共场所等要合理设置路灯，间距不大于 50m，宜选用太阳能路灯。

6. 3. 2 饮水安全提升

饮水安全直接关系广大人民群众身体健康，是一个重大民生问题。我国半数

① 根据《美丽乡村建设指南》（GB/T 32000—2015）将美丽乡村类型划分为：民俗文化体验型、农村观光休闲型、现代农业发展型、传统村落保护型。民俗文化体验型为风俗文化突出，具有独特民俗民风或民俗民情，文化展示金额传承潜力大，主题风格突出，珍藏历史记忆，彰显民俗特色，开展以乡村民俗为内容的文化旅游村庄；农村观光休闲型为利用田园景观、自然生态及环境资源等，通过规划设计和开发利用，具备吃、住、采摘、农家乐等功能，交通便捷，距城市较近，休闲娱乐设施完善齐备，为人们提供观光、休闲、度假等生活功能的村庄；现代农业发展型为以家庭农场、循环农业经济、立体农业为代表，基础设施完善，规模经营，信息化、产业化、标准化程度高，生态环境可持续发展，产业带动效果明显的村庄；传统村落保护型为村落形成较早，拥有较丰富的文化与自然资源，具有一定历史、文化、科学、艺术、经济、社会价值，应予以保护的村落。

② 路侧有临水临崖、连续弯道、小半径弯道等路段，应加设混凝土护栏并在护栏上粘贴反光带；对急弯、陡坡、长下坡、穿村庄等路段及学校等人流较多路段，应提前设置限速、减速标志标线和警示设施；视距不良的回头弯、急弯等危险路段，应加设警告标志、凸面反光镜。

以上的人口居住于农村，饮水安全问题极为重要，应保证农户能够及时、方便地获得干净、卫生、经济实惠的饮用水。“十三五”期间，我国饮水安全工程的建设取得了巨大进展，供水合格率、保障率和质量不断提高（王维东等，2019）。然而，农村饮水供给仍存在极大的不平衡问题，中西部地区与东部地区相比，农村的供水保障率和质量仍然较低，仍存在很多村民饮水难的问题。同时，受自然地质、水体污染和设施不足的影响，农村的饮水安全亟待提升。随着经济社会的不断发展，人为活动导致的水体污染也愈发严重，工业废水排放、垃圾肥料倾泻直接导致水体重金属、细菌、有机物等污染物超标。另外，由于经济条件的限制，农村缺乏必要的水处理设施，加剧了农村的饮水安全问题。为了提升农村的饮水安全，规划从村庄水源、供水形式和管网布置三个方面进行建设。

（1）村庄水源

地理区位、周围环境，特别是水质、水量等条件对村庄水源地的选择具有重要影响。距离城镇较近和具有区域供水条件的村庄，应优先考虑采用城镇配水管网供水；山区地区的村庄可考虑采用山泉水进行供给；平原地区的村庄则主要采用地下水进行供给。

同时，水源地保护是村庄饮水安全的首要问题。要加强水源保护，在水源井周边 30m 范围以内、生活用水储水池周围 10m 以内，严禁设置化粪池、污水处理设施和垃圾堆放收集点等污染源；生活用水储水池周围 2m 以内不得有污水管和污染物，并在水源附近设置明显的符合相关规定的保护标志。

（2）供水形式

村庄供水主要包括集中式供水和分散式供水两种形式（图 6-8），应结合当地的特定条件选择适当的供水形式。距离城镇较近、居民点集中、水源集中、水量丰沛的平原地区宜采用集中式供水；而水源分散、水量小、居民点分散的偏远

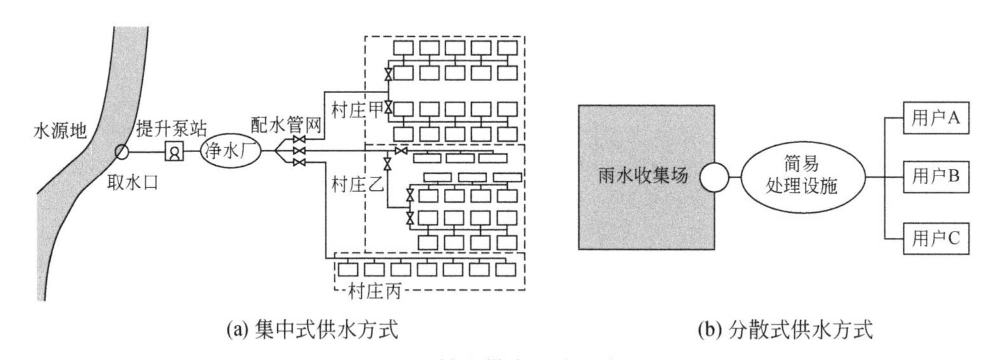

(a) 集中式供水方式　　(b) 分散式供水方式

图 6-8　村庄供水形式示意图

山区或丘陵地区宜采用分散式供水。地形较为平坦的平原地区，应按照“城乡一体、统筹规划”的思路，积极推广规模化集中式供水，也可考虑乡/镇一体或者附近的村庄联合供水，在条件欠缺的地方宜采用村庄集中供水的方式；地形较为复杂的山地或丘陵地区的村庄，可采用多户或者整村“引泉入村”工程，将山泉水收集处理后，输送至村庄以满足村民的饮水安全需求。

另外，村庄供水水质应符合《生活饮用水卫生标准》（GB 5749—2006）的相关规定，严禁一切有碍水质的行为和建设任何可能危害水质的设施，并应加强水质检验和供水设施的日常维护。

（3）管网布置

村庄给水管网布置应本着经济适用、方便铺设、利于检修的原则，对给水管网的选线、管径、覆土厚度、坡度、材质等进行设计。村庄给水管网应沿主要道路进行铺设，与供水的主要流向一致，宜平行于建筑物敷设在人行道或草地下，与建筑物基础、围墙基础、污水管、煤气管的水平净距应分别大于3.0m、1.5m、1.5m、1.5m，干管管径不宜小于 DN 100（即公称直径100mm），入户管管径不宜小于 DN 20。同时，根据土壤冰冻深度、车辆荷载、管道材质等因素确定其覆土厚度，管顶最小覆土厚度应在冰冻线以下 0.15m，在行车道下 0.70m（陈亮，2017）。

给水管道结合地形，考虑重力自流，按照相关规定选择高密度聚乙烯（HDPE）、交联聚乙烯（PEX）、铝塑复合管、钢塑复合管等材料，在经济受限的情况下，亦可采用卫生级改性聚丙烯（PPR）管材。另外，明设给水立管应在厨房、卫生间墙角处或不受撞击处，若不能避免撞击应在管外加保护措施，若有碍居室美观宜采用轻质材料进行隐藏，并且每隔一定距离加管卡固定。

6.3.3 电网升级改造

近年来，国家对农村电网的投入力度不断加大，经历了多次电网升级改造工程，基本解决了农村电网存在的电能质量不高、网架结构薄弱等问题，提高了农村电网的安全系数（杨少昆和李可，2015）。然而，随着农村的快速发展，耗电设施在农村的类型和数量也急剧增加，农村供电的“低电压”问题也逐步显现，对供电设备、用电设备和输电线路造成了严重的损耗。同时，在经济条件较差的地区广泛存在线路老化和不规范的问题，严重影响了村庄供电的可靠性和安全性。另外，农村电力供给存在严重的区域差异，在一些偏远地区、贫困地区仍存在无法满足供电需求，甚至缺电问题等。因此，应积极推进村庄电网的升级改造，为农村提供安全可靠的电力供应，保障居民生产、生活用电。具体改造措施包括以下两个方面。

(1) 变电所规划

供电单元和变电所位置的选择应以县域供电规划为依据，符合相应的建站条件，并且应保证线路接近负荷中心，进出线方便。变电所出线电压等级应按所在地区规定的电压标准确定，电网电压等级宜定为 110kV、66kV、35kV、10kV、380V/220V，采用其中 2 ~3 级和两个变压层次。

为了节约投资和占地、缩短工期、减少维护量，可选用箱式变电站（变压器）①，替代土建配电房（站）；当新装及更换配电变压器时应选用节能、环保型变压器（如非晶合金配电变压器）；安装在建筑内及有特殊防火要求的变压器应采用干式变压器。固定变电所（含箱式变电站）单台变压器不宜超过 800 kVA，土建工程按最终规模一次建成。

(2) 供电线路布置

供电线路的布置应根据当地的自然条件、社会经济条件和具体需求进行。线路的敷设主要有地埋和架空两种方式。地埋敷设电缆适用于人流集中和对景观要求较高的地段（如旅游景区等）；而架空电力线路的布置则更为普遍，以路径短直、平顺为基本原则，根据地形地貌和网络规划，沿着道路、绿化带等进行架设。35 KV 及以上高压架空电力线路不能穿过村镇中心、文物保护区、危险品仓库等，并需规划设置高压安全走廊。

中、低压配电网力求结构简单、安全可靠，架空线路宜选用绝缘导线，低压主干线路电线截面应根据区域饱和负荷值，按经济电流密度值选取，农村低压主干线路电线截面≥50mm^2；中低压配电网选用砼杆，中压杆塔长度≥10m，低压杆塔长度≥8m，档距≤70m。

6.4 建筑特色塑造

6.4.1 危房改造

在满足村民居住安全基本需求的基础上，农村危房改造坚持统筹规划、实事求是、因地适宜、经济节约的基本原则，实现经济、实用、节能、卫生的目标。

---

① 箱式变电站是一种高压开关设备、配电变压器和低压配电装置，按一定接线方案排成一体的工厂预制户内、户外紧凑式配电设备，即将高压受电、变压器降压、低压配电等功能有机地组合在一起，安装在一个防潮、防锈、防尘、防火、防盗、隔热、全封闭、可以动的钢结构箱体内，适用于各类村镇居民、工厂企业。

统筹规划是指对在城市规划区域范围以外的村庄进行危房改造时不仅要符合镇、乡和村庄规划，还要考虑农民自身的意愿和危房改造的时序安排；实事求是指需要对提出申请的农户进行实地走访，要将“经济最困难”“住房最危险”“最急需改造”的农户作为优先进行危房改造的对象（郭江华和杨晶，2017），确保危房改造任务落到实处；因地制宜就是以国家危房改造政策为指引，符合当地相关规划，优先利用原宅基地、村内闲置的宅基地和村内适宜建设的空闲地进行建设；经济节约则是指在房屋改造与建设过程中大力推广节能材料和技术，充分调动村民的积极性，使村民参与到建设过程中，节约人力成本和经济成本。

危房改造应符合国家《关于印发〈农村危险房屋鉴定技术导则（试行）〉的通知》（建村函〔2009〕69 号）、《住房城乡建设部关于印发〈农村危房改造最低建设要求（试行）〉的通知》（建村〔2013〕104 号）、《住房城乡建设部办公厅关于印发农村危房改造基本安全技术导则的通知》（建办村函〔2018〕172 号）及各省级政府颁布的相关文件要求，并根据房屋结构与危险等级采取不同的改造方式。村内的危房应该先由专业机构鉴定具体危险级别[①]，确定改造方案。对 B 级和 C 级危房出现危险的区域进行修缮加固；对 D 级危房予以拆除重建（李有香和邓宗立，2013）。另外，房屋状况良好或经修缮可以使用的闲置住房可改造为公共服务设施、乡村旅馆或家庭旅馆、“农家乐”场所、村民活动场所、生活服务中心等，闲置厂房可以出租经营或办小型加工厂、养殖场，也可改造为农村文化礼堂或体育场馆。具体整治内容和措施如下。

（1）修缮加固

委托具有相应资质的技术部门，分别针对砖混结构、砖木（瓦）结构、混凝土结构、木结构房屋制定修缮加固方案。对砖混结构房屋宜采用增设抗震墙、增设构造柱和增设圈梁等措施；对砖木（瓦）结构房屋宜采用增设墙体和连接加固措施，其中，连接加固包括但不限于原结构楼盖及墙体间、房屋内外墙间、墙和楼屋盖间、外墙和圈梁间、外墙之间；对混凝土结构房屋宜采用增设钢筋混凝土抗震墙或翼墙、钢构套、现浇钢筋混凝土套加固框架、加强砌体墙与框架连接等措施；对木结构房屋宜采用加强和增设支撑或斜杆、加强木构架构件间的连接、增加木屋架或木梁支撑长度等措施。

---

① 根据农村危房改造工作需要，2009 年中华人民共和国住房和城乡建设部组织编制了《农村危险房屋鉴定技术导则（试行）》，将房屋危险性鉴定划分为四个等级：①A 级。结构能满足正常使用要求，未发现危险点，房屋结构安全；②B 级。结构基本满足正常使用要求，个别结构构件处于危险状态，但不影响主体结构安全；③C 级。部分承重结构不能满足正常使用要求，局部出现险情，构成局部危房；④D 级。承重结构已不能满足正常使用要求，房屋整体出现险情，构成整幢危房。

(2) 拆除重建

拆除的建筑主要为没有修复价值的危旧住宅和影响村内主要道路通行、周围建筑采光、消防安全、村容村貌的部分住宅及附属建筑等。拆除重建应按照村庄规划要求在原址或另选新址重建，坚持“一户一宅、建新拆旧”，在新建住房建成后及时拆除原危房。现状危房拆除后宅基地空闲的，可以考虑作为村庄绿化用地或公共服务设施用地，为村民提供公共活动空间。

6.4.2 旧房整治

旧房整治以整体协调、生态环保、美观实用为基本原则，充分挖掘当地文化底蕴，与当地风貌、传统文化、现代技术相互结合，展现建筑新形象。旧房整治主要是通过更新修缮现状建筑构件，延长建筑使用寿命，可以分为对屋顶、墙体、门窗、建筑构件等的整治，具体有修缮屋顶、门窗，加强房屋结构，补做散水，粉刷外墙，增加立面装饰，重新布置水管、电线等措施。具体而言，旧房整治主要涉及屋顶整治、墙体整治、门窗整治和建筑构件整治四个方面。

(1) 屋顶整治

屋顶整治主要从功能、形式、色彩、材料等方面进行。屋顶具有遮风挡雨的功能，屋顶整治应修补破损屋瓦，保证屋内不漏水，可将原有屋顶改造为上人屋面，并应预留居民加装太阳能、电视接收天线等设施的位置；从外部形式讲，主要分为坡屋顶和平屋顶两种，坡屋顶排水方便，平屋顶方便晾晒粮食，应在考虑房屋结构、承载力等的前提下，结合村庄整体风貌和农户需求综合确定屋顶形式；屋顶颜色应与村庄原有风貌相协调，通过对屋顶进行细部处理、加装饰线、添加花饰达到美观效果；屋面材料的选择应以节能环保、经济实用为基本原则，采用经济实惠、节能环保、保温的材料，临时性房屋屋瓦可采用彩钢板，永久性房屋屋瓦采用节能屋面及其他现代材料。

(2) 墙体整治

墙体整治应坚持风格协调、生态环保、经济美观的基本原则，并针对不同类型的建筑和饰面材料采用不同的整治做法。墙体材料的选择应以当地普遍使用的、新型环保材料为主。对公共建筑和农户住宅正房而言，墙体是村庄和村民面貌的一种体现，可采用加抹保温砂浆或外贴保温板，再喷刷保温涂料的做法；而对于地位相对较低的房屋则可采用加抹普通砂浆，再喷刷普通涂料的做法。

农村现有的墙体可分为有饰面和无饰面两种类型，无饰面的墙体主要包括清水砖墙、石坯墙、水刷石墙等，可进行直接清洗；有饰面的墙体主要包括瓷状饰面和涂料饰面两种，对瓷状饰面，其清洁整治措施可按照清洗—修补—替换的步骤进行，即首先进行直接清洗，其次对相对较好的墙体进行修补，最后对破损较为严重的墙体进行同类材料替换。对涂料褪色、被涂抹、破坏的墙体，应采用原材料进行重新粉刷。

（3）门窗整治

门窗整治坚持经济实用、风格统一、造型美观的原则。在满足安全、通风、采光等性能要求下，采用现代工艺，提高安全性能和保温效果，如加装防盗设施，采用保温节能的塑钢门窗材料、铝合金门窗等。风格上，整村或整街统一打造，以实现村庄整体风貌的协调统一。同时，要做好门窗造型设计，尤其是传统建筑与大型公共服务设施周围建筑的门窗更要从色彩、形式上统一规划，彰显村庄形象。

（4）建筑构件整治

建筑构件整治主要包括晒台栏杆、空调室外机、防盗网等。晒台栏杆的整治可以从材料、工艺、装饰方面入手，晒台栏杆的材料多种多样，有混凝土、砖、木、金属、陶瓷等，应在整体协调的前提下，对建筑材料和晒台栏杆材料进行组合，确定栏杆材料与处理工艺，也可在栏杆上加种花草装饰，展现富有生机的农家生活。空调室外机的整治可以从安放位置、立面遮挡和装饰方面入手，对安放位置应进行统一规划，与建筑立面和周围环境相协调，临街建筑宜采用百叶或格栅进行遮挡，在满足通风条件的基础上可以加缀装饰或对其喷涂图案和色彩。防盗网的整治主要从外观入手，应考虑建筑立面整体效果，拆除明显影响视觉景观效果的防盗网，进行统一设计，建议不要突出到建筑构造物外，最好采用内窗式防盗格栅或者隐形防盗网。

6.4.3 传统建筑保护

传统建筑是乡村文化的重要载体，是历史痕迹的记录者和体现者，保护传统建筑对彰显村庄特色、丰富村庄景观、唤起乡愁记忆具有重要意义。同时，村庄的传统建筑作为一种独特资源，对推动乡村旅游的发展具有重要价值，可有效带动农村经济发展和促进农民收入增加。然而，近年来随着城市文化观念的入侵和传统建筑保护的不力，具有浓厚文化气息的传统建筑受到了严重威胁，大量的传统建筑被拆除，新建的缺乏地方特色的“小洋楼”造成了“千村一面”的现象。同时，还有一些村庄不顾当地的建筑文化传统，照搬照抄，乡村“粉墙黛瓦”“马头墙”林立，导致自身建筑文化特色逐渐淡薄。提高传统建筑的保护意识，制定合理的保护措施，以实现乡村文化与特色的彰显与传承，是建筑特色塑造的重要内容，具体包括建筑本体保护和环境要素保护两个方面。

（1）建筑本体保护

保护传统建筑，就是保护年代久远、现状保存较为完整、有一定文化价值的建筑物和构筑物，如传统民居、祠堂、庙宇、塔（阁）、亭榭、牌坊、碑、古城墙、古驿站、古驿道、堡桥等。对村庄中具有历史文化价值的建（构）筑物的整治和保护宜采取保养维护、外观修复、功能完善等措施；对局部破损的建（构）物参照相关历史研究，制定技术方案并进行论证，按照原貌修复；对仍居住和占用祠堂、重要传统民居的居民进行合理安置；对具有重要教育意义的建（构）筑物应进行构件加固，设立宣传纪念场所，教育人们保护历史文化遗产；同时，对传统民居、历史文化公共建筑和传统街巷周围的现有建筑和新建建筑进行控制，使其在体量、高度、风格、形式、色彩等方面与传统建筑相协调。

（2）环境要素保护

环境要素可分为两类，一类是物质要素，如街巷空间、古树、古井、匾牌、幌子等；另一类是非物质要素，如街名、人文传说、历史典故、当地民俗、音乐、民间技艺等。对古树、古井等物质要素应进行建档、就地保护，不得随意砍伐和填挖，必要时应加设围栏；对匾牌、幌子等物质要素可利用现代技艺进行复制，布置在临近的民居、街巷中，形成整体效果；对街名、人文传说、历史典故、当地民俗等非物质要素可以通过碑刻、音像或模拟展示等方法加以弘扬；对音乐、民间技艺等非物质要素可以通过刻录、表演、鼓励在校学生和年轻人学习等方法加以传承发扬。

6.4.4 新建建筑指引

对新建建筑进行必要的指引，营建村庄特色风貌对人居环境的改善具有非常积极的意义。在进行危旧房屋整治和传统建筑保护的基础上，还要防止因新建建筑风格、颜色、高度等与村庄风貌不协调对整体环境造成的破坏。村庄公共建筑的设计应结合本地特色，外观设计新颖、美观、便于实施，建筑功能布局合理，并与公共活动场地相结合进行布局。民俗文化体验型和传统村落保护型村庄新建的建（构）筑物体量不宜超过村庄内现有建筑的尺度，加强对檐口、屋脊等重点部位的整体控制，保证村庄整体风貌的统一。具体来说，新建的普通民居在高度上不得超过周围建筑，一般层数不宜超过3层，平原地区以2～3层为主，丘陵地区和山区以1～2层为主；保持宅基地室内地平标高的统一性，当新建房屋与原有房屋相邻时，新建房屋的基础埋深不宜大于原有房屋基础，当埋深大于原有房屋基础时，新建房屋应与原有房屋之间保持一定的距离。

6.5 绿色家园营建

6.5.1 门户景观营建

自古以来，中国人有着强烈的门户观念，门户不仅仅指“门”的形态，更多的是作为一种标志性的开敞空间，是一定空间范围的标识，如紫禁城的天安门、传统四合院的垂花门、寺院的山门等（侯全华和王文卉，2016；杨虎和翁晓龙，2012）。良好的门户景观能唤起人们对美好乡村生活的向往，对其进行合理设计与优化对村庄整体规划具有非常重要的意义。乡村门户景观是人们对一个村庄历史、文化等内涵的首要认知，是村庄组成要素中最为直观的表现形式。随着经济的快速发展，门户景观营建逐渐受到重视，但仍出现了一些问题，盲目模仿和景观协调性差最为突出。盲目模仿，即不假思索地复制其他村庄的设计，缺乏对自身的考量，没有对村庄地域特色和传统文化进行挖掘，容易造成“千村一面”的现象；景观协调性差则主要体现在村庄门户空间的设计缺乏与村庄景观的衔接，门户景观不能很好地展示村庄形象，与村内景观各自独立，不能形成整体、连续性景观。

针对现状存在的问题，设计与提升门户景观应坚持地域性、人文性、整体性、生态美观四大基本原则（贾孟炎，2014）。地域性原则要求从当地传统文化中提取相关要素来提升门户景观，避免“千村一面”，给人留下平淡无奇的印象；人文性原则要求门户景观应以人为本，充分满足人文展示需要，力求景观建设与人文展示相互融合，满足人们精神文化提升的需求；整体性原则要求门户景观的设计与提升要与村庄整体景观相协调，对村庄进行整体打造；生态美观原则要求门户景观的设计与提升以自然为基础，尊重自然，保护自然，不破坏自然，保持乡村自然风貌和乡土气息的原真性，同时利用现代技术和材料进行景观提升，营造美观、舒适、宜人的环境。

遵循上述基本原则的前提下，对乡村门户景观提升应从人文景观和自然景观两方面入手。人文景观的提升要重点运用牌楼、石碑、雕塑小品、古树名木等，设计富有人文气息的村庄门户特色景观，如在现代农业型、休闲旅游型、文化传承型村落的门户空间建设小型公园或广场，介绍和展示村庄人文历史和现代科技运用方面的特色。自然景观的提升以乡土树种为主，乔灌草结合，建设造型丰富、层次多样的点状、面状绿化景观，以及有宽度、有厚度的带状绿化景观。

6.5.2 街巷景观美化

街巷空间功能多样，在村民日常生活中占据着重要的地位。街巷是村庄的经脉，承担着交通功能，将村庄各个空间连接起来，同时促进了人流、物流、信息流的交织。与城市街巷空间相比，村庄街巷还承载着村民的日常活动，严格来讲是农村公共活动空间的一种形式。在平时生活中街巷满足居民日常交流的需要，延续生活场所，承担交流空间的功能；在集市期间，街巷还承担商业功能（嵇雪华和庄建伟，2014；邵润青等，2016）。街巷空间由底面和垂直方向上的界面围合，是一个线性的流动空间（黎玉洁等，2017）。街巷界面的主要特点体现在连续性的地面铺饰、建筑立面和街巷设施方面，街巷景观美化可以从以下三个方面入手。

（1）地面铺饰

根据街道功能、特点、周围环境选择合适的地面铺饰材料。街与巷在尺度上和功能上不同，街比巷宽，通行主体以人、车为主，交通量较大，而巷的通行以人为主，所以街的铺饰材料要比巷的抗压程度更强。在农村，街的地面铺装一般由集体统一建设，以沥青、混凝土硬化为主，而巷的地面铺装材料相对较多，如青石板、青砖、红砖、瓦片等。地面材质的选择应与周围建筑相协调，采用当地普遍使用的材料，节约成本，如在历史文化街区以拆迁房屋的瓦片作为铺装材料，营造古色古香的环境氛围，通过地面铺装的不同组合，对人的游览路线加以引导；在休闲旅游型村庄大面积铺装以青砖为底，凸显古朴的村庄气息。

（2）建筑立面

建筑立面与建筑风格密切相关，建筑材料、色彩、样式直接影响建筑立面效果。建筑立面美化应坚持整体协调、经济美观、生态环保的基本原则，根据建筑质量和对原有建筑立面改动程度的不同，采取不同的做法。对建筑质量良好、原有建筑立面改动不大的乡村建筑采取增改饰材的做法，改变建筑外立面的部分材料，增加装饰，在进行外立面改造时尽量选用当地常用的、新型环保的材料，适当结合现代工艺，如在建筑立面进行雕花、喷绘文化展示墙等，与当地特色文化相结合，增强街巷的文化氛围；对建筑质量良好，原有建筑立面改动较大的建筑采取拆旧换新的做法，将与村庄整体风貌格格不入的建筑原有立面饰面材料完全去除，结合周围建筑形式和风格，对建筑外观形象进行重新设计，与周围环境相协调，打造连续性街道界面；对建筑质量一般，原有建筑立面改动较大的建筑采取加包立面的做法，不在原有建筑立面上进行改造，这种方式对原有建筑改动较小，主要是通过遮挡将建筑外立面的电表、空调、热水器等尽量隐藏，在成本最小化的基础上打造连续性街巷空间景观。

（3）街巷设施

街巷设施的美化坚持风格统一、整体协调、标识明确的原则，对相关的标识系统、照明设施、环境卫生设施（公共厕所、垃圾桶、垃圾回收箱等）、休憩设施等进行合理布置，展示村庄文化、方便村民生活、体现乡土地域特色。标识系统，如路标、村镇特色小品、文明宣传标牌、村规民约展示牌、沿街店招等设施的大小、风格、位置应进行统一规划设计，重点展现当地文化和乡土地域特色，重点区域可以将文化宣传与现代科技相结合，如在重要历史文化保护建筑区设置电子互动屏等。

照明设施、环境卫生设施和休憩设施的布置应与村民日常生活需求相结合，与乡村景观相结合，从风格、样式上进行统一，并增添趣味性、人文性的造型设计，放置在合理的位置，提高实用性。

6.5.3 滨水空间营造

滨水空间是村庄公共开放空间的重要组成之一，具有自然山水景观和丰富的历史文化内涵，是乡村景观营造与风貌展示的重点区域（李建伟，2010）。良好的滨水空间可以彰显乡村活力、使人放松身心，促进人际交流，并且能提高周围区域的吸引力，是乡村旅游发展的重要资源。村庄滨水空间缺乏管理，开发利用不当，与村落联系薄弱，造成滨水空间出现生活垃圾堆砌、环境较差、岸边水土流失严重、景观系统不完整等问题。

村庄滨水空间的营造以清-建-管为重点。“清”指保证水质清洁，截堵排污源头，污水应进行有效处理后方可排入自然水体，禁止直接向公共水域排污，对河流水面、池塘、沟渠等公共水域内的杂物进行打捞，清淤疏浚。“建”指营建滨水景观，在保证水体生态安全的前提下，修建自然护岸或干砌鹅卵石、乱毛石护岸、护坡，种植以当地植物为主的绿化，增加水边步道、亲水平台等景观设施，布置亭阁或风雨廊道，结合当地的文化风俗，营建富有当地特色的滨水景观空间。“管”指建立健全监督管理机制，包括对自然景观的管理和游客的管理，安排专人对水体中的污染物进行打捞，对污染环境的行为进行惩罚。对存在潜在危险的公共水域采取相关措施进行安全防护，并设置安全警示标志，保证人身安全。

6.5.4 线缆乱拉治理

随着社会经济的不断发展，农村对电力、电信等设施的需求不断提高，需要架设的线路越来越多，由于缺乏统一的规划和合理的管制，农村线缆的铺设随意搭挂，不仅对村容村貌产生很大影响，而且存在严重的安全隐患。

线缆整治应在保证安全的前提下坚持整体规划、分工明确、经济美观的原则，对不同性质和功能的线缆采取不同的布置方式，对现有违规线路进行整理，在有条件的村庄实施线缆入地工程。供电线路沿道路布置，减少交叉、跨越，坚决不允许线路走廊对住宅、树林和危险品仓库的穿越，与建筑物间保持一定安全距离，水平和垂直方向上均不小于3m。通信线路避开地质条件复杂，易发生自然灾害的地段，尽量选择方便架设和检修的地段。

对违规搭建的地区，采取变换线路走线、拆除电杆、弱电线缆分开捆扎的措施，将线缆沿着墙边、屋檐重新走线等方式进行处理。同时，杆线应排列整齐，安全美观，电力、通信尽量沿道路分侧布置；弱电落地的村庄应移除弱电线杆、支架。

6.5.5 绿化水平提升

村庄绿化是村庄景观系统的重要内容，是村庄良好自然生态环境的重要组成部分，也是村庄发展旅游经济的重要资源，年代久远的古树名木更是成为村民精神文化的寄托。随着乡村振兴战略的实施和人们环保意识的提高，村庄的生态环境建设与绿化水平提升成为村民关心的一项重要内容。提升绿化水平应坚持整体协调、因地制宜、经济美观的原则，从村庄道路（街巷）绿化、坑塘河道绿化、庭院绿化、环村林带等方面进行重点打造。

（1）道路（街巷）绿化

道路（街巷）绿化具有净化空气、美化环境、缓解审美疲劳等功能，可结合树种特性、道路宽度、交通需求、周围设施等进行布置。选择当地干型好、生长速度快、抗污性强的树种，并尽可能避免落花、落果、飞絮造成的污染，在植物配置上乔灌草结合，打造富有层次的道路景观；宽阔的道路旁种植树干挺拔、树冠较大的乔木作为行道树；相对窄小的道路旁种植树冠较小的树种；道路交叉口和转弯处种植矮小的灌木和草本植物，防止因视线遮挡引起交通事故的发生；高压线下种植干矮、树枝展开的树种。

（2）坑塘河道绿化

坑塘河道绿化应注重保留和利用基地内原有的天然河流地貌，尽可能保护原生植被，根据水位高低、水质情况选择不同的植物，在坑塘河道边缘陆域宜种植耐水植物，在坑塘河道边缘水域宜种植水生植物、湿生植物。

（3）庭院绿化

庭院绿地主要指房前、屋后、宅旁等区域的绿化，一般由简易花坛、围栏等形式进行围合，根据绿化面积的大小，可分为观赏型、休闲型、经济型等绿化模式。绿化树种选择宜采用景观树种和经济树种相结合的方式，或由农户自行种植果蔬，或种植藤本植物和花架植物，增加观赏效果。当房前绿化与道路绿化融为一体时应考虑整个街巷的景观效果，在色彩、花期、造型方面进行重点设计，统一种植。

（4）环村林带

种植在村庄周边的环村林带应具有一定宽度，以起到提升乡村绿化效果、改善生态环境等作用，树种选择上一般以高大乡土乔木为主，宜与经济林果结合，建议种植 5 ~ 10 行，有条件的村庄可适当增加绿化行数，如果条件允许，可考虑种植有季相变化的树种。积极种植防护林带、田间绿化隔离带，在荒山荒地、低质低效林地、坡耕地、抛荒地等区域选用根系深、生长快的乡土树种及原生草本植物，提高土地绿化覆盖率，避免土地闲置，提升村庄生态环境质量。

6.6 实证案例研究

6.6.1 研究区概况

樊家圪台村[①]位于陕西省延安市延长县郑庄镇，辖 5 个自然村 381 户 1080 人。樊家圪台村具有独特的气候、地形、水文和矿产资源条件。年平均气温为 10℃，年降水量为 595.9mm，全年无霜期为 180 天；是典型的黄土丘陵沟壑区，拐沟川狭窄，坡度大，主要为黄土梁、残塬地貌，沟谷多呈 U 形；拥有丰富的石油资源，并且在油田开采过程中产生的伴生气属于可利用的能源；生态环境较好、植被覆盖率高，山、水、田、林、村交织，沿沟壑呈现出鱼骨状的空间形态。

通过对樊家圪台村进行现场踏勘、调查访谈、资料收集等，发现樊家圪台村存在产业发展缺乏动力、环境安全亟待改善、基础设施有待加强、景观风貌尚需提升四方面问题。从村庄产业来看，樊家圪台村第一产业占比高，没有集体经济，第二、第三产业占比低，农产品类型与周边村庄同质性强，尚未形成本村特色品牌，村庄产业发展缺乏动力，导致村民外出打工，人口流失，村庄活力丧失。从环境安全来看，樊家圪台村为典型的陕北山村，由于自然条件限制和村民生产生活的安全意识不足，虽然有丰富的石油伴生气资源，但多在农户院落直接

① 本案例来自《延长县郑庄镇樊家圪台村人居环境整治规划（2018—2030 年）》，主要编制人员包括李建伟、乔飞、马继旺、孙圣举、袁洋子等。

燃烧利用，缺少安全防护措施；并且村庄部分窑洞为危窑，或用作杂物间，久无人居住，并未进行整治。从基础设施建设来看，村民小组居民点分布零散，距离远，规模小，空心化严重，不利于基础设施的整体布置，现有基础设施建设主要存在公共服务设施条件差、局部道路设施未平整硬化、电力电信设施落后、村庄全部为旱厕、垃圾收集点距离远、污水处理设施缺乏等问题。从景观风貌来看，村庄建设整体延续陕北民居建筑风格，但村庄传统特色风貌和建筑符号正在逐渐消失，存在村庄院落形态各异、街巷空间脏乱差、延安文化特色和活力缺乏、废弃闲置建筑和临时搭建建筑数量多等问题。

6.6.2 研究区环境卫生整治

(1) 研究区生活垃圾治理

樊家圪台村在垃圾专项治理方面的问题主要表现在以下几个方面：一是由于樊家圪台村地处偏远、居住分散，产生的生活垃圾大多随意倾倒处理，难以做到转运处理。二是垃圾处理设施配置不足且使用效率不高。虽然已建设了3处垃圾中转箱，但尚未投入运营，并且没有配齐户用垃圾桶和清运车辆，影响了垃圾及时处理。三是保洁制度不完善。保洁员的配备和管理有待加强；村庄保洁员人数少，不能及时清理垃圾，难以达到“日产日清”的处理标准。四是垃圾分类工作尚未开展。

结合农村扶贫攻坚和人居环境改善工作，围绕垃圾处理“减量化、资源化、无害化”目标，采取“政府主导、农民主体”的推进方式和“突出重点、因地制宜、分年实施、稳步推进”的工作步骤。樊家圪台村垃圾处理整治主要从以下三方面进行。

首先，实行垃圾分类，推行源头减量。推行“两次四分法”分类方式，并在分类基础上，对适合在农村消纳的垃圾进行分类后就地减量。将垃圾分为可腐烂垃圾、可回收垃圾、有害垃圾和其他垃圾四类，其中，可腐烂垃圾利用农村沼气设施进行处理，发展生物质能源，或用阳光房和堆肥间就近堆肥，获得优质肥料，供农业生产活动使用，从而降低垃圾产出，实现垃圾资源化处理。

其次，完善生活垃圾收集转运体系，健全保洁制度，全面治理生活垃圾。建立“村收集、镇转运、县处理”的生活垃圾处理体系，配备收集转运车辆，每户配备加盖垃圾桶，并按照垃圾分类严格收集，同时加强保洁制度的建设，扩充村保洁队伍，保证垃圾的及时清理和收集，做到“垃圾不过夜”，实现垃圾全面治理。

最后，对农业生产废弃物资源化利用（图6-9）。建设集中堆肥设施和有机肥加工厂，并建立农资包装废弃物储运机制。

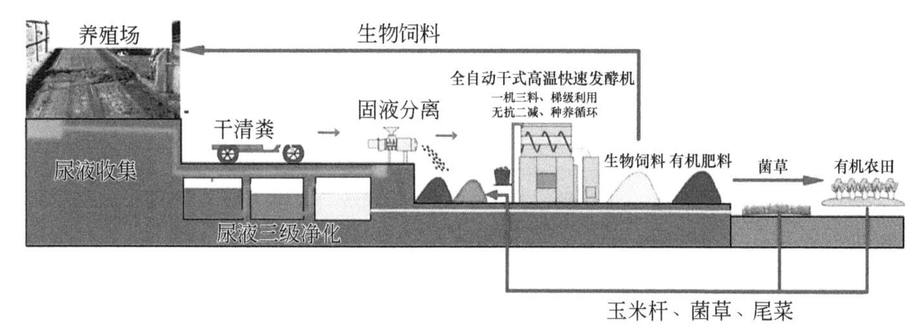

图 6-9　垃圾资源化利用模式

（2）研究区生活污水处理

由于村庄居住分散，樊家圪台村尚无污水处理设施，污水直接排入沟道，不仅污染环境，威胁农村饮用水安全，影响人民的生命健康，而且影响村庄的景观风貌，难以达到乡村振兴的基本要求。结合村庄现状建设条件，规划采用雨污分流体制。污水采用土壤渗滤处理系统与农业或生态用水相结合的方式，或结合双瓮漏斗式无害化卫生厕所处理设施进行处理后还田。其中，土壤渗滤处理系统主要包括慢速渗滤系统（图 6-10）和地表漫流系统（图 6-11）两种，慢速渗滤系统主要用于处理含有有机物较多的生活用水，地表漫流系统主要用于处理居民活动过程中排出的利用价值较小的水及径流雨水。

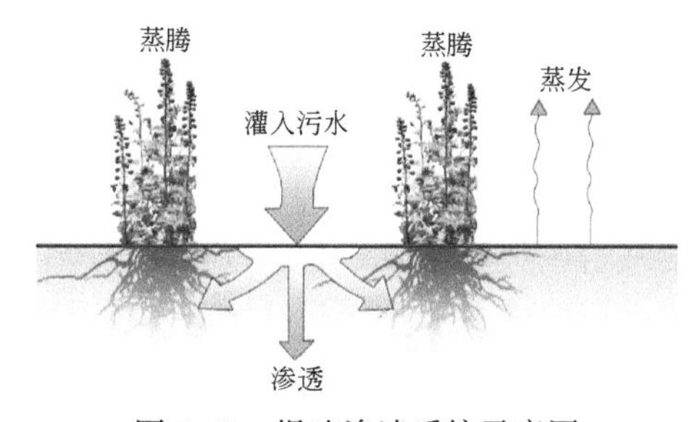

图 6-10　慢速渗滤系统示意图

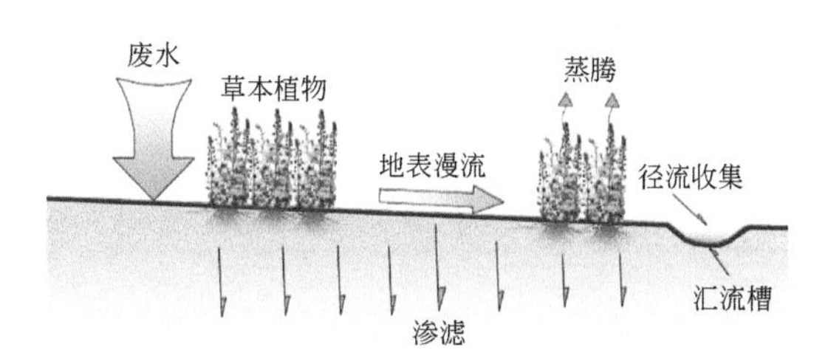

图 6-11　地表漫流系统示意图

(3) 研究区卫生厕所改建

目前，村庄共建有4处公共厕所（图6-12），由于历史、村民习惯、思想观念等，户厕均为露天旱厕，多建在村前屋后，存在较为严重的环境卫生问题。

图6-12　延长县樊家圪台村公共厕所现状

根据居民的需求和经济条件，该村卫生厕所整治方式主要推荐使用以下两种：一是推荐采用注塑一体化无水马桶三格化粪池对农户简易旱厕和公共厕所进行改造；二是采用双瓮漏斗式无害化卫生厕所对农户简易旱厕和公共厕所进行改造。

6.6.3　研究区设施配套完善

樊家圪台村设施配套完善主要从交通安全整治与给水安全提升两方面进行考虑。

(1) 交通安全整治

交通安全整治主要从村庄道路硬化、道路交通设施配置两方面进行。其中，道路硬化重点对樊家圪台村的两条生产道路进行硬化；道路交通设施设置主要是错车台、道路亮化设施、停车设施、道路安全标志设施等的规划设计。对不能满足双向行驶的现状道路（如基宽3.5m的受限路段），在合适的位置开辟会车场地（如错车台）；在进村道路、村内道路、公共场所合理设置路灯，间距不大于50m，方便村民夜间出行，尽量选用节能的太阳能路灯，减少维护成本；结合活动空间、农业生产空间等布局公用停车场，在条件允许的情况下，推荐农户在自家庭院设置私人停车场；在村庄道路有急转弯的位置，设置相应的交通安全设施及标志。

(2) 给水安全提升

樊家圪台村的供水水质需符合《生活饮用水卫生标准》（GB 85749—2006）的相关规定。同时，严禁一切有碍水质的行为和建设任何可能危害水质的设施，并应加强水质检验和供水设施的日常维护。在农户水井周围30m 的范围内，严禁设置渗水厕所、粪坑等污染源，严格保护水源。并且，建议将水井引水管通过地埋敷设至室内（图6-13），安装水箱，水管地埋深度不得小于最大冻土深度，引水管宜用保温材料包裹。

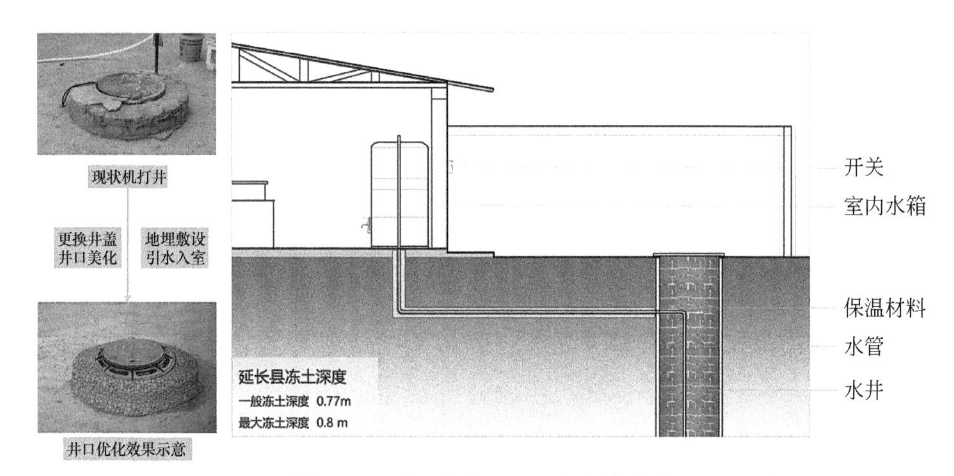

图 6-13　引机井水地埋入室内模式图

6.6.4　研究区建筑特色塑造

通过对樊家圪台村的现场踏勘，根据建筑材料和建设年代可将现状建筑分为土窑、石窑、砖窑和平房四类，再加上建筑与庭院密不可分，因此建筑特色整治主要针对以上四类建筑开展建筑整治与庭院整治。

（1）建筑整治

当地建筑形式主要分土窑、石窑、砖窑和平房四类，建筑材料主要为当地黄土、红砖、青砖及混凝土，色彩上呈现为土黄色、白灰色、青砖色等，总体风貌较为混乱。现状建筑大部分质量良好，整治后可继续使用，但有少数建筑存在安全问题，需要拆除。分类型对现状建筑采取不同的房屋整治措施，具体内容如下。

土窑整治：村庄内现存两院土窑，均依附当地黄土层建造而成，整体建筑色彩为土黄色，建筑质量极差，不具备继续居住的条件。土窑内部防水性差、易潮湿，室内光线、透气情况也比较差，且容易受到自然灾害的侵袭导致倒塌，属于危险建筑，存在较大安全隐患。同时，考虑到影响村庄景观风貌，对两院土窑进行封口，不允许继续使用，并种植绿化树种进行遮挡。

石窑整治：现存的30 院石窑建筑大多于20 世纪70 年代，以当地石材为原材料建造而成，整体建筑色彩为石材本色，建筑主体质量良好，但在不同程度上存在窑顶杂草丛生，缺少防雨坡屋顶，石墙堆砌杂乱，墙面陈旧，甚至破损；门窗构件破损，涂料褪色；地面缺少散水措施等问题。对石窑进行的整治主要为清理整治窑顶、清洗墙体、修复门窗、粉刷窗台、重新铺装室外地面等，尤其注重在门窗构件样式上体现当地特色（表 6-1、图 6-14 和图 6-15）。

表 6-1　延长县樊家圪台村石窑整治改造措施

改造类型	现状照片	改造示意	改造及施工措施
入户门窗			测量门洞口、窗户尺寸，并按原尺寸替换门窗，对保存完好的门窗可油漆粉刷保留原样，延续窑洞门窗特色
墙体			对石墙勾缝、墙体进行清理，对破损的部分采用原材料修补
屋顶			两层以下的窑洞统一采用灰色树脂瓦，房脊用琉璃脊瓦，山墙、屋面、斜坡两边用砖压边，坡屋面根据建筑物进深，确定屋脊高度，坡角统一为 21°

(a) 整治前

(b) 整治后

图 6-14　延长县樊家圪台村石窑整治示意图一

①平顶改坡屋顶；②清洗墙体，勾缝；③修复窑洞门窗；④粉刷窑洞窗台；⑤室外铺设青砖

(a) 整治前

(b) 整治后

图 6-15　延长县樊家圪台村石窑整治示意图二

①清除窑顶杂草，加屋顶构架；②清洗墙体，勾缝；③修复窑洞门窗；
④粉刷窑洞窗台；⑤室外铺设青砖

砖窑整治：现存的 49 院砖窑建筑大多于 20 世纪 90 年代，以红砖、青砖为主要原材料建造而成，整体建筑色彩为红砖、青砖原色，整体质量一般，门窗构件样式具有当地特色。但是存在与石窑相似的问题，即在不同程度上存在窑顶杂草丛生，缺少防雨坡屋顶；石墙堆砌杂乱；部分墙面陈旧、破损；门窗构件破损，涂料褪色；地面缺少散水措施等问题。对砖窑进行的整治主要为改造屋顶、清洗墙面、修整门窗、拆除危棚、整治立面、室外地面硬化等（表 6-2、图 6-16 和图 6-17）。

表 6-2　延长县樊家圪台村砖窑整治改造措施

改造类型	现状照片	改造示意	改造及施工措施
入户门窗			测量门洞、窗户尺寸，按原尺寸和形式替换门、窗，对保存完好的门窗可油漆粉刷保留原样，延续窑洞门窗特色
墙体	 	 	统一用水泥砂浆粉刷，白色外墙涂料，0.9m 灰色墙裙，对墙体损坏部分进行修补，分别采用红砖和青砖加固，对破损的地方采用原材料修补，注意与窑顶的结合方式

续表

改造类型	现状照片	改造示意	改造及施工措施
屋顶			两层以下的窑洞统一采用灰色树脂瓦加设坡屋面，房脊用琉璃脊瓦，坡屋面根据建筑物进深，确定屋脊高度，坡角统一为21°，临山窑洞屋顶正立面采用坡屋顶形式，临山面加设斜屋面便于雨水收集，同时加固山体，避免滑坡

(a) 整治前

(b) 整治后

图6-16　延长县樊家圪台村砖窑整治示意图一

①新增菜园；②加坡屋顶；③清洗墙面及勾缝；④修复窑洞门窗；⑤拆除危棚，增加绿化；⑥室外铺装青石砖

(a) 整治前

(b) 整治后

图6-17　延长县樊家圪台村砖窑整治示意图二

①增加围墙；②改造屋顶；③清理墙面、勾缝；④更换门窗；⑤整理石块堆砌

平房整治：现存的75院平房建筑大多于2000年后，以红砖、混凝土为主要原材料建造而成，外墙贴白瓷砖或粉刷白灰，整体建筑色彩为白色，建筑质量良

好，样式朴素。在使用过程中，存在的主要问题有：石棉瓦简易搭建的屋顶破损漏雨；墙面破损；门窗构件破损，表面涂料褪色；散水损坏等。对平房进行的整治主要为改造屋顶、清洗墙面、修缮门窗、修补散水、硬化庭院（表 6-3、图 6-18和图 6-19）。

表 6-3　延长县樊家圪台村平房整治改造措施

改造类型	现状照片	改造示意	改造及施工措施
入户门窗			现状门窗原状保持完好的，进行门窗清洗；现状门窗破损严重的，测量门洞口、窗户尺寸，按原样替换门窗
墙体			现状墙面为粉刷涂料的，统一采用水泥砂浆粉刷，白色外墙涂料，对墙体损坏的部分进行修补。 现状墙面为黄色墙体的建筑，建议将墙体与其他建筑统一为灰白色外墙
			现状墙面为瓷砖贴片的，统一进行清洗、勾缝，对墙体损坏部分进行修补；不推荐使用瓷砖贴片墙面
屋顶			改造措施：现状无屋顶的建筑，加盖屋顶；现状为石棉瓦屋顶的建筑，重新加盖屋顶；现状已有满足要求屋顶的建筑，清洗、保留屋顶。 施工措施：统一采用灰色树脂瓦，房脊用琉璃脊瓦，山墙、屋面、斜坡两边用 24 cm 砖压边 20 cm 高，用琉璃筒瓦压边，坡屋面根据建筑物进深，确定屋脊高度，坡角统一为21°

(a) 整治前

(b) 整治后

图 6-18　延长县樊家圪台村平房整治示意图一

①改造屋顶，加建坡屋顶；②清洗墙面；③修缮门窗；④散水重新抹面；⑤庭院地面硬化，铺设青砖

(a) 整治前

(b) 整治后

图 6-19　延长县樊家圪台村平房整治示意图二

①改造屋顶，加建坡屋顶；②采用灰色粉刷外立面；③修缮门窗；④散水重新抹面；
⑤庭院地面硬化，铺设青砖

（2）庭院整治

通过现状调研，当地院落主要由主屋、院落围墙、自然陡坎等围合而成。根据统计，村内目前共有 156 个院落，大部分院落存在以下问题：院落整体呈不规则形态，分布散乱，景观环境风貌不协调、不统一；环境差，布局混乱，缺乏休闲设施、树木景观绿化；无院门、无围墙，影响村庄整体景观风貌；现有院墙的墙体破损严重，需要重新修葺；院内的黄土铺装不平整，易扬尘；缺乏排水管道，雨天庭院使用性较差等。对庭院的整治措施主要为修整院墙、加强庭院景观设计、种植绿化、增加休憩设施、庭院铺装硬化、布置排水管道等（图 6-20 ~ 图 6-22）。

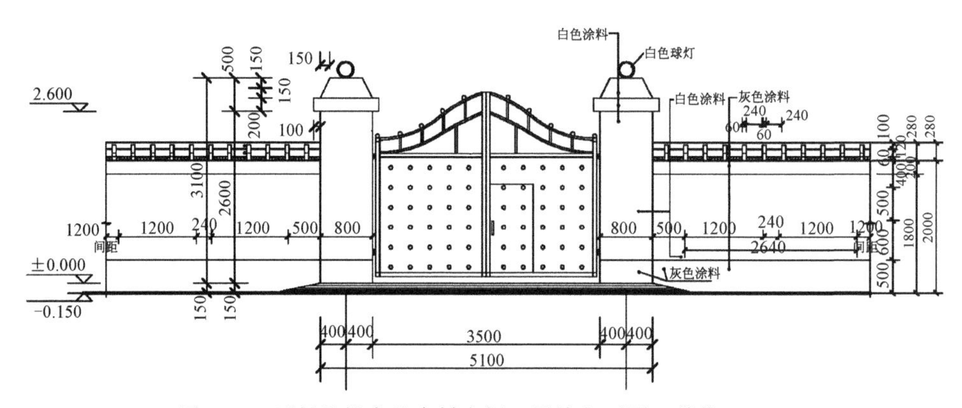

图 6-20　延长县樊家圪台村大门、围墙立面图（单位：mm）

(a) 整治前

(b) 整治后

图 6-21　延长县樊家圪台村大门、围墙的改造整治示意图

(a) 整治前

(b) 整治后

图 6-22　延长县樊家圪台村庭院整治示意图

6.6.5　研究区景观风貌改造

樊家圪台村景观风貌改造主要从打造公共活动广场空间、整治市政基础设施建设及提升绿化水平三方面进行。

（1）打造公共活动广场空间

目前村委会前广场存在场地建设简陋、娱乐休憩设施缺乏等问题，广场空间利用率不高，景观亟待提升。针对村委会前广场公共空间进行重点整治，主要措施包括增加休闲石桌石凳、凉亭、健身器材等，配置公共厕所、垃圾屋、活动室、公告栏等，以及补植绿化树种等（图 6-23）。

（2）整治市政基础设施建设

樊家圪台村的石油伴生气中转点简易破旧，存在极大安全隐患（图 6-24）；电力、通信线缆架设混乱，随处可见，严重影响村庄整体风貌。按照管道和线缆性质的不同分别进行整治，对石油伴生气管道采用地埋供应方式，提高石油伴生

(a) 整治前

(b) 整治后

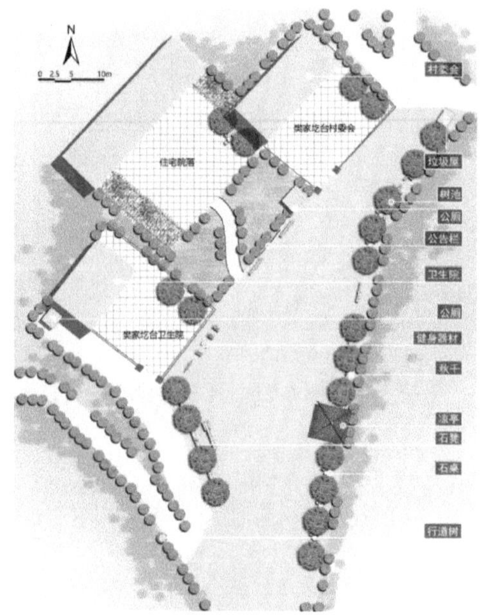

(c) 整治规划方案

图 6-23 延长县樊家圪台村村委会前广场整治示意图

气作为采暖和生活用气气源的安全性；对电力线缆全部采用地埋敷设，积极推进电网升级改造，提升供电可靠性，保障居民生产、生活用电；对电信线缆应加快建设相关配套设施，实现全村网络信号覆盖，网络入户，优化广电资源配置，并对线路和设施进行定期维护。

图 6-24 延长县樊家圪台村石油伴生气中转点现状

（3）提升绿化水平

村庄内现有绿化主要存在以下方面的问题：入户空间缺少绿化，或是杂草丛生，或是水泥铺地，绿化景观严重缺乏，亟待整治；房前屋后景观差，村民在房前屋后随意堆放垃圾、枯木等，空间管理不足，枯树和杂草丛生；街巷空间景观性不足，街巷空间临时搭建建筑及杂物随处可见；植物缺乏乔灌草的合理搭配，没有层次感和景观性。道路两侧绿化不成体系，缺少连续性防护绿带，树种杂乱，形态各异，不能起到很好的隔离效果，更难以形成丰富的道路绿化景观；护坡植被缺失，水土流失严重，在多雨季节势必会威胁村庄安全。

针对上述问题，绿化水平的提升应重点关注入户空间、房前屋后、街巷、道路、护坡等方面，力求打造完整的“点、线、面”结合的景观系统。入户空间进行合理的植物配置，将乔灌草合理搭配，形成群落结构。庭院入户绿化宜重点在庭院入户处采用彩叶树、开花植物、特型植物等进行强化。房前屋后绿化整治，庭院住宅前后绿化应建设简易花坛、围栏，宜选择景观树种和经济树种，抑或精细小尺度景观绿化或由农户自行种植果蔬（图 6-25）。街巷绿化整治，街巷绿化应大面积种植低矮灌木，同时配置少量高大乔木；宜选择颜色丰富的彩叶树、开花植物，做到四季有景，步移景异。道路绿化整治，重点道路绿化宜采用行列式的种植方式，在人群活动集中的区域或不能连续种植的路段，可采用树池的种植方式，树池之间通过透气性路间铺装形成间断的树池式绿带。护坡绿化整治，绿化方式宜保留原有树木，并结合地形种植根系深、生长快的乡土树种及原生草本植物。在条件允许的情况下，种植有季相变化的树种（图 6-26）。

(a) 整治前　　(b) 整治后

图 6-25　延长县樊家圪台村房前屋后绿化整治示意图

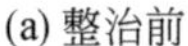

(a) 整治前　　(b) 整治后

图 6-26　延长县樊家圪台村护坡绿化整治示意图

6.7 本章小结

1）乡村人居环境是一个复杂的系统，是村民生产和生活所需一切物质与非物质要素的结合体，包括社会文化环境、地域空间环境和自然生态环境三个要素集，三大要素相互关联、相互补充，是乡村人居环境建设的重要组成部分。

2）在对人居环境内涵和核心议题进行深入解析的基础上，建构了乡村人居环境建设的框架体系。乡村人居环境建设应以环境卫生整治、设施配套完善、建筑特色塑造以及绿色家园营建为重点。其中，环境卫生整治包括生活垃圾治理、生活污水处理和卫生厕所改建三个方面，设施配套完善主要包括道路畅通安全、饮水安全提升和电网升级改造三个方面，建筑特色塑造包括危房改造、旧房整治、传统建筑保护和新建建筑指引四个方面，而绿色家园营建则主要包括门户景观营建、街巷景观美化、滨水空间营造、线缆乱拉治理和绿化水平提升五个方面。

参考文献

常昊，王昊辰，田亚平.2012. 低碳化乡村人居环境评价指标体系初探［J］. 衡阳师范学院学报，33（3）：124-127.

陈亮.2017. 北方地区室外给水管道设施冬季防冻措施探讨［J］. 城镇供水，（5）：54-56，61.

郭江华，杨晶.2017. 精准扶贫视阈下农村危房改造政策创新研究［J］. 农业经济，（11）：30-32.

侯全华，王文卉.2016. 形神兼具：小城镇门户空间道路景观设计初探——以蒲城县城南入口道路景观设计为例［J］. 华中建筑，34（6）：138-142.

嵇雪华，庄建伟.2014. 提升街巷特色彰显水城内涵——苏州古城传统街巷与地方文化的融合［J］. 城市规划，38（5）：46-49.

贾孟炎.2014. 探究以“美丽乡村”为目标的入口景观［J］. 现代园艺，（8）：103.

贾小宁，何小娟，韩凯旋，等.2018. 农村生活污水处理技术研究进展［J］. 水处理技术，44（9）:22-26.

黎玉洁，何璘，吴迪.2017. 贵州布依族村寨空间形态解析——以花溪镇山村为例［J］. 贵州民族研究，38（6）：83-86.

李伯华，刘沛林，窦银娣，等.2012. 制度约束下的乡村人居环境建设模式研究——以湖南省衡南县工联村为例［J］. 中国农学通报，28（23）：186-190.

李伯华，刘沛林，窦银娣.2012. 转型期欠发达地区乡村人居环境演变特征及微观机制——以湖北省红安县二程镇为例［J］. 人文地理，27（6）：56-61.

李伯华，刘沛林，窦银娣.2014. 乡村人居环境系统的自组织演化机理研究［J］. 经济地理，

34（9）：130-136.
李伯华，刘沛林. 2010. 乡村人居环境：人居环境科学研究的新领域［J］. 资源开发与市场，26（6）：524-527，512.
李伯华，杨森，刘沛林，等. 2010. 乡村人居环境动态评估及其优化对策研究——以湖南省为例［J］. 衡阳师范学院学报，31（6）：71-76.
李伯华，曾菊新，胡娟. 2008. 乡村人居环境研究进展与展望［J］. 地理与地理信息科学，（5）：70-74.
李建伟. 2010. 城市滨水空间的发展历程［J］. 城市问题，（10）：29-33.
李有香，邓宗立. 2013. 农村住宅危险性现状统计分析——以淮北市濉溪县实地调研为例［J］. 安徽建筑大学学报（自然科学版），21（3）：39-42.
曲占波. 2016. 河北省太行山贫困地区的村庄规划研究［D］. 天津：天津大学硕士学位论文.
邵润青，段进，王里漾. 2016. 中国当代城市日常生活街巷的系统性重构［J］. 规划师，32（12）:91-96.
石炼，秦嘉琦，程小文，等. 2019. 中部地区某县农村“厕所革命”专项规划实践研究［J］. 给水排水，55（6）：16-21.
史磊，郑珊. 2018. “乡村振兴”战略下的农村人居环境建设机制：欧盟实践经验及启示［J］. 环境保护，46（10）：66-70.
唐娟莉. 2013. 基于农户收入异质性视角的农村道路供给效果评估——来自晋、陕、蒙、川、甘、黔农户的调查［J］. 上海财经大学学报，15（6）：88-96.
陶学榆，邹润宇. 2007. 农村道路交通安全问题初探［J］. 农业考古，（6）：105-107.
王维东，刘树波，涂国庆. 2019. 县级农村饮水安全信息监管平台设计与实现［J］. 长江科学院院报，36（4）：123-128.
吴博. 2019. 基于新型城镇化的陕西关中地区农村居住环境优化研究［J］. 中国农业资源与区划，40（6）：70-77.
吴昊，杨非，王海芹，等. 2019. 太湖流域 4 种农村生活污水处理工艺运行效果比较［J］. 江苏农业科学，47（13）：309-313.
邢天河，吴巍. 2014. 河北农村面貌改造提升规划设计技术导则解析［J］. 城市规划，38（3）：14-17，43.
熊孟秋. 2012. 农村公共道路建设供给不足需重视［J］. 中国发展观察，（12）：46-48.
杨虎，翁晓龙. 2012. 城市门户空间的体系研究——以宁波中心城为例［J］. 上海城市规划，（4）：70-76.
杨少昆，李可. 2015. 基于农村电网规划综合降损技术模型的研究［J］. 农机化研究，37（10）:250-253.
于法稳，于婷. 2019. 农村生活污水治理模式及对策研究［J］. 重庆社会科学，（3）：6-17，2.
于法稳. 2019. 乡村振兴战略下农村人居环境整治［J］. 中国特色社会主义研究，（2）：80-85.
曾超，黄昌吉，牛冬杰，等. 2016. 基于有价废品收购调查的农村生活垃圾管理机制初探：以广东省为例［J］. 生态与农村环境学报，32（6）：946-950.

张曼雪，邓玉，倪福全 . 2017. 农村生活污水处理技术研究进展［J］. 水处理技术，（6）：5-10.

张文忠，谌丽，杨翌朝 . 2013. 人居环境演变研究进展［J］. 地理科学进展，32（5）：710-721.

仲照东 . 2010. 新时期村庄建设规划理论和方法研究［D］. 赣州：江西理工大学硕士学位论文.

朱彬，张小林，尹旭 . 2015. 江苏省乡村人居环境质量评价及空间格局分析［J］. 经济地理，35（3）：138-144.

第7章 历史文化遗产保护规划

历史文化遗产保护与传承是村庄规划的重要内容，深入挖掘村庄历史文化内涵，实现历史文化遗产的传承与发展对促进乡村振兴具有重要意义。在党的十九大上，将乡风文明作为乡村振兴战略20字总方针的一个组成部分；2018年4月，习近平总书记指出，乡村振兴战略是新时代“三农”工作的总抓手，乡村振兴即是实现乡村的全面振兴，包括产业、人才、文化、生态和组织五个方面，没有乡村文化的高度自信，没有乡村文化的繁荣发展，就难以实现乡村振兴的伟大使命；2018年10月，国家出台的《乡村振兴战略规划（2018—2022年）》将繁荣发展乡村文化作为乡村振兴战略规划的重要内容之一；2019年5月，自然资源部发布的《自然资源部办公厅关于加强村庄规划促进乡村振兴的通知》（自然资办发〔2019〕35号）将统筹历史文化遗产传承与保护作为村庄规划的主要任务之一。从近年来的政策文件可以看出，我国高度关注“三农”问题，高度关注乡村的文化保护传承。然而，在城镇化的大潮下，乡村的历史文化遗产遭到了严重的破坏。自改革开放以来，伴随着我国城镇化水平的不断提高，村庄的数量在以接近每年3000个递减（闫小沛和张雪萍，2014；屠李等，2016），并且村庄功能不断异化（高慧智等，2014），同质化与城市化成为村庄功能异化的主要趋势。因此，在乡村振兴的时代背景下，如何实现乡村的文化振兴，实现乡村历史文化遗产的传承和发展，防止文化断裂成为大家关注的焦点。

7.1 历史文化遗产保护的困境

7.1.1 历史文化遗产保护与村庄发展的矛盾

历史文化遗产保护在城镇化进程中受到了前所未有的挑战。城镇化是历史发展的必然趋势，是社会经济发展的必然结果，任何体系都无法抵御其干扰、破坏和重塑（吴必虎，2016），村庄的衰落是城镇化、工业化和现代化发展的必然结果。分散化、小规模的聚居模式（村庄）相比于集中化、大规模的聚居模式（城市）而言，具有较高的基础设施投入成本，不利于农村经济和社会各项事业的发展（周伟等，2011）。因而，在规模经济作用下，集中化（更大的集聚效应）成为集聚发展的必然趋势，村庄将不断实现迁并和重组，村庄历史文化遗产保护可谓任重道远。

改革开放40余年以来，我国经历了大规模高速度的城镇化进程，城镇化水平由1978年的17.9%增长到2018年的59.6%，农村人口大规模向城镇转移。农村人口的不断减少客观上导致村庄数量不断减少，规模不断缩减。相关统计表明，2000年我国有370万个村庄，而到2017年仅剩下245万个村庄，18年间125万个村庄消逝在城镇化过程中。村民是村庄历史文化遗产传承和发展的主体，村庄是历史文化遗产的物质空间载体，在城镇化的洪流当中，农村人口的不断减少和村庄的整合迁并势必导致村庄历史文化遗产的衰弱与消失。而历史文化遗产的保护不仅是对传统建筑和街巷空间的保护，而且是对我国立足于农耕文明基础上形成的特有社会关系和生产关系的保护（冯骥才，2011），由此可见，村庄历史文化遗产的保护具有一定的“逆城镇化”的特征。在当下农村土地、劳动力等生产要素向城市（镇）集聚的过程中，如何实现村庄历史文化遗产的保护、活化和传承显得异常困难（伽红凯，2016）。

既有关于村庄历史文化遗产保护的研究大多是从建筑、民俗、空间格局、文化生态等要素保护的视角入手，较少关注传统农业生产生活方式的保护。相关研究表明，中国传统村落及农村传统文化衰弱的根本原因在于城镇化和农村生产功能的弱化（麻勇恒，2017）。城市与农村经济边际效益的巨大差异，推动了农村人口不断向城市流动，出现了大量农村劳动力进城务工的现象，但因其社会关系仍被滞留在农村，在农忙时节和节假日仍会返乡居住、劳作、生活。但是，随着第一代农民工的逐步老去，“农二代”大多在城市出生、成长，其社会关系更多地被印上了城市的烙印，已经无法再适应乡村生产生活方式，农村劳动力的不断减少造成农村和农村文化的衰弱（吴必虎，2016）。因此，要想保护农村的历史文化遗产，就势必要保护其赖以维系的农耕文化和小农经济分散化、精耕细作的生产生活方式，然而这又与农业现代化的内涵存在冲突（伽红凯，2016）。农业现代化，从本质上讲即是资本、技术、管理等现代要素对传统农业的改造过程（龚名峰，2018）。

村庄历史文化遗产保护与农民现代化生活需求的冲突也是一个重要的方面。当下，我国社会主要矛盾已经转化为人民日益增长的美好生活需要和不平衡不充分的发展之间的矛盾。随着社会经济的发展，人们对改善自身生活环境、提高自身生活水平的呼声日益强烈，农民希望获得更高的收入、更好的居住条件和环境卫生条件（蒋姣，2018）。然而，村庄历史文化遗产保护所强调的原真性和协调性，与村民追求现代化的生活方式和更好的生活水平之间存在矛盾（伽红凯，

2016）。特别是对传统村落而言，传统建筑往往具有开间小、采光差、保暖差等缺点，并且存在供热、燃气、排水、通信、卫生等日常生活设施配置亟待提升的问题，且现代交通工具进出不便，无法满足农民现代化生活的需求。此外，村民虽有一般传统建筑的使用权，却缺乏相应的财力去维护修缮，由此形成了村民盼拆迁，希望通过拆迁改变经济状况的现象。在这样的矛盾和冲突下，村民为了提高自身的生活水平，往往选择外出务工进而实现搬迁，造成传统村落及历史文化遗产的衰弱。在当下社会经济大发展的背景下，追求更高质量的生活是村民的愿景，同时也是村民的权利，如何在村庄历史文化遗产得到切实保护的前提下，实现村庄的现代化和农民生活水平的提高是政府、相关学者和规划师急需解决的问题。

7.1.2 历史文化遗产保护与开发利用的矛盾

历史文化遗产保护与开发利用的矛盾本质上是文化价值与经济价值的冲突。戴维·思罗斯比（David Throsby）指出，遗产项目是一种文化资本，既具有经济价值，也具有文化价值，需要从经济和文化两个维度衡量文化遗产带来的净收益流（纪晓君，2014）。在我国经济市场化趋势日益加深的背景下，村庄历史文化遗产资源需要进行适当的市场开发以适应当地社会经济发展的需求。村庄通过塑造历史文化遗产的形象，打造地域名片，从而积极开展与之相关的经济产业项目，促进村庄社会经济发展（胡思婷和胡宗山，2019）。在这个过程中，积极保持历史文化遗产的核心内涵，发挥历史文化遗产的原真精神，打造项目，塑造品牌，促进社会经济和谐健康、可持续发展，这种良性的开发利用是允许的，也应该是鼓励和提倡的。然而，我国目前基于历史文化遗产的开发利用也或多或少地出现了“市场冒进”的行为，这种冒进式的开发利用方式常常被持不同观点的学者和不同的社会利益群体诟病。学术界和多种社会力量积极呼吁历史文化遗产的原真性保护，指出在市场经济的洪流中，乡村旅游业和非物质文化遗产的产业化发展使得历史文化遗产中最神圣、最本真和具有独特性、差异性、个性化的东西逐渐丧失（赵晓红和罗梅，2014）。2014 年，住房和城乡建设部、文化部、国家文物局、财政部联合发布了《住房城乡建设部 文化部 国家文物局 财政部关于切实加强中国传统村落保护的指导意见》（建村〔2014〕61 号），其中明确规定了“坚持规划先行，禁止无序建设；坚持保护优先，禁止过度开发”的原则。同时，住房和城乡建设部、文化部、国家文物局在《住房城乡建设部 文化部 国家文物局关于做好中国传统村落保护项目实施工作的意见》（建村〔2014〕135 号）中进一步对旅游性商业开发项目进行了严格限制，反对整村开发和过度商业化。可见，在进行村庄历史文化遗产保护规划时，如何处理好科学保护与适度利用的关系是最为关键的一环。

原生态是学者与各种社会力量共同想象建构的产物。文化具有社会历史性，任何一种历史文化遗产都是特定时间节点和特定社会经济背景下的产物，而运动的世界是普遍联系和永恒发展的，文化也是不断演进和发展的。我国村庄特有的建筑形式、空间格局和景观风貌是长达数千年小农经济社会生产生活方式的综合反映，然而随着社会经济的发展，彼时不可或缺的历史文化遗产已经逐渐演化为一种文化象征和文化符号（赵晓红和罗梅，2014）。例如，我国传统的牌坊、祠堂和戏楼等，在新的建筑材料、风俗观念和娱乐方式的不断影响下，已经成为我国古代娱乐文化、宗族血亲文化的符号象征。当然，传统文化是维系民族生存和发展的精神纽带，是村庄兴旺发达不断前进的动力之源，历史文化遗产是传统文化的载体，在科学研究、艺术审美、教育启迪和产业经济等方面具有重要的价值（张谨，2013），历史文化遗产的保护对村庄发展具有极大的战略意义。如何协调历史文化遗产保护与开发之间的矛盾，平衡历史文化遗产的文化价值和经济价值，促进村庄历史文化遗产的活态保护，让其“活在农村”，突破单纯的商业化和娱乐化利用，实现历史文化遗产真实性、历史性、学术性和经济性的统一应是积极探索的方向。

7.2 历史文化遗产保护的基本原则与框架体系

7.2.1 历史文化遗产保护的基本原则

（1）整体性原则

村庄历史文化遗产是村民在特定自然和历史条件下进行社会实践的产物，区域的自然和人文环境是孕育村庄历史文化遗产的土壤。村庄历史文化遗产的保护，一方面不能就村庄论村庄，不能将村庄与其所处的地域环境割裂开来，将其视作一个孤岛，孤立地进行文化遗产保护；另一方面也不能就物质论物质，不能仅仅关注物质文化遗产的保护而忽视非物质文化遗产的保护，片面地关注村庄历史文化遗产的一个方面或者几个方面。村庄历史文化遗产的保护应该在整体思维下，从区域尺度出发，将与村民息息相关的自然与人文环境视为一个整体，统筹村庄的物质文化资源和非物质文化资源，构建完善的村庄历史文化遗产保护体系，并针对不同类型的村庄历史文化遗产提出适宜性的保护策略，最终形成对村庄历史文化遗产的整体性和全面性保护（佟玉权，2010）。以村庄建筑保护为例，不能仅仅保护建筑形式、框架结构和装饰搭配等建筑本体的物质性元素，还要保护地形地貌、周边景观和道路交通等建筑赖以存在的物质基础，另外也要关注村民的日常生活方式，形成综合性的保护体系。

村庄历史文化遗产的保护要从建构地域文化系统和全域保护的理念出发，打破就村庄论村庄的保护模式（曹恺宁和杨东，2011）。我国地域广阔，村庄具有数量多、规模小、分布散的特征，村庄与周边的自然条件、社会经济条件、风俗传统和生产方式等方面存在相似性，具有相同的文化特质，因此村庄历史文化遗产保护应着眼于区域，从区域文化遗产保护与传承的视角出发，积极与县域、镇域等历史文化遗产保护规划进行衔接与协调，明确村庄历史文化遗产保护在区域中的定位，从而编制整体性的村庄历史文化遗产保护规划（杨辰和周俭，2016）。同时，对单个村庄而言，应强化全域保护的理念。在进行村庄历史文化遗产保护过程中，要突破村庄聚集区的限制，对村域范围内的各类历史文化要素进行全方位的保护。在实际操作过程中，由于资金、地方观念等因素的限制，村庄历史文化遗产保护仍以村民聚居区的传统建筑和空间格局保护为重点，对村庄所处的自然环境和整体风貌的保护仍较为薄弱。因此，村庄历史文化遗产保护应进一步强化全域保护的理念，在加大对村庄历史文化遗产保护资金投入的同时，通过创新融资方式、制定阶段实施计划等方式，对村庄历史文化遗产进行更有效的保护。

构建完善的历史文化遗产保护体系，实现物质文化遗产与非物质文化遗产保护并重。村庄历史文化遗产保护规划不仅仅是对村庄重点历史建筑（包括历史建（构）筑物、小品、路网格局、公共空间等）的保护，还是对包括村庄特有的饮食、服饰、手工艺品等在内的非物质文化遗产的保护（黄家平等，2012）。然而，事实并非如此，一方面在保护规划中对村庄非物质文化遗产保护的重视程度要远远低于村庄物质文化遗产保护，另一方面村庄物质文化遗产保护在多年的探索实践中已经形成了较为完整的编制和保护技术方法体系，而非物质文化遗产的保护规划由于发展起步较晚和重视度不足，编制和保护技术方法体系仍不够完善，再加上城市化和现代化进程快速推进过程中，村庄非物质文化遗产赖以生存的文化生态环境不断被破坏，从而导致民间传统工艺、特色饮食制作技术等非物质文化遗产由于缺乏传承人而濒临消亡。村庄的非物质文化是我国传统文化的重要组成部分，是特定时期和人群的历史与现实社会状况的反映，是中华民族智慧的结晶，具有浓厚的历史、教育、文化、经济和美学价值。因此，在进行村庄历史文化遗产保护过程中，既要切实保护村庄的物质文化遗产，又要加强非物质文化遗产的保护，不断深化村庄非物质文化遗产保护的观念及其地位，将物质文化遗产与非物质文化遗产视为一个整体，形成完整统一的村庄历史文化遗产保护体系。

（2）原真性原则

村庄历史文化遗产的保护要坚持原真性的原则，维护历史文化遗产的核心价值。原真性也被译为“真实性”、“本真性”、“确定性”和“可靠性”，主要是指原始的、原创的、非复制的、非仿造的等（张松，2001），是历史文化遗产本身价值和意义的基础。维护历史文化遗产的原真性是历史文化遗产保护工作的核心，也是一个敏感话题和难题（佟玉权，2010）。原真性被确立为历史文化遗产的基本原则始于1964年的《威尼斯宪章》，并随着1976年《内罗毕建议》、1977年《马丘比丘宪章》、1987年《华盛顿宪章》、1994年《奈良文件》、1999年《巴拉宪章》、2002年《实施世界遗产公约操作指南》等一系列国际宪章和文件的颁布，其概念内涵不断地丰富和发展（刘爱河，2009；陶伟和叶颖，2015）。原真性的保护已不仅仅局限在单体建筑上，而更为注重对整体环境、片区的保护，保护内容已不仅仅关注物质性空间，而更为注重整体风貌和人文精神的重现，保护方式也从不干扰的保护逐渐转向依托时代背景和人们需求进行有计划、尊重历史的保护（李琳和陈曦，2017）。

村庄历史文化遗产保护的原真性要避免原生态保护和建设性破坏两种倾向。原生态保护主张对历史文化遗产进行“无为”保护，即将历史文化遗产进行封闭式的保存，不仅禁止各种形式的商业性开发，更有甚者禁止村庄的各项建设活动。原生态的历史文化遗产保护方式，不但不能真正达到历史文化遗产保护的目的，反而会加速历史文化遗产的消亡。将村庄历史文化遗产封存起来，无法实现文化资源向文化资本、产权和产业的转化，村民收入无法保障，造成农村人口的不断流失，从根本上破坏了历史文化遗产传承和发展的社会经济基础。原真性保护的目的是为历史文化遗产营造一个更加适宜的环境，不是将其封存起来，保护的是其原生的文化属性而不是外在形态。

村庄历史文化遗产的开发利用，有利于留住村庄文化的主体，重塑村庄文化赖以生存的土壤。一方面，将村庄历史文化遗产资源转化为文化资本和文化产业，实现历史文化遗产的保护与旅游经济的结合，可以促进村庄产业结构的调整，重塑村庄的生产功能，带动农民的就业和增收，从而留住村庄历史文化遗产的主体，维持农村的社会关系；另一方面，通过历史文化遗产的开发利用，农村可以获得更多的资金，用于村庄历史文化遗产的保护和修缮，构建较为完善的保护团队和保护规划，并能确保其实施进度，从而切实加强村庄历史文化遗产保护。

同时，除了要规避原生态保护的误区外，还要规避另外一个极端——建设性破坏。自2000年以来，党和国家对“三农”问题的关注度不断提高，新农村建设、美丽乡村建设、乡村振兴等成为近20年来农村建设发展的主旋律。然而，在很多农村的建设过程中，出现了大面积的建设性破坏问题。一方面，一些具有历史文化价值的祠堂、庙宇、戏楼、牌坊、古树、古井等古建筑和历史环境要素消逝在大规模的改造建设中；另一方面，部分村庄在对历史文化遗产开发利用过程中，出现了过度商业化，甚至是庸俗化的问题（祁庆富，2009）。村庄出现了大量的仿造建筑，形成了一条条小商品街、小吃街，商业化气息十分浓厚，使村庄丧失了特有的淳朴风味。在村庄历史文化遗产的保护和传承过程中，要深入挖掘村庄历史文化遗产的内涵，创新村庄历史文化遗产的开发利用方式，避免建设性破坏对村庄环境造成伤害。

（3）效益性原则

村庄历史文化遗产具有历史、审美、科研、思想和经济等多种价值，是多维价值的载体，在村庄历史文化遗产保护过程中应实现历史文化遗产社会、经济和生态效益的统一。村庄历史文化遗产并不是村庄发展的“包袱”，而是村庄发展的可利用资源，对凸显村庄特色、彰显村庄魅力、提升村庄形象具有重要意义（王卫才，2018）。同时，伴随着人们对乡村特有文化、自然景观和生活方式的向往和憧憬热度不断提高，村庄历史文化遗产对优化调整农村的产业结构，转变农村的经济增长方式，延伸和扩展农村产业链，实现第一、第二、第三产业融合发展，促进农民增收等具有重要作用。通过创新村庄历史文化资源的展现形式和营销模式，以先进的理念对村庄历史文化资源进行开发利用，大力发展村庄文化产业和旅游业，促进农村产业结构的优化和当地劳动力就业，带动村民增收，巩固村庄的社会关系，从而实现村庄历史文化遗产的社会效益和经济效益，并且随着村民收入的增加，村民为了追求更好的生活环境，将资金投入到公共设施和环境整治当中，进一步实现了村庄历史文化遗产的生态效益。

在村庄历史文化遗产开发利用过程中，仍存在过分强调村庄历史文化遗产的经济价值，而忽视村庄历史文化遗产的其他价值，从而导致村庄历史文化遗产的综合效益大打折扣的问题。在后工业和生态文明时代，人们对文化的需求不断提高，并且对文化的理解日益深化，积极发挥村庄历史文化遗产的多维价值，发挥村庄历史文化遗产的综合效益，实现村庄历史文化遗产的文化价值与经济价值的统一，已经成为社会各界的共识（孔惟洁和何依，2018）。但是，目前仍有不少地方在进行村庄历史文化遗产开发利用的过程中，以营利为主要目的，从市场、产品和品牌的商业逻辑出发，忽视对村庄历史文化遗产的合理保护，对历史文化遗产的价值母体造成了严重的破坏，从而导致村庄历史文化遗产发生质变，进而使得具有独特魅力的传统文化因过于迁就游客的需求而丧失了吸引力，消解了乡村旅游的本质支撑力。这种只注重经济效益而忽视社会效益和生态效益的利用方式，背离了村庄历史文化遗产保护的效益性原则，应该引起政府管理者、学者和规划师的深刻反思。

（4）“活化态”原则

村庄历史文化遗产的保护要坚持“活化态”原则。“活化态”即是不仅仅将村庄历史文化遗产看作具有较高的历史价值和不可再生的遗产进行固态保护，而是要充分发挥村庄历史文化遗产的多维价值，使其成为现代社会生产生活方式的重要组成部分，从而“活”在当下。村庄历史文化遗产具有社会历史性和动态性，实现“活化态”是村庄历史文化遗产的内在要求。村庄历史文化遗产是在特定历史时期村民依托当时的社会经济条件进行实践的产物，并随着村民实践活动的发展而不断演化，不可能一成不变地凝固下来。同时，村庄历史文化遗产的“活化态”对促进乡村振兴具有重要意义。城市化进程的快速推进，使城市和农村的功能与地位发生了根本性转变。传统社会的农村是一个生产单位，具有较强的经济功能，城市的形成和发展依托于农村的发展和农业生产水平的提高。然而到了近代社会，城市成为生产和消费的中心，农村却沦为城市各种生产要素（土地、资本和劳动力等）的供给地和产品与服务的消费地，经济功能或者说其在国民经济中的地位急剧降低，从而导致农村的不断衰败，要实现乡村振兴，就必须恢复乡村的经济功能，使其成为一个集生产与消费于一体的地域空间（吴必虎，2016）。在进入后工业时代之后，人们的精神需求不断提高，“乡村性”的传统历史文化成为人们放松身心和追忆乡思的寄托，具有极大的发展潜力，为乡村生产功能的再生和村庄历史文化遗产的活化提供了契机。

“活化态”原则就是要实现村庄历史文化遗产以开发促保护、以保护促发展的基本目标，也就是在以保护为基本前提的基础上，通过制定经专家严格论证的历史文化遗产开发利用方案（袁国友，2001；尹仕美等，2018），实现历史文化遗产保护和利用的相互协调与相互促进。要想实现村庄历史文化遗产的“活化态”，就要通过构建长效机制、创新开发利用模式，积极调动村庄历史的使用者、传承者——村民的积极性，使其积极参与村庄历史文化遗产的保护，最终打破村庄历史文化遗产“博物馆式”“小吃街式”“小商品街式”的利用模式（杨开，2017）。浙江青田和云南丽江古城对村庄历史文化遗产保护具有重要的借鉴价值。自浙江青田被联合国认定为“全球重要的农业文化遗产”试点项目，其便积极推进有机农业、生态农业的发展，并不断延伸和扩展产业链，发展乡村养殖、乡村旅游等产业，既实现了传统生活方式的传承与发展，又提高了当地村民的收入水平，促进了自然、社会和经济的可持续发展。进入丽江，让人立马体验到一种不同于大城市的生活环境，体验到当地百姓仍然坚守的慢节奏的生活方式（白凯等，2017），享受那种休闲的感觉，欣赏仍然保留着的世界上唯一“活着的”象形文字，传统文化生发于村民的举手投足之间，丽江人民将传统生活方式与商业创收相结合，最终实现了丽江历史文化社会和经济价值的统一。

7.2.2 历史文化遗产保护的框架体系

村庄历史文化遗产保护要坚持从保证经济价值、挖掘文化机制、体现社会价值和尊重生态价值的理念出发，以实现村庄历史文化遗产保护与村庄发展、村庄历史文化遗产保护与开发利用相协调为目标，按照村庄评估—明确对象—制定策略的思路出发对村庄的历史文化遗产进行保护（图 7-1）。

首先，对村庄历史文化遗产的历史文化价值进行评估，具体而言，就是通过问卷调查、访谈和实地踏勘的方式深入了解村庄的基本情况，尔后进行村庄历史文化遗产价值评估、特色分析和问题剖析；其次，明确村庄历史文化遗产的保护对象，基于村庄历史文化遗产价值、特色和问题的评估结果，构建村庄历史文化遗产的保护体系，明确村庄历史文化遗产的保护对象；最后，提出各类村庄历史文化遗产的保护策略，主要包括划定村庄各类历史文化遗产保护区域和确定保护措施。

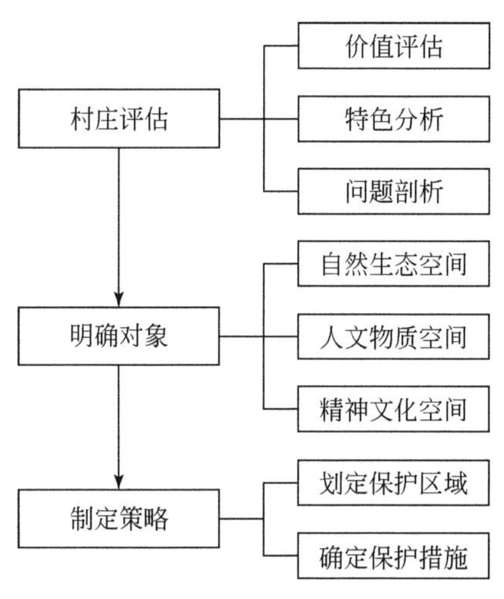

图 7-1　村庄历史文化遗产保护思路

村庄历史文化遗产价值的评估、保护对象的确定和策略的制定都需要围绕框架体系进行，构建全面而完善的村庄历史文化遗产保护体系对历史文化遗产保护具有重要意义（宋敏等，2017）。基于村庄历史文化遗产保护的基本原则和基本思路，根据“空间结构理论”，将村庄历史文化遗产保护分为自然生态空间保护、人工物质空间保护和精神文化空间保护三部分（李建伟等，2008）（图 7-2）。对村庄而言，自然生态空间是村庄形成的基础，不仅具有生态意义，而且具有历史文化意义（李和平，2003），是实现村庄与自然和谐发展的关键；人工物质空间是人们在长期的社会实践中通过不断改造自然生态环境条件而形成的，是人类生产生活的场所，是人类文化信息的载体；精神文化空间则彰显了不同历史时期的需求与特征，是村民价值观产生变异的主要因素，是村庄得以发展和延续的内涵所在。

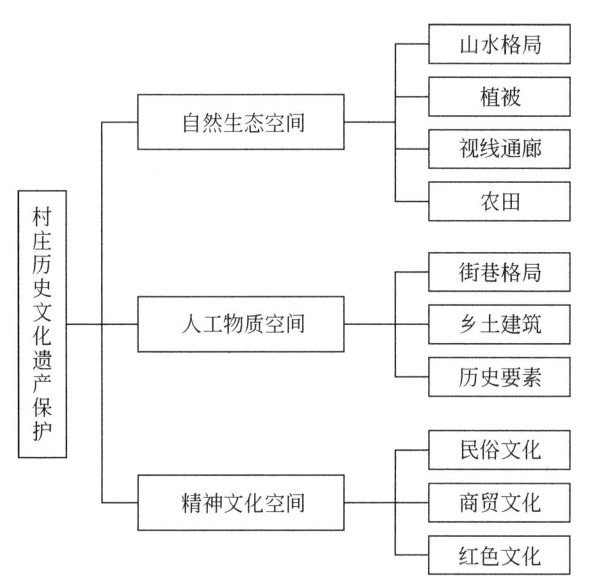

图 7-2　村庄历史文化遗产保护框架

自然生态空间的保护以“与生态契合、与景观同俦”为目标，是对村庄历史文化形成和赖以生存的自然生态景观的保护，涉及村域范围内的山体、水系、植被、农田、林果等自然环境要素，一方面应达到“慎砍伐、禁挖山、不填湖”的基本要求，加强对村庄及其周边企业和农村生活垃圾与废水等的管理，避免造成环境污染，另一方面对已经遭受破坏的区域，制定详细的生态修复规划和保障措施，实现自然环境的本土原貌修复。人工物质空间涉及的内容较为丰富，是村庄历史文化遗产保护的重头戏，包括村庄格局、民居建筑、公共空间等。其中，村庄格局的保护主要是保护和恢复村庄传统的街巷格局，对影响村庄格局的建（构）筑物宜改造或拆除，新建、扩建区域应延续村庄的空间肌理、尺度和色彩等特征；对破损的民居建筑应按原有形态与风貌修复；公共空间主要包括广场、院落、历史景观元素等。应严格保护广场和院落的规模与空间尺度，同时应保留并严格保护广场和院落的空间元素，如植物和景观小品等，对古树、古井、石碑和石刻等历史景观元素，要划定保护范围，进行严格保护。精神文化空间则主要指能反映当地特色文化的环境要素，如寺庙、戏楼、酒楼、茶楼、特色食品和工艺品作坊等反映民俗文化的空间场所，码头、馆驿、商道等反映商贸文化的要素及重要革命战役、会议场所和人物故居等反映红色文化的要素等。精神文化空间的保护重在通过对现有景观元素的保护和相应设施与场所的营建，形成富有地方文化气息的文化氛围。

7.3 历史文化遗产的保护策略

7.3.1 创新利用方式，以用促保让文化活起来

历史文化遗产保护与开发的有机结合是国内外历史文化遗产保护的有效经验和普遍做法。一方面，将村庄历史文化遗产资源转化为文化资本和文化产业，实现历史文化遗产的保护与旅游经济的结合，促进村庄产业结构的调整，重塑村庄的经济功能，带动农民的就业和增收，有利于留住农村文化的主体，维持农村的社会关系，保护村庄历史文化遗产赖以生存的土壤；另一方面，通过历史文化遗产的开发利用，农村可以获得更多的资金，用于农村文化遗产的保护和修缮，构建较为完善的保护团队和保护规划，并能确保其实施进度，从而切实加强村庄历史文化遗产的保护。作为村庄历史文化遗产利用重要模式的乡村旅游业激活了农村的历史文化遗产，使村民从中获益，村民逐渐意识到历史文化遗产的重要价值，从而加强了对其的保护，客观上延长了农村传统文化的寿命（李志龙，2019）。安徽西递宏村、福建土楼、云南丽江古城、山西平遥古城、江苏古镇周庄等通过旅游业的嵌入，实现了文化资源向文化资本的转变，促进了当地社会经济的发展和居民生活水平的提高，从而极大地激发了政府、企业和社会对历史文化遗产资源的投资和保护热情。

在发展旅游业的同时，也要不断扩展和延伸产业链，走旅游开发与产业开发相结合的多元化道路。通过深入挖掘当地历史文化遗产的特质，打造包括特色农业、观光农业、传统手工业和创意文化产业等在内的综合产业体系，实现村庄产业的多元化发展（叶建平等，2018）。具体而言，首先，要依托村庄丰富的历史文化资源，充分挖掘其特色，打造乡村名片，促进乡村旅游业的发展，从而初步实现农村产业结构的调整和优化，打破单一农业主导的局面，实现农村劳动力的回流，维系农村历史文化的社会经济基础。其次，要进一步深挖村庄的历史文化遗产价值，围绕村庄的物质文化遗产和非物质文化遗产进一步延伸产业链，大力发展传统手工业和创意文化产业，并构建相应的营销体系，从而实现村庄产业体系的进一步调整优化。最后，依托村庄资金的积累和知名度的提升，扩展农村的

产业体系，大力发展生态农业和观光农业，完成农村产业体系的优化和重构，形成生态农业、传统手工业、乡村旅游业和创意文化产业互相促进、共同发展的多元产业体系，实现农村产业体系重构目标，激活农村的活力。

7.3.2 完善体制机制，强化政府的引导和管理

体制机制不完善是村庄历史文化遗产逐渐衰弱的重要原因。法律法规体系和管理体制的不完善、财政支持力度的不足、政府保护观念的淡薄等是村庄历史文化遗产不断被破坏的重要原因。2000 年以来，在“促进农业发展、改善农村面貌、提升农民生活水平”思想的指导下，对村庄历史文化遗产的认识不足及保护法律法规体系和管理体制的不完善，给农村的历史文化遗产造成了严重的建设性破坏，村庄的整体风貌、传统格局、具有历史文化遗产价值的传统建筑和历史环境要素等被拆除、被改建，传统文化不断被破坏（万敏等，2015；王景新等，2016）。随着村民历史文化遗产保护意识不断增强，政府对村庄历史文化遗产的保护工作也日益重视，部分村庄尤其是被确定为历史文化名村和传统村落的村庄相继编制了村庄历史文化遗产保护规划。但是财政投入的不足，使得村庄历史文化遗产保护规划的实施存在一定的难度。因而，村庄历史文化遗产保护仅能覆盖部分村庄或部分内容，由此造成村庄历史文化遗产难以得到全面有效的保护。因此，从法律法规体系、管理体制、财政体制等方面着手，对村庄历史文化遗产保护体制进行完善。

完善村庄历史文化遗产保护的法律法规。适时制定村庄历史文化遗产保护管理条例，明确规定村庄历史文化遗产保护的基本原则、内容、目标、要求、措施及开发利用的基本要求和利用形式等（郤艳丽，2016），加强村庄历史文化遗产保护的权威性，加强村庄历史文化遗产开发利用的严肃性和审慎性，将村庄历史文化遗产的保护和利用纳入科学化、规范化和法制化的轨道（王瑜，2018）。同时，将村庄历史文化遗产保护作为村庄规划的重要内容（万敏等，2015），提出具体的规划原则、要求和重点，并制定相应的实施计划。针对历史文化遗产丰富的传统村庄，还要制定村庄历史文化遗产保护规划及具体的实施办法。严格执行村庄规划所确定的有关历史文化遗产保护的内容，对传统村落要依照历史文化遗产保护规划的要求进行，重大项目建设要进行审批和核准，并建立旅游项目开发的公示、听证和监督制度，听取公众意见和接受公众监督。以此来严格保护村庄历史文化遗产的原真性、风貌完整性和生活延续性（叶定敏和文剑钢，2014）。

完善村庄历史文化遗产保护的管理体制。一是要构建统一的文化遗产管制体系。目前，我国的历史文化遗产保护存在多头管理、职能交叉、条块分割的问题

（李银秋，2006）。建设、规划、文化、文物、旅游、农村、农业等部门分别从自身利益诉求出发，对文化遗产的保护和开发利用提出相应的要求，由此造成文化遗产保护的相互推诿和效能低下。因此，要想实现村庄历史文化遗产科学、合理、高效的管理，必须设立统一的文化遗产保护部门，积极融合各个学科维度的专业技术人员，构建统一的村庄历史文化遗产保护和开发利用规划（苗红培，2014）。二是要加强村庄历史文化遗产保护的监督力度，构建全民监督的平台。我国村庄类型多种多样，拥有丰富的历史文化遗产，政府难以实现对村庄历史文化遗产的全面监督。移动互联网和微信、微博等新媒体的发展使全民监督历史文化遗产成为可能，政府要积极完善监督体制，搭建全民参与监督的平台。三是要建立村庄历史文化遗产保护责任追究制（常春，2012）。积极开展村庄历史文化遗产保护和开发整治工作，改变村庄历史文化遗产保护和利用的“房地产开发模式”。县级人大和政协应成立专家评估检查团，定期和不定期地对其进行巡回检查和抽查，实现村庄历史文化遗产“适度开发、合理利用、促进发展”的“多赢”目标。

完善村庄历史文化遗产的财政支撑体制。保护资金的不足，一方面导致大量已经编制了历史文化遗产保护规划的村庄无法实施或全面实施或按期实施，从而增加了村庄历史文化遗产被破坏的风险；另一方面无法构建完善的文化发掘、研究和保护网络，为了推进村庄历史文化遗产保护和利用工作的进行，要加大对村庄历史文化遗产保护的财政支持，将保护经费纳入财政预算，并随财政收入的增加而不断提高，以保障村庄历史文化遗产保护工作的正常运转。同时，要积极扩宽融资渠道，探索“社会化保护”的新途径（张天洁等，2019）。可通过政府补助、社会赞助、个人捐款等形式募集村庄历史文化遗产保护资金，在坚持整体性、原真性、效益性和“活化态”的原则下，通过土地、产权置换或租赁等方式鼓励民间资本投入村庄历史文化遗产保护中。但是，也要进行严格管制，防止村庄历史文化遗产过度市场化和商业化，造成村庄历史文化遗产及其周边环境的破坏。严格禁止以任何形式和名义变相出让村庄历史文化遗产资源，更不能让村民全部搬迁，构建全面商业化的经营模式。

7.3.3 加强公众参与，鼓励社会力量参与保护

我国地域辽阔，不同区域由于自然条件和社会经济条件的差异形成了种类繁多的乡村，在长期的实践过程中又形成了丰富灿烂的农村历史文化，留下了众多的历史文化遗产。目前，从保护模式上看，我国的历史文化遗产保护体系是在计划经济背景下形成的自上而下的垂直管控模式，属于政府主导的行为，缺乏其他

社会主体的参与；从保护内容上看，主要是对中央和地方所认定的历史文化名村和传统村落的保护，而对量多面广的一般历史文化遗产缺乏应有的保护。保护模式、主体和内容的局限给我国村庄历史文化遗产保护造成了严重的威胁，抛开一般历史文化遗产不谈，仅就传统村落而言，截至 2017 年年底，我国的传统村落数量已经达到 4153 个，以当前自上而下的保护和管理体制而言，对于政府相关部门而言显得极其庞大，并且还有上万个拥有传统村落特质的村庄需要保护（吴必虎，2016）。要想解决这个不对等的问题，就必须积极鼓励公众参与，构建自上而下的控制约束与自下而上的利益诉求相结合的保护体系（袁奇峰和蔡天抒，2018）。村庄历史文化遗产保护的公众参与，应从唤醒公众保护意识和营建公众参与环境两个方面进行。

唤醒公众保护意识是促进村庄历史文化遗产保护公众参与的基础（单霁翔，2009）。随着社会经济水平的不断提高和后工业时代的到来，村民对文化的理解日益加深，文化遗产保护理念不断深化。但总体而言，村民对文化遗产的认同度仍然较低，缺乏文化遗产保护的自觉性。与城市居民相比，村民的文化保护理念还相对薄弱，对历史文化遗产的理解还不够深入，村民更多的是希望通过对历史文化遗产的保护与开发，实现经济收入的增加和生活水平的提高。村庄普遍存在古建筑的拆旧建新、违章搭建、传统建筑年久失修、传统文化盲目翻新的问题，更有甚者一些不法分子进行文物倒卖，从而造成村庄历史文化遗产损失严重。另外，村庄的非物质文化遗产，如传统技艺、表演和习俗等面临着后继无人的窘境。让村民意识到历史文化遗产的重要性，唤醒村民对历史文化遗产保护的意识，让村民自觉参与村庄历史文化遗产保护，对促进村庄历史文化遗产的保护和破解官方力量不足的难题具有重要意义（唐燕和严瑞河，2019）。唤醒公众保护意识，主要从以下三个方面着手：首先，在进行历史文化遗产保护的过程中极力改善村民的生活条件，提高村民的生活水平，让村民意识到村庄历史文化遗产保护与生活条件改善是一致的。其次，让村民广泛参与村庄历史文化遗产保护工作，在进行改造修缮前要积极组织村民参与听证会，了解村民的意愿和诉求，在改造修缮过程中让村民了解实施进度，在改造修缮后要听取村民的反馈意见等，让村民确实感受到自己在历史文化遗产保护工作中的存在感和重要性。最后，要大力推进传统文化的宣传教育工作。

营建公众参与环境是促进村庄历史文化遗产保护公众参与的核心。在唤醒公众保护意识的基础上，通过建立公众参与体制引导不同群体参与，并搭建公众参与的平台和畅通的公众参与渠道，实现意见的及时表达、处理和反馈，才能真正发挥公众参与对村庄历史文化遗产的保护作用（陆学，2019）。首先，要建立村民参与的体制和机制，将村民参与纳入法制化的范畴，强化公众参与的地位，制定村民在村庄历史文化遗产保护传承中的参与程序，实现公众参与的全程化。其次，积极引导不同群体参与。不同的利益主体（村民、社会精英和社团组织等）对村庄历史文化遗产保护和传承具有不同的理解和诉求，只有全面了解各个社会主体的观念和诉求，才能实现村庄历史文化遗产保护的多元共赢。村民是村庄历史文化遗产保护和传承的主体，对自己生长的地方具有浓厚而热烈的情感（乡愁），村庄历史文化遗产保护和传承的规划与策略，如果不能满足多数使用利益主体——村民的诉求，那基本上可以断定规划出了问题。因此，在进行村庄历史文化遗产保护和利用之前，要和村民进行座谈和意见征询，深入了解村庄的文化及村民的利益诉求，积极保障长久生活人群的基本利益，并在工程完成之后，要对村民进行回访，了解保护和传承方式的问题所在，积极进行改进（陆林等，2019）。社会精英主要包括专家学者、政府官员、企业家等，往往具有明显的资源优势，在知识、权力、资金等方面具有话语权，在村庄历史文化遗产保护和传承过程中起到主导作用。同时，不同的社会精英之间又存在一定的制约作用，如专家学者更为关注历史文化遗产文化价值的发挥，而企业家则更为关注经济价值，政府官员则更为关注多元价值的平衡。因此，要征集不同社会精英的意见，相互博弈，最终实现多赢。社团组织往往是为了某一共同目的而形成的，这些民间组织往往具有独特的技术手段，对推动村庄历史文化遗产保护具有重要作用。如“古村之友”和“e 城 e 乡”两个民间组织以传统村落的监督和保护为主要目的，分别构建了覆盖全国的保护网络，实现了传统村落的数字化，极大地促进了村庄历史文化遗产的保护。最后，要搭建公众参与的平台。政府相关部门要建设相应的信息化管理平台，收集村民、社会精英和社团组织对村庄历史文化遗产保护的基本诉求、建议和反馈意见，并加强不同群体之间的交流和碰撞，更好地促进村庄历史文化遗产保护和传承工作的进行。

7.4 实证案例研究

7.4.1 商洛市镇安县云盖寺镇云镇村实证案例

1. 研究区概况

云镇村①位于陕西省商洛市镇安县云盖寺镇，是云盖寺镇镇政府所在地，也

① 本案例来自《镇安县云盖寺镇云镇村传统村落保护发展规划》，主要编制人员包括王朕、刘亮、苏子航、李成兵、白鑫、王景、王伟哲等。

是云盖寺镇的政治、经济、文化中心，距镇安县城 18km。云镇村平均海拔为 830m，最高处迷魂阵海拔为 2428. 2m，最低处葛条沟口海拔为 705. 6m，属典型亚热带季风性气候，一年四季分明，年平均气温为 12. 8℃，受山地地形的影响，气候呈现出地域差异较小、垂直差异较大的特点，降水量丰沛，但各季降水量的分配很不均匀。村域内拥有丰富的自然和人文资源，是陕西省五大林区之一——秦岭林区的组成部分，有云盖寺大庙、白侍朗洞等重要旅游景点。全村辖 9 个村民小组共 3375 人，辖区总面积达 $15km^2$，以种植业与旅游业为支柱产业，2016 年末人均纯收入达 11 032 元。

2. 资源特征

文化遗产类型丰富（表 7-1，图 7-3）。云镇村人杰地灵，遗产丰富，拥有云盖寺、云镇老街、白侍郎洞、阆仙堂、招凉亭等许多遗迹，其中又以云盖寺(图 7-5)最为有名，现已为陕西省重点文物保护单位。云镇老街（图 7-4）大部分建筑是在清乾隆以后遗留下来的，全长 380m，整个老街平缓曲折，两边房屋错落有致，高高耸起的马头墙和油漆彩画，格外引人注目；老街两边是两排整齐对称的老屋，乌黑的明厦瓦、平滑的泥墙、斑驳的木板门均散发着古老悠远的气息。白侍郎洞、阆仙堂、招凉亭等许多遗迹亦与唐太宗、李白、贾岛等历史名人相关。此外，云镇村还有丰富的非物质文化遗产，主要包括民俗活动、传统曲

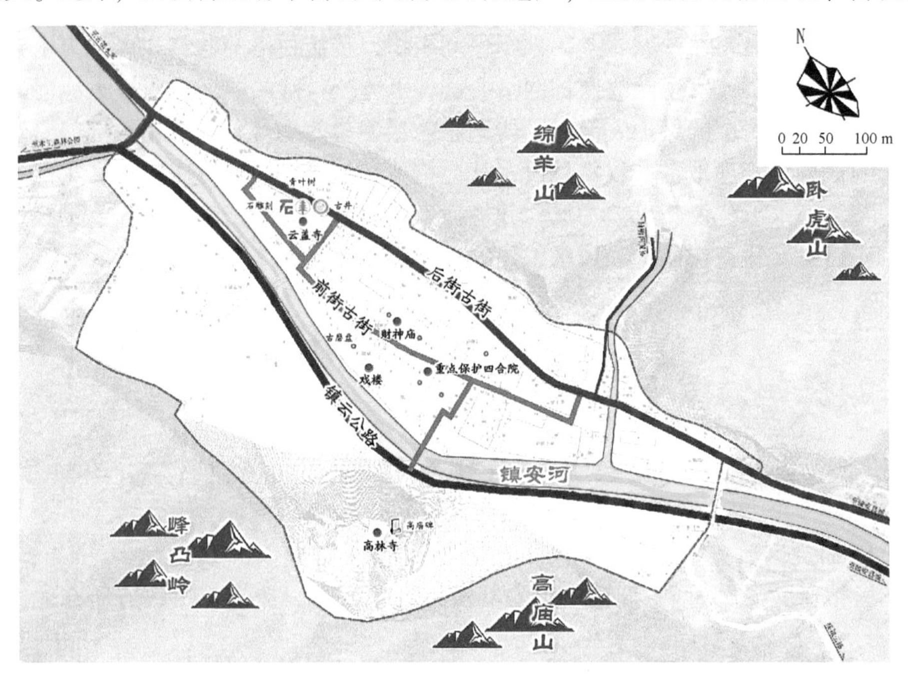

图 7-3　镇安县云镇村文化遗产资源分布

艺、特色饮食等，具体有传统汉剧、民歌、花鼓、渔鼓、旱船、跑驴等特色民间艺术表演，以及面花、蜡花、泥塑、传统手工挂面制作工艺和特色饮食，其中镇安花鼓、渔鼓作为省级非物质文化遗产计入遗产名录中。

表 7-1　镇安县云镇村传统资源构成

类型	内容	云镇村资源现状
自然生态空间	河流湖泊	镇安河犹如一条玉带，曲折婉转，滋润着两岸良田
	山脉	观秦岭之雄浑，东山与高庙山遥相呼应。其中，高庙山上坐落着高林寺庙宇建筑群。东山四季各有风光，树木苍翠，风景优美。此外，风凸岭植被茂密，东山有大面积人工防护林，绵羊山、卧虎山、高庙山植被覆盖良好
人工物质空间	空间格局	“山水为川，城如船形，意蕴太极、双寺遥映”，展现出了中国传统思想文化天地人融合统一的理想生活状态
	文物保护单位	云盖寺及云镇老街、高林寺、太阳山乾初洞（白侍郎洞）
	建议历史建筑	半边街民居建筑群
	传统风貌建筑	其他反映村落特色风貌民居百余处（如粮站南侧民居建筑群）
	特色构筑	云盖寺、云盖寺镇老街、高林寺
精神文化空间	历史人物	唐太宗、白居易、贾岛、王衢、胡子材、刘文华、刘立勤
	民俗节庆	每逢三、六、九日的赶场；每年农历 2 月 22 日、9 月 17 ~ 21 日、10 月 19 日为庙会期
	地方特产	核桃、腊肉、甘蔗酒、挂面、银杏、柿子、猕猴桃、象园茶、桑葚酒、岭沟米、洋芋粉、黑木耳、香菇
	民间艺术	二黄、花鼓、书画、渔鼓、旱船、跑驴
	名胜遗址	白侍郎洞、云盖寺、高林寺、云盖寺镇老街、千年红豆杉、摩崖石刻

图 7-4　镇安县云镇村云盖寺及云镇老街

自然格局“山水形胜”。云镇村起于汉代，兴盛于唐代，素有“云中之镇”的美名，村落选址“背山面水”“负阴抱阳”，形成了“山水为川、城如船形、意蕴太极、双寺遥映”的中国传统的“山水形胜”的整体格局（图7-5）。“东望香炉山，西观瀑布水，飞流三千丈，崩摧数十里”（唐·李世民），“一山未尽一山迎，百里都无半里平。疑是老禅遥指处，只堪图画不堪行”（唐·贾岛），帝王将相、贤士迁客的千古名篇彰显了云镇村“山水形胜”的自然风貌格局。

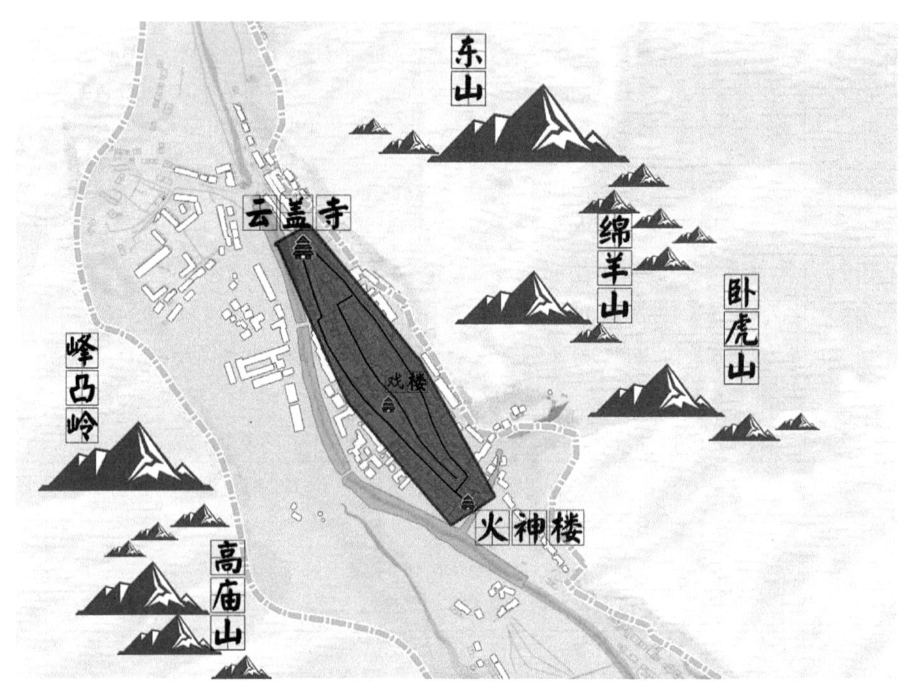

图7-5　镇安县云镇村空间格局

传统建筑风貌统一。云镇老街平面呈船形，是云镇村格局东西走向的主轴线，建筑多为清乾隆之后所遗留，为典型的江南徽派风格，沿街两侧民居建筑错落有致，店铺林立，路面宽度约为3m，为石板路面，老街有大小不同的四合院46个，保留较为完整的有31个。街道是清一色的石板街，石头光亮圆滑，有水渠沿街而下，构成老街一大特色。经典四合院宅院为“四水归堂”式样的天井院（图7-6）。门面大多为木质铺板门，进门穿过厅堂后皆为“口”字形的天井，方形扁长不一，天井底部全部用石板和大鹅卵石铺砌，天井的四周是客厅和厢房，推窗亮格，大小适中。穿过客厅即为后堂，之后便是花园。穿过花园，可到河边，或淘米洗菜，或浣纱洗衣，清闲自在其中。庙宇建筑是云镇村的重要组成部分，是当地居民的精神寄托，在村庄发展过程中发挥着举足轻重的作用。据调查，村中共有各种庙宇建筑 7 处：云盖寺、高林寺、财神庙、土地庙、祖师庙、观音庙、龙王庙。这些庙宇既是一种重要的文化场所，也是村落文化的重要组成部分。

图 7-6　镇安县云镇村四合院宅院

3. 资源价值评价

云镇村历史文化遗产具有历史、艺术、科学、社会和文化等多元价值。在历史价值方面，云镇村是秦巴古道上重要的水旱码头，是秦巴古道历史变迁的见证者。同时，老街民居兼有南北之风，是南北文化交融的历史见证。云镇村独特的地理位置使其融雄秦秀楚于一体，汇南北文化于一身。房屋建筑大多采用抬梁式梁架，一般为板椽明撒瓦，即不要望板，不坐泥，灰色板瓦（小青瓦）阴阳覆面，瓦当下窄上宽，略呈方形或在该出现瓦当的地方也用滴水瓦，屋檐下是彩绘，屋檐上是瓦雕。一般临街门面为木质铺板门，可拆可装，可商可居。

在艺术价值方面，云盖寺大殿内两侧山墙上保留的壁画和梁架彩绘、前檐下连接枋上的 24 组（幅）人物彩绘是镇安县仅存的明代彩绘。壁画绘制精美，彩绘人物栩栩如生，具有很高的艺术价值。

在科学价值方面，云镇村老街居民多为湖广移民的后裔，建筑极富南国格调，两间、三间或五间为一单元相向上下连接，形成街道，一般临街门面均为木质铺板门，可拆可装，可大可小。前后两条街及半边街皆为石板铺底，曲曲折折。从街头向街尾看去，民居白墙灰瓦，高高的风火墙比肩而立，彩绘浮饰，极尽装点，是研究地方建筑特色的实例。同时，高林寺因山势而筑，坐向各异，散列在高庙山上，是山区文物建筑不拘于制式、依山势而建的典型实例。云镇村由于其独特的地理位置和处于秦巴古道交通咽喉部位的优越地理区位，自唐宋以来，成为四周商贾经商、居住的首选之地。特别是到了明清之时，云镇村成为镇安县乃至南北的交通枢纽，形成了享誉陕南、关中的“四大源”“八小号”，被人誉为“小上海”。这些都为科学地研究当时地方商贸经济发展提供了很好的材料，具有学术研究的价值。

在社会价值方面，云盖寺及老街以其悠久的历史、丰富的内涵和优美的景色而闻名，是镇安县进行传统历史、文化教育的首选之地，同时为教育事业及文化事业的发展提供了良好的资源，文艺创作人才辈出，民间文化活动丰富，已成为文化的沃土。老街居民世代经商，汇聚了一批能工巧匠和各界名人，是研究镇安县近现代民族工商业的摇篮。

在文化价值方面，云镇村集中体现了清代村落的人文景观，对当代人了解清代的生产生活有重要的意义。众多文人墨客在云镇村衍生的诗词歌赋也具有重要的文化价值。

4. 村庄历史文化遗产保护

（1）自然生态空间

村庄的山水环境是村庄赖以生存的依靠，同时更用独特的语言与村落文化紧密结合。云镇村的山水格局体现了村落选址与山水环境的关联性，镇安河穿过村庄，四周群山环绕，峰凸山植被茂密，东山有大面积人工防护林，绵羊山、卧虎山、高庙山植被良好。山水条件突出，山体和水系对村落的温度、风向和风力都有决定性的影响。云镇村自然生态空间的保护主要包括云镇村山体、水体、生态背景的保护（图 7-7）。

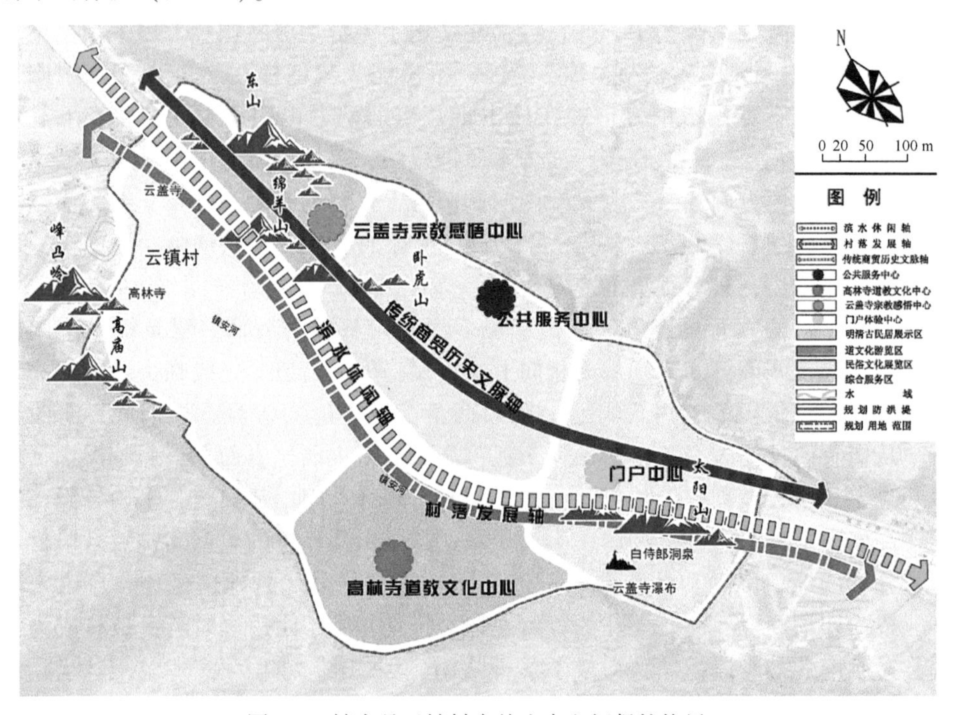

图 7-7　镇安县云镇村自然生态空间保护格局

山体保护：云镇村主要有东山、高庙山、绵羊山、卧虎山、峰凸山等山体。东山应保持山体、林体、水体及其环境的完整性，在山体景观分布地段，应划定范围进行保护（王烨，2009），修复山林受损的部分，提高森林覆盖率，美化山体绿化，将其作为云镇村的生态屏障；对高庙山及其周边山体进行严格保护，不得改变其形状，应采取加固措施防止滑坡及风蚀，在特殊地段可考虑增设登山步行路径，满足村民及游客的参观和观赏需求；对绵羊山、卧虎山、峰凸山，应在加强生态修复的同时，提高森林覆盖率，加强山体绿化。

水体保护：镇安河是云镇村的主要河流，要严格保护其水质，使其不受污染，并应禁止河道两侧各种违规建设和破坏现象。

生态背景保护：指古村落外围自然山体、农田等自然生态大背景，主要包括山体生态绿地、农田、林地等。通过对农田、林地环状川道的种植、生态保育等措施，形成完整的绿色生态背景。

（2）人工物质空间

一是整体格局保护（图 7-8）：在尊重村庄原有空间肌理的基础上，改善其功能布局，使各功能部分、新旧片区有机融合，保护与发展保持动态的平衡，以实现传统功能布局与现代生活的和谐融合。规划采用多种方式恢复或标识部分已消失的文化空间，以文化空间为载体，加强与传统文化的有机结合，加强对文化空间及其承载的传统文化遗产的展示和宣传，扩大文化遗产的影响力。同时以院落为单元进行改善提升设计，引导村民“自助式”改善，保持传统村落原有的传统风貌。对非保护类建筑及弃置地等，可进行新建、改建、扩建，应注意在进行土地挖潜、土地整合、土地置换时，与整体风貌相协调。对保护类非文物建筑，在不影响主体建筑风貌的前提下对民居室内空间适当调整更新，以适应现代生活需要。鼓励原住村民利用自家农宅发展旅游产业，发掘地区历史文化特质，充分协调产业发展与改善居民生活环境的关系，促进村落有序发展。

二是云镇村街巷格局的保护。云镇村依山傍水而建，街巷格局顺应川道，“井”字形的街巷体系是云镇街巷空间结构的精髓，两条主街（前街、后街）贯穿整个街区，总体呈南北走向，规划应保留云镇村丰富的空间关系并进行强化，营造丰富的空间肌理，同时保持街巷的宽度不变，禁止新增巷道。街区肌理上，应保持现有街巷宽度与高度，不得加建建筑，对与现状空间肌理冲突较为严重的地块应予以整治或拆除。村庄公共空间是街巷格局的重要组成部分，应严格保护院落与院落之间拼接所形成的前后凹凸有致、极富变化的、起承转合的公共空间序列，禁止随意破坏，保留公共空间中重要的古碑、树木、水井、台阶等。

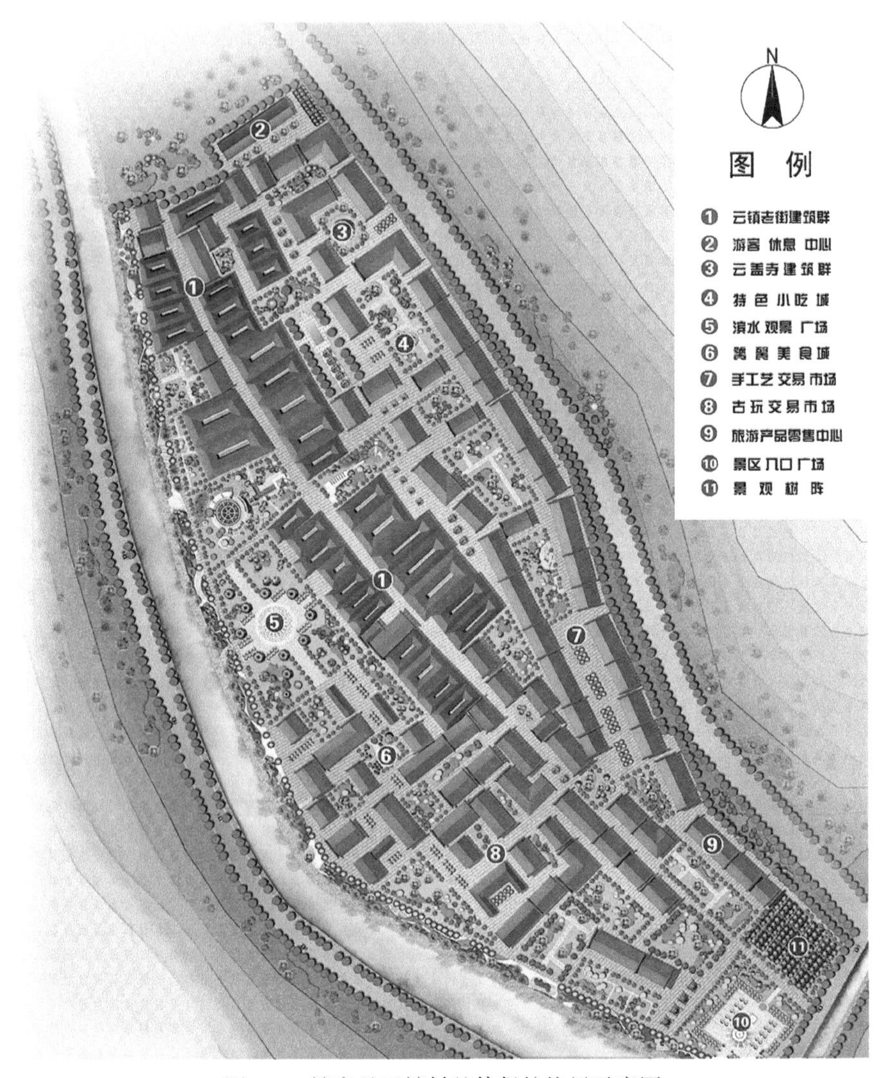

图 7-8　镇安县云镇村整体保护格局示意图

三是云镇村乡土建筑的保护（表 7-2、图 7-9）。对建筑物进行分类登记，按历史年代和风貌大致可以分为文物保护单位、建议历史建筑、传统风貌建筑、其他建筑。

表 7-2 镇安县云镇村建筑分类

<table>
<tr><th>建筑分类</th><th>建筑名称</th><th>年代</th><th>概况</th></tr>
<tr><td rowspan="6">文物保护单位</td><td>云盖寺</td><td>明代</td><td>省级文物保护单位，现存大殿一座，建于明嘉靖十年（1531年），大殿为硬山顶，复合梁架，开间三间，11m，进深三间，11m，平面呈正方形，室内左后柱帮扶加固，筒板瓦覆盖屋面。屋顶及前面保留壁画及人物彩绘完好，具有很高的学术价值</td></tr>
<tr><td>云镇老街</td><td>明末清初</td><td>明清古建筑群集中在云镇村前街，现存 57 座院落，功能为居住或商住，大部分为清代建筑。院落形式多为四水归堂的天井四合院，绣楼、书房、客厅、花园齐全，弄堂迂回往复，院内自成一体</td></tr>
<tr><td>太阳山
乾初洞
（白侍郎洞）</td><td>唐代</td><td>白侍郎洞又称“仙人洞”“鸽子洞”，洞口石壁之上的摩崖石刻表明古洞大名为乾初洞。相传白居易与贾岛在此吟诗唱和，故也叫白侍郎洞</td></tr>
<tr><td rowspan="3">高林寺</td><td rowspan="3">清代，20世纪 90 年代重修</td><td>高林寺，与云盖寺齐寿，唐称药王洞，是云盖寺九楼十八殿的一处，其风格迥异，兼具南北，是与云盖寺同等重要的历史文化遗产</td></tr>
<tr><td>高林寺因地形而建，从高庙沟上侧起，建土地庙、师祖庙、到观音殿及厢房，该处所有庙殿因山势散落各处，并不集中</td></tr>
<tr><td>高林寺现存大殿面阔三间，进深一间，单檐硬山顶，抬梁梁架，灰色筒板瓦阴阳覆面，砖木结构，白灰抹面</td></tr>
<tr><td>建议历史建筑</td><td>半边街民居建筑群</td><td>明末清初</td><td>明清古建筑群集中在半边村的前街，现存 10 余座院落，功能为居住或商住，大部分为清代建筑</td></tr>
<tr><td>传统风貌建筑</td><td>粮站南侧民居建筑群</td><td>清代，后经修缮和复建</td><td>现存 25 座院落，宅院结构严谨，布局方正，一般呈封闭状态，建筑风格均为江南徽派建筑风格</td></tr>
</table>

文物保护单位主要包括云盖寺、云镇老街、太阳山乾初洞（白侍郎洞）和高林寺等，采用整体保护及局部修缮的方式。院落格局、屋顶形式（包括双坡和单坡两种形式）、墙体（包括山墙、马头墙、檐墙及院墙）、屋架（以穿斗式结构为主的混合屋架）、院门、门窗（一般为木质）装饰（如梁、柱、檩、椽、斗拱等及其表面的彩绘）、柱础等是体现院落价值的重要特征要素，在修缮时不得消除或任意改动，以保存真实的历史信息。在划定保护范围的基础上，保持原有的建筑形态、高度、体量、外观形式、色彩、材质；坚持以“小规模、渐进式”的模式对风貌不协调的建筑予以改造，其高度、体量、色彩、外观形式应与街区

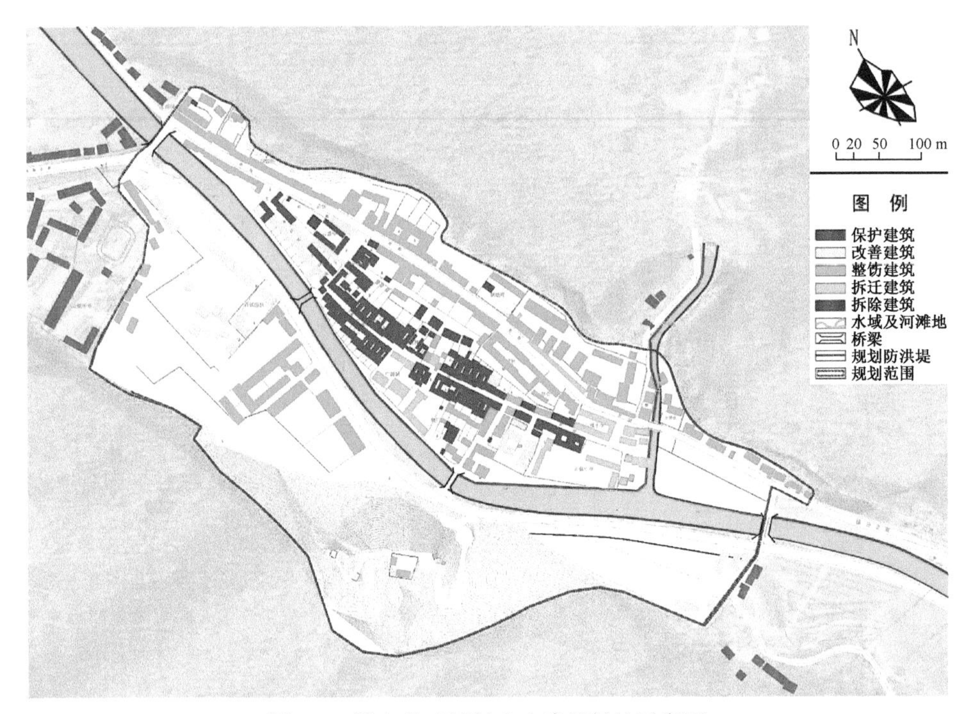

图 7-9 镇安县云镇村乡土建筑保护示意图

内传统建筑相协调。此外，除确需建造必要的基础设施和公共服务设施外，禁止进行新建、扩建、拆除重建活动。

建议历史建筑主要是 20 世纪中后期建设的半边街民居建筑群，应采取整体保护及局部修缮的方式。这类民居建筑屋顶形式为青瓦坡屋顶，主体结构为砖木结构，在尺度、院落格局、建筑材料、建筑色彩、建筑立面上都很好地延续了明清时期的历史建筑风貌，对此类建筑在不改变外观特征的前提下，可进行调整、完善内部布局及设施的建设活动（陈海峰和王平，2014）。

传统风貌建筑主要是粮站南侧的民居建筑群，应采取整体改造及更新维修的方式。针对平屋顶、凝土、色彩艳丽、玻璃装饰的建筑，采取院落式布局和坡屋顶，延续街巷肌理（刘钰昀，2016），确保改建建筑和新建建筑在建筑高度、体量、色彩、材质、形态、肌理等方面与历史风貌相协调，使其融入传统风貌。

其他建筑采用新建保留及局部拆除的方式。云镇村的部分新建建筑在屋顶形式、建筑色彩、院落格局等方面符合古村落的整体风格，如后街沿街商业用房、镇政府、小学、卫生院、客运站等，对这类建筑予以保留。对云镇村内与传统风貌不协调的、建筑体量较小、建筑质量较差且没有改造价值的现代建筑进行拆除，从而与周边公共空间共同形成开敞的活动空间。对与传统风貌不协调的，且位于云镇村重点地段的现代建筑按照整治原则重新设计建设。新建建筑必须与原村落传统风貌特征相协调：建筑体量不宜过大，建筑多以一层为主，不得超过两层；屋顶采用坡屋顶；建筑色彩以褐、青灰为主色调，材质多采用青砖，不得使用瓷砖贴面；门窗不易过大，不得采用卷帘门、铁门、玻璃门等现代材质，可采用传统窗格、砖雕加以装饰。

四是村庄历史要素的保护。云镇村具有众多的历史环境要素，主要包括古碑、磨盘、摩崖石刻、古井和古树名木等，应对其提出具体的保护措施。古碑主要记载清微观的修缮历史，采用玻璃保护厅的方式进行展示，在保护古碑安全的同时对其进行了合理展示，传递其本身具有的文化内涵与价值；磨盘为石质构件，抗自然破坏力较强，故通过村落的公共空间对其进行展示，并进一步借助场景复原，形象地传递磨盘的功能与价值；摩崖石刻也为石质构件，位于白侍郎洞中，同样采用玻璃保护厅的方式进行展示，在安全保护的同时传递其本身具有的文化内涵与价值；对古井的保护，应在古井周边设立保护标识，定期维护，周边半径 5m 内为禁止建设区域；对古树名木，应挂牌登记，加强监测与人工养护，避免自然损害和人为损害，古树名木周边半径 10m 内为禁止建设区域。

（3）精神文化空间

一是重塑佛教文化。云镇村有云盖寺、高林寺、财神庙、土地庙、祖师庙、观音庙、龙王庙。其中，云盖寺是唐代僧人妙达所建，规模宏大，佛事鼎盛，是陕南佛教圣地，白侍郎洞与之隔河相对，如亘古不变的香炉山的香火，西侧悬崖飞流直下的“云盖瀑布”则被誉为“镇安八景”之一。大力弘扬当地的佛教文化，对云镇村的佛寺和庙宇进行修缮，并积极营造良好的文化氛围。

二是弘扬民俗文化。充分利用云盖寺、高林寺、财神庙等资源、弘扬云镇村花鼓、二黄、庙会等民俗文化，围绕云镇村内容丰富、情节生动的民间传说，如关于刘秀、李世民、白居易、贾岛等与云镇村的渊源，将民俗活动与旅游项目开发相结合，将这些民间传说与戏剧相结合，并规划实体展示空间，使这些民俗传统、文人墨客遗留的诗词文章和故事生动、有趣地传递给居民、游客，从而形成陕南民俗文化的圣地。

三是彰显商贸文化。云盖寺老街自古以来地处商贸要道上，自明清以来，商贾云集，集市繁茂，是秦岭古道的水旱码头、秦岭古道历史变迁的见证者和镇安县现代民族工商业发展的物质载体之一，承载了传统文化及传统生产、生活方式，是研究秦岭古道商贸经济的重要材料。云盖寺老街是一处极具人文魅力的旅游资源，应围绕云盖寺老街大力弘扬当地的商贸文化。

四是建构市井文化。市井文化由传统村落的原住民世代传承，他们是传统文化的核心保护力量，对原住民、传统村落及环境开展整体性的保护，做到“见人见物见生活”。通过改造传统产业，发展现代农业；利用传统文化特色景观资源，发展特色文化旅游产业；全面深化农村改革，培育新型农业经营主体，吸引原住民在当地务农、培育职业农民。政府和社会各界应支持民俗文化的传承人，使其将传统民俗文化发扬光大。另外，适当的表演、展示，也可以提高村民收入。

7.4.2 延安市子长县安定镇安定村实证案例

1. 研究区概况

安定村（安定堡故城）① 位于陕西省延安市子长县安定镇，东邻栾家坪乡，西至李家岔，南接寺湾乡，北达秀延河，曾是子长县政府驻地，其所在的安定镇是一座饱经风雨的沧桑古镇，素有“翠山献屏拱、河水环澜、西塞要径”之称。村庄交通条件优越，距子长县所在的瓦窑堡镇约 15km，距离陕北红色革命圣地延安市区约 10km，其间有子（长）靖（边）公路自西向东穿境而过。村庄地处秀延河中游河谷阶地，属黄土丘陵山区，海拔介于 930 ~ 1562m，秀延河由西向东经过村庄北部。村域内地形起伏较大，呈西高东低、南北高中间低的地形特征，其中尤以南北两侧山势陡峭，峰峦重叠，谷狭沟深。村内结合自然山水地形，建设有城墙、屯兵处及烽火台等城防体系。

2. 资源特征

历史悠久，人文荟萃。历史上，安定堡人杰地灵，英才辈出，在这块神奇的黄土地上孕育了不少古今名人贤士。“天下廉吏第一”的薛文周；“关心民瘼，兴利除弊，廉洁自律，节俭勤政”的安定知县王汇和“廉惠端雅，爱民礼士”的安定知县廖均等。“一方风水宝地养一方人”，安定孕育了一大批的历史文化名人，在历史进程中留下了光辉的一页。安定堡故城是民族英雄谢子长将军开展革命斗争、创建革命根据地的策源地。目前，仍保留有谢子长讲习所（位于贾家大院内）等红色文化遗址。位于安定堡故城东北的钟山石窟是全国重点文物保护单位，具有深厚的宗教文化内涵，是方圆数百里群众宗教文化生活的重要基地。安定堡也孕育了丰富的黄土文化。道情曲调悠扬文雅、节奏舒缓、唱腔高昂；唢呐音域宽广、粗犷奔放、刚柔并济、明快舒展、淳朴委婉，具有浓郁的黄土文化风味；秧歌作为人们劳作之余即兴娱乐的一种方式，历经演变；说书表演绘声绘

---

① 本案例来自《子长县安定镇安定村传统村落保护发展规划》，主要编制人员包括王月英、石会娟、李成兵、李佳、白鑫、刘畅、王伟哲、王景等。

色、情节逼真、说唱结合、唱词合辙押韵、流畅自然；剪纸构图粗犷古朴、形式多样、用途广泛，具有鲜明的民间艺术特色；同时，生活在黄土地上的人们经过漫长的探索与实践，逐渐形成了迄今为人们所称道的荞麦煎饼、碗饦、灌肠、绿豆凉粉、软米油糕、案糕、炖羊肉、长杂面等风味独特的地方小吃。

依山就势，布局严谨（图 7-10）。元宪宗八年（1258 年），内城的布局结构基本形成。明嘉靖时期在东、西门修筑瓮城，明崇祯时期修筑东关城，形成外城的布局结构。安定堡故城与地形紧密结合，形态随地形而定，延伸到河谷部分的城墙为直线，但处在山顶的部分寨墙则受到地形的限制而不能取直线，外城墙平面呈不规则的四边形（图 7-11）。安定堡堡城选址充分体现了陕北宋代堡寨的特点，城墙由山上蜿蜒到河谷，有利于增强堡寨的自身防御能力；建筑主要位于秀

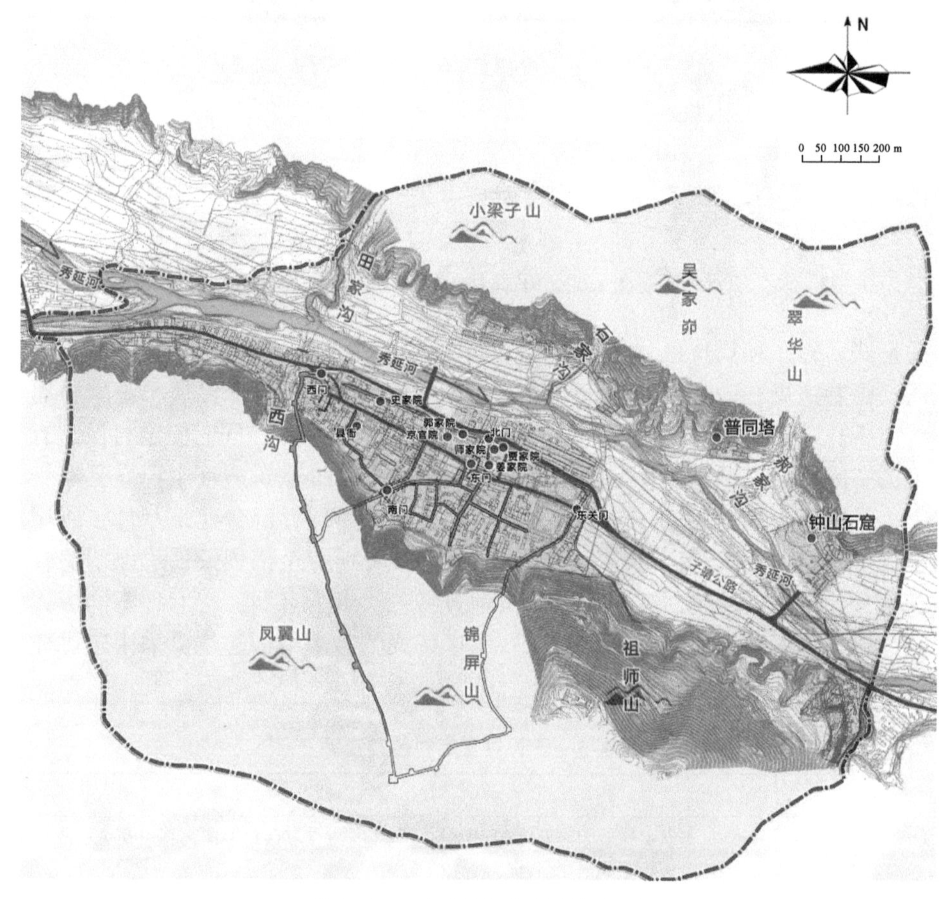

图 7-10 子长县安定村空间格局

延河川道，能够控制交通道路，有利于疏通粮道和控制河谷内的屯田。安定堡故城坐落于河谷与山地的交界处，为典型的依山傍水格局，在山水环绕之下，堡城自然风光秀丽，生态资源得天独厚。在峻峭的重山下，凛冽的河水边，千年堡城以“山为衣，水做襟”之态耸立，自然的洗礼使其愈发显得历史悠久。

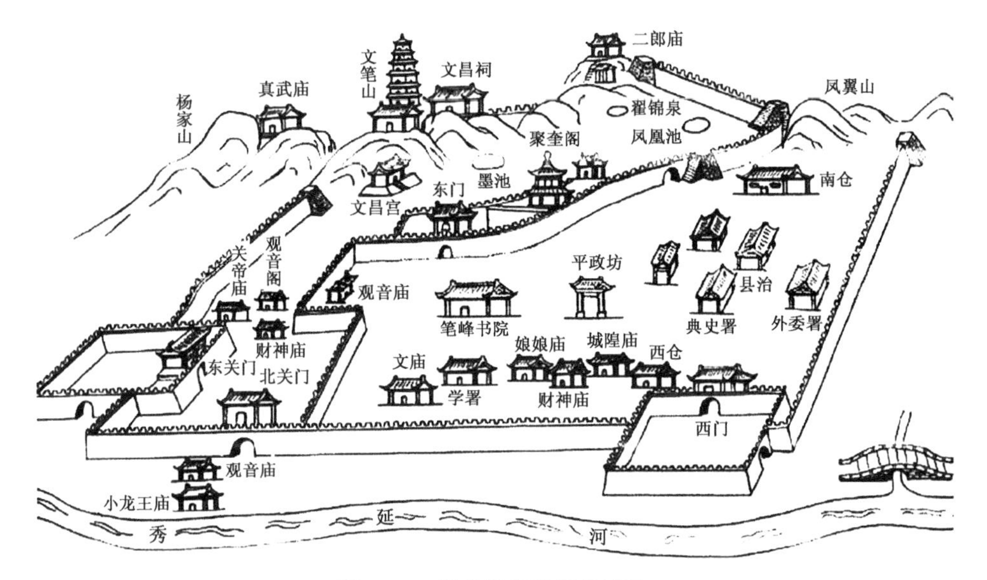

图 7-11　子长县安定堡故城池

形式多样，独具特色（表 7-3）。安定堡故城内有较完善的城防体系、传统民居、街巷格局，遗留有旧县衙、贾家民居、郭家民居、史家民居、王家民居等传统风貌建筑，传统建筑总量超过村落建筑总量的 77.4%；同时安定村保留有历史上的空间格局，城防体系完善。安定堡故城内的传统建筑遗址主要有县衙、寺庙、宗族祠堂、民居等（图 7-12）。寺庙仅文昌宫尚保存部分建筑基址，故城内清至民国时期修建的张氏祠堂、孙氏祠堂地面以上遗存全部损毁，均保留遗存基址和部分建筑构件。民居建筑形式极具地方特色，多为窑洞，有七种不同形式的窑洞建筑类型。民国时期的安定县衙一反举架式的砖木结构建筑，采用砖拱建筑模式而成为陕北唯一的窑洞式县衙。

表 7-3　子长县安定村传统资源

类型	内容	村庄现状
自然生态空间	两山夹一川	安定村处于秀延河的川道上，南北两侧均为自然山体，其中安定堡故城位于秀延河南岸，与该河流有一定的距离，符合中国传统的城市选址要求。安定堡故城的城防体系依靠南侧的山体构建，在山顶处设有烽火台、屯兵处等

续表

类型	内容	村庄现状
人工物质空间	空间格局	安定村南依祖师山、锦屏山、凤翼山和墩山，祖师山与锦屏山之间有南家沟，凤翼山与墩山之间有西沟；北依圆峁、小梁子山、吴家峁、翠华山和老佛爷疙瘩山，圆峁与小梁子山之间有田家沟，小梁子山与吴家峁之间有石家沟，翠华山与老佛爷疙瘩山之间有郝家沟；中间有秀延河穿过
	文物保护单位	钟山石窟（国家级）、普同塔（省级）、安定堡故城（省级）
	建议历史建筑	安定县衙，以及包括贾家民居、王家民居、郭家民居、史家民居等在内的特色风貌窑洞民居 78 处
	传统风貌建筑	安定堡故城内除 78 处民居和安定县衙外的传统窑洞建筑，建筑风貌与建议历史建筑相协调
	遗址遗迹	文昌宫、张氏祠堂、孙氏祠堂等
精神文化空间	历史人物	胡瑗、薛文周、王汇、廖均、谢子长
	民俗节庆	春节、清明节、端午节、中秋节、重阳节
	地方特产	子长煎饼、绿豆凉粉等
	民间艺术	子长道情、子长唢呐、子长剪纸等

(a) 安定县衙外景

(b) 安定县衙内景

(c) 钟山石窟主窟全景

(d) 特色民居

图 7-12　安定堡古城建筑风貌

3. 资源价值评价

安定村历史文化遗产具有历史、艺术、科学、社会和经济等多元价值。安定村是我国宋、明、清时期军事边关防御体系的重要组成部分，是北方游牧文化与中原汉文化交流融合的重要节点。安定村的边关要塞景观特色具有强烈的艺术魅力，其城内建筑展现了14~19世纪我国北方地区堡城建筑的艺术特色，体现了浓厚的陕北地方艺术风格，具有较高的美学价值；城墙的修筑反映了当时砖瓦和夯筑的科学技术水平，并为后人研究边城的军事建制、城垣体系、经济文化提供了借鉴。县衙是研究封建社会县级衙门珍贵的历史标本，同时为研究陕北边塞地区的建筑、文化、历史及民俗提供了可靠依据。通过对村庄的有效保护与规划，可以充分发挥其文化旅游的资源优势，带动安定镇的快速发展，进而带动陕北旅游业的发展。

4. 村庄历史文化遗产保护

安定村历史文化遗产保护体系从自然生态空间保护、人工物质空间保护和精神文化空间保护三个方面进行建构（表7-4）。

表7-4　子长县安定村保护对象

<table>
<tr><th>大类</th><th colspan="2">保护内容分类</th><th>具体保护对象</th></tr>
<tr><td rowspan="4">自然生态空间</td><td rowspan="3">山水格局</td><td>山体</td><td>祖师山、锦屏山、凤翼山、墩山、圆峁、小梁子山、翠华山、吴家峁、老佛爷疙瘩山等</td></tr>
<tr><td>农田</td><td>安定村所辖基本农田</td></tr>
<tr><td>植被</td><td>安定村周边山体林地</td></tr>
<tr><td>历史水系</td><td>河流</td><td>秀延河</td></tr>
<tr><td rowspan="5">人工物质空间</td><td colspan="2">历史街巷</td><td>安定堡故城东西向主干道、水巷、二衙里、王家巷、赫家巷、张家巷、孙家壕等街巷传统格局、空间尺度、景观风貌</td></tr>
<tr><td colspan="2">文物保护单位</td><td>钟山石窟（国家级）、普同塔（省级）、安定堡故城（省级）</td></tr>
<tr><td rowspan="2">建议历史建筑</td><td>县衙</td><td>安定县衙</td></tr>
<tr><td>民居</td><td>贾家民居、郭家民居、史家民居、王家民居等安定村特色风貌窑洞民居78处</td></tr>
<tr><td colspan="2">传统风貌建筑</td><td>安定堡故城内除78处民居和县衙外的传统窑洞建筑，建筑风貌与建议历史建筑相协调</td></tr>
</table>

续表

大类	保护内容分类		具体保护对象
人工物质空间	城防体系	城墙	内外城墙及尚存的西门、北门2处城门
		敌台	2处
		角楼	5处
		马面	10处
		烽火台	1处
		古屯兵处	2处
	古树名木		古槐树、榆树、臭椿等14余处
精神文化空间	文化内涵		黄土文化、边塞文化、民俗文化、红色文化、宗教文化
	饮食		子长煎饼、碗饦、灌肠、绿豆凉粉、软米油糕、案糕、炖羊肉、长杂面等
	民间艺术		子长道情、子长唢呐、子长剪纸、秧歌、刺绣等

(1) 自然生态空间

一是山体保护。保护对象包括祖师山、锦屏山、凤翼山、墩山、圆峁、小梁子山、翠华山、吴家峁、老佛爷疙瘩山等安定村周边的山体。保护山体形貌，不得进行取土、采石、深翻土地等破坏山体地形地貌的行为；修复植被，防治水土流失，进行修补性的植被恢复和培护，植被选用当地生长周期较短的品种；基于生态资源有效保护和合理利用的角度，妥善养护和管理保护区域内的山林绿地(图7-13)。

二是水系保护。秀延河从安定村穿过，应保持现有水体规模，确保水体面积不被随意缩小，保护河流流向及两边堤岸，确保原岸线不被随意变更，并对老化堤岸采取加固措施，滨水驳岸以自然石砌式驳岸为主，同时禁止往河边倾倒垃圾，并定期清理沿河垃圾，通过污水截流，改善水质（图7-13）。

三是植被保护。对安定村内古树名木实行挂牌保护，并由文物管理处登记管理，未经许可，任何人不得随意砍伐。村内植被品种形象和种植方式保持地方性、传统性、自然性要求，避免出现现代园林手法，不符合要求的植被品种方式均应列入环境整治目标范围。

四是农田保护。结合基本农田保护，集中开展土地综合治理，全面清理整治“两违”① 行为，强化农村宅基地管理，确保节约集约利用土地资源。

五是景观视廊保护。观山视廊控制方面，重点保护分布于安定堡故城东西向

① “两违”是指违法用地和违法建设。

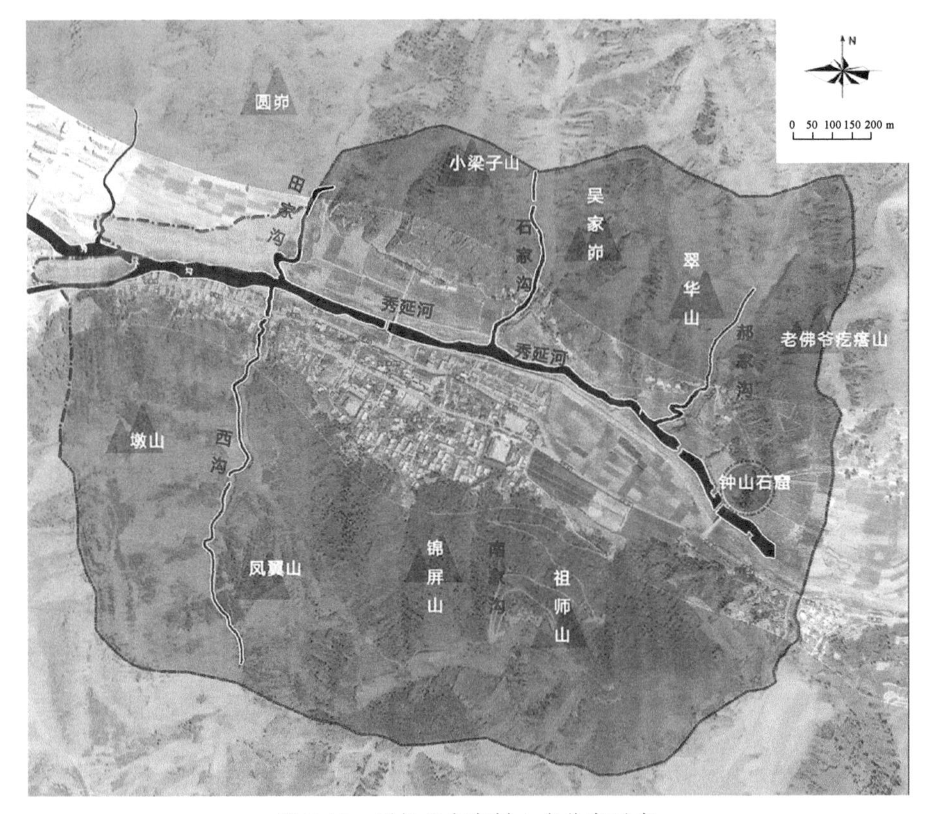

图 7-13　子长县安定村山水分布示意

主干道两侧的公共开敞空间，如文化广场、休闲广场等较为宽阔的区域及钟山石窟开敞空间的观山视廊。周边观景点视廊方面，重点控制从祖师山、锦屏山、凤翼山、墩山向北以及老佛爷疙瘩山、翠华山、吴家峁、小梁子山向南所形成的山体视线廊道。视线半径范围方面，根据人的视觉可达区域的半径区分视线控制敏感区域，结合安定村周围山体格局的实际情况，以人体视觉为划定依据对山体建设进行控制划分，在可细致观测的 500m 范围内，严控建筑高度、风貌等要素；在 1500m 背景层，应注重对山体整体形态的保护，严控山体构筑物的建设。此外针对秀延河滨水区域，禁止存在视觉障碍物，确保其空间的高度开敞性（图 7-14）。

（2）人工物质空间

一是街巷格局的保护。严格保持安定村内的街巷走向和基本形态、街巷空间层次、街巷公共开放空间，禁止改动原道路的分布格局，按照原道路的尺度与形状进行恢复，恢复安定村内原来道路的地坪、石质路面，并保护每个街巷的历史

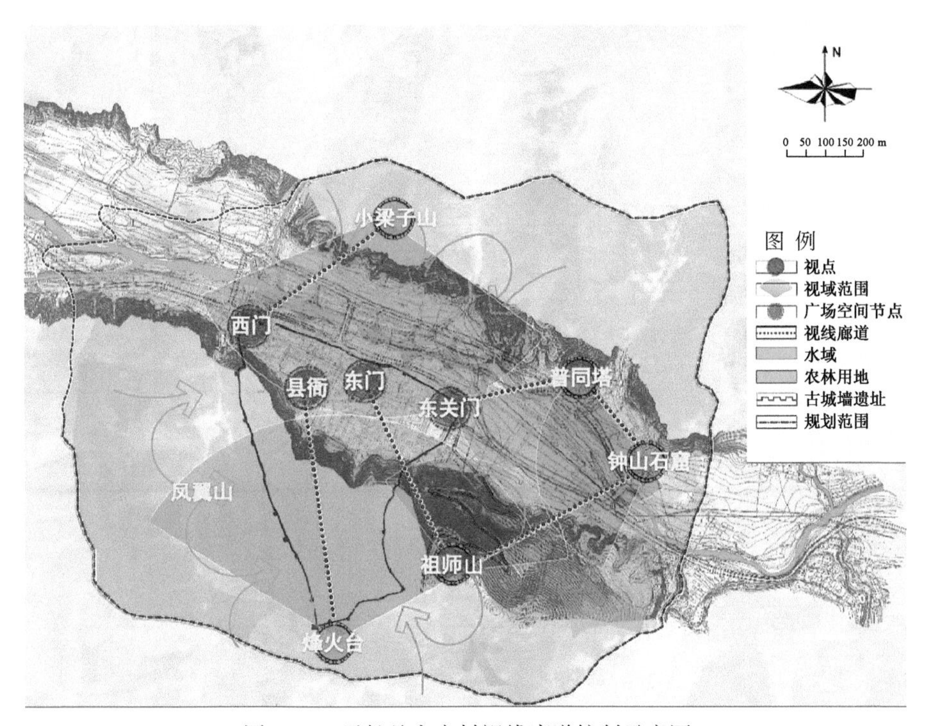

图 7-14　子长县安定村视线廊道控制示意图

名称；在整体空间整治方面，拆除严重影响传统建筑空间形态完整性的后期加建的附属建筑、违章搭建的棚屋、严重残毁的民居和严重影响交通与公共空间整体性的商店等公共建筑，清理村落内部闲置用地，对严重影响村落整体空间形态的建筑立面进行改造，对严重影响安全的台基、沟坎进行整治。

二是乡土建筑的保护。对安定堡故城、普同塔与钟山石窟等文物保护单位，应严格划定保护范围和建设控制地带，同时制作相应的标志说明，确保文物的完整性和传承性。对郭家民居、贾家民居、史家民居等 78 处建议历史建筑，政府应当组织人员采取相应措施进行修缮和保护；对具有一定传统风貌，且不严重影响安定村未来旅游发展和村落整体景观环境的建筑，应保持和延续建筑外观形式，保护具有历史文化价值的细部构件或装饰物构筑物（图 7-15）。

三是城防体系保护。安定堡故城作为古时军事防御屏障，有极其完备的城防体系，包括城墙、城门、敌台、角楼、马面、烽火台及古屯兵寨等，具有重要的历史文化价值和旅游价值（图 7-16）。首先，要对安定堡故城城防体系进行梳理，确定该城防体系的保存现状和所面临的问题；其次，要针对该城防体系的基本情况和所面临的问题，制定具体的保护和整治措施（表 7-5）；最后，要围绕该城防体系，配置相应的服务设施，并进行大力宣传，打造旅游产品，从而突出安定村的城防文化。

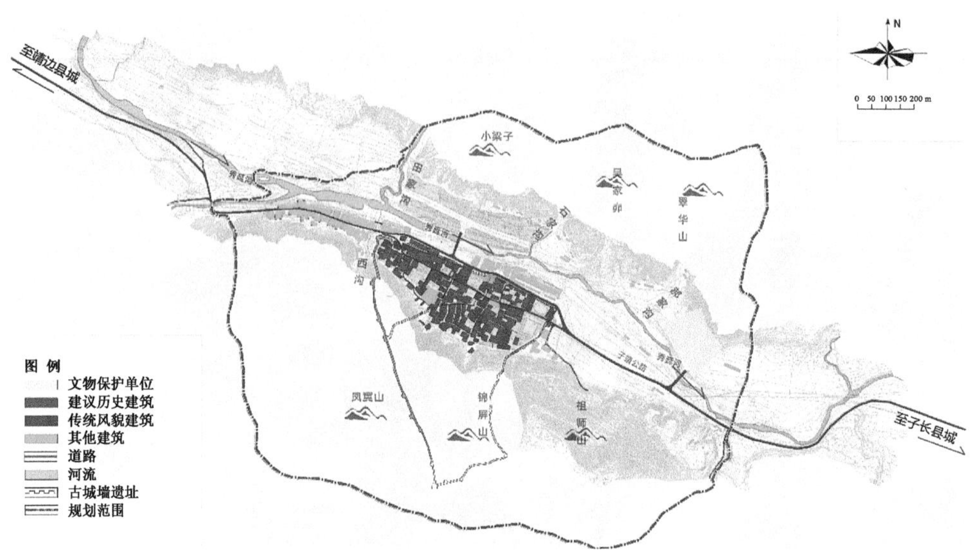

图 7-15　子长县安定村现状建筑保护分类示意

(a) 城墙　(b) 城门(拱极门)

(c) 烽火台　(d) 角楼

图 7-16　子长县安定堡故城城防体系

表 7-5　子长县安定村城防体系保护措施

保存现状	类型	名称	具体措施
较好	城门	西门	基础加固、防风化处理、顶面防水处理、地基处理、砍伐根系发达树木、墙体外侧砌石保护、墙体根部散水、还原原城门地基
		北门	
	角楼	外城墙凤翼山上角楼	采用加固保护、建筑日常养护和生物保护等方法进行保护
	马面	外城墙东段马面	
一般	城墙	内城墙西段	顶面防水处理，墙体外侧砌石风化剔补，夯补墙体地基处理，受损墙体夯土采用夯土进行补夯，砍伐粗壮树木，拆除墙体根部居民窑洞，墙体根部散水
		外城墙西段	填补塌落包石，锚固危土体，清理墙体周边浮土，夯补危土体，地基处理，墙体外侧砌石保护，墙体根部散水
	角楼	西门角楼	
	马面	外城墙西段马面	
较差	城墙	内城墙东段	采用覆土覆盖方式；地面已消失部分采用植被覆盖和保护标志等方式进行保护，拆除叠压或打破城墙的民居建筑
		内城墙南段	
		内城墙北段	
		外城墙东段	
		外城墙北段	
		外城墙南段	采用覆土覆盖方式；地面已消失部分采用植被覆盖和保护标志等方式进行保护
		附属建筑	采用植被覆盖和保护标志等方式进行保护
	城门	西门瓮城	顶面防水处理，外包砌石风化剔补，地基及基础加固，夯土补夯受损夯土，失稳墙体加固，砍伐粗壮树木，墙体根部散水，夯土回填墙体窑洞
		东门及瓮城	采用覆土覆盖方式进行保护
		南门	
		东关门	
	敌台	二郎山山腰处敌台	采取覆盖法进行长远的基址保护；覆盖保护后，采用保护围栏、种植绿植等进行标识与隔离围护
		北段外城墙处敌台	
		外城墙二郎山上角楼	
		内城墙外城墙交界处角楼	
		外城墙最东边角楼	建议拆除压占角楼的民居，采取覆盖法进行长远的基址保护；覆盖保护后，采用保护围栏、种植绿植等进行标识与隔离围护

续表

保存现状	类型	名称	具体措施
较差	马面	外城墙北段马面	采取覆盖法进行长远的基址保护；覆盖保护后，采用保护围栏、种植绿植等进行标识与隔离围护
		内城墙南段马面	
	烽火台	安定堡故城城墙内烽火台	
	屯兵处	内城墙屯兵处	
		外城墙屯兵处	

四是古树名木的保护。安定村村内有多处古树名木，一方面，对古树统一编号、登记建档。定期对在档古树进行检查，对其生长状况进行跟踪记录，及时发现病虫害，做好防治工作。另一方面，划定古树的保护范围，并制定相应的保护措施。保护范围为树冠垂直投影以外3m的距离。在距古树名木树基外侧3～5m保持土壤裸露和植花种草，不得设置任何设施或堆放杂物，在距树冠边缘8m范围内不得安置炉灶、烟囱等热源，在古树名木的枝、干上除采取必要保护措施外，不得架设电路、缠绳、搭附他物或进行其他任何有损于古树名木生长的活动。除此之外，针对位于游客观赏路线上的一号院、五十七号院、五十八号院的古树名木，应当发挥其古朴苍劲的特质，通过植物配植塑造诗情画意的人文意境。

（3）精神文化空间

一是彰显红色文化。安定堡故城是民族英雄谢子长将军开展革命斗争、创建革命根据地的策源地，应以安定村内谢子长讲习所（位于贾家大院内）等红色文化遗址为基础，依托延安红色旅游发展背景与形式，通过进一步挖掘、整理和宣传安定村丰富的红色文化，并完善交通和公共服务设施，与周边村镇的红色旅游资源进行整合，不仅可以带动农民增收，而且可以使游客近距离感受安定村的红色文化，凸显其革命文化底蕴。

二是弘扬黄土文化。曲调悠扬文雅、节奏舒缓、唱腔高昂的道情，音域宽广、粗犷奔放、刚柔并济的唢呐，表演绘声绘色、情节逼真、说唱结合的说书，构图粗犷古朴、形式多样、用途广泛的剪纸及作为人们劳作之余即兴娱乐的秧歌，无不彰显了安定村浓郁的黄土文化。同时，安定村还有为人们所称道的荞麦煎饼、碗飥、灌肠、绿豆凉粉等多种风味独特的地方小吃。对这些映射着浓厚黄土文化气息的艺术形式和特色美食，规划要积极营造相应的空间场所，使其可以活态传承，并且将其作为旅游的一部分进行打造，对其进行大力的宣传，在丰富旅游产品的同时，弘扬黄土文化。

7.5 本章小结

1）村庄历史文化遗产保护面临着严重的困境。一方面，村庄历史文化遗产保护与村庄发展之间存在一定矛盾，村庄历史文化遗产保护具有一定的逆城镇化的特征，与城镇化进程存在一定冲突；农耕文化和小农经济分散化、精耕细作的生产生活方式是我国农村农业文明的内在基因，是农村历史文化存在的基础，保护村庄历史文化势必要维持其存在的基础，而这与发展以现代生物技术和信息技术为核心的现代农业之间存在极大的矛盾；随着社会经济的不断发展，农民对现代化设施和休闲空间的需求不断攀升，而传统建筑由于其开间小、采光差、不保暖等劣势难以满足农民的实际需求，引发了历史文化遗产保护与农民现代化生活需求的矛盾。另一方面，村庄历史文化遗产保护与开发利用之间存在一定矛盾。积极保持历史文化遗产的核心内涵，发扬其原真性，打造项目，塑造品牌，促进社会经济和谐健康、可持续发展，这种良性的开发利用是允许的，也应该是鼓励和提倡的。然而，在市场经济的洪流中，乡村旅游业和非物质文化遗产的产业化发展使得文化遗产中最神圣、最本真和具有独特性、差异性与个性化的东西逐渐丧失，造成村庄历史文化遗产保护与开发利用的矛盾。

2）村庄历史文化遗产保护应坚持整体性、原真性、效益性和“活化态”的基本原则，从保证经济价值、挖掘文化机制、体现社会价值和尊重生态价值的理念出发，以实现村庄历史文化遗产保护与村庄发展、开发利用相协调为目标，按照村庄评估—明确对象—制定策略的思路对村庄历史文化遗产进行保护，并将村庄历史文化遗产保护分为自然生态空间保护、人工物质空间保护和精神文化空间保护三部分。其中，自然生态空间保护以“与生态契合、与景观同俦”为目标，是对村庄历史文化形成和赖以生存的自然生态景观的保护，主要涉及村庄的山水格局、农田、植被、视线通廊自然要素；人工物质空间保护是村庄历史文化遗产保护的重头戏，主要涉及街巷格局、乡土建筑、历史要素等；精神文化空间则主要指能反映当地特色文化的环境要素，如寺庙、戏楼、酒楼、茶楼、特色食品和工艺品作坊等反映民俗文化的空间场所，码头、馆驿、商道等反映商贸文化的要素及重要革命战役、会议场所和人物故居等反映红色文化的要素等。

3）村庄历史文化遗产的保护面临着过度商业化、建设性破坏、体制机制不健全和公众参与度低的问题。村庄历史文化遗产保护的策略，一是创新利用方式，以用促保让文化活起来。历史文化遗产保护与开发有机结合，以有效的保护作为开发的前提和基础，以合理的开发利用促进保护，从而实现文化活力的再生。二是完善机制体制，强化政府的引导和管理。不断补充和深化村庄历史文化遗产保护的内容，并建立完善的监管体制；同时，要构建完善的村庄历史文化遗产的财政支撑体制，不断扩宽融资渠道。三是加强公众参与，鼓励社会力量参与保护。在唤醒公众保护意识的基础上，营建良好的公众参与环境，以实现村庄历史文化遗产与地域环境、物质文化与非物质文化整体保护的目标，促进村庄历史文化遗产社会、经济和生态等综合效益的发挥。

参考文献

白凯，胡宪洋，吕洋洋，等 . 2017. 丽江古城慢活地方性的呈现与形成［J］. 地理学报，72（6）：1104-1117.

曹恺宁，杨东 . 2011. 新农村建设应体现地域特色——西安新农村建设的新探索［J］. 西北大学学报（自然科学版），41（2）：314-318.

常春 . 2012. 论中国文化遗产的保护［J］. 文教资料，（21）：51-52.

陈海峰，王平 . 2014. 广东赤坎旧镇近代建筑群保护规划研究［J］. 小城镇建设，（7）：92-97.

冯骥才 . 2011. 亟须加强对古村落文化的保护［J］. 农村工作通讯，（9）：34.

高慧智，张京祥，罗震东 . 2014. 复兴还是异化？消费文化驱动下的大都市边缘乡村空间转型——对高淳国际慢城大山村的实证观察［J］. 国际城市规划，29（1）：68-73.

胡思婷，胡宗山 . 2019 文化资本视野下环巢湖地区传统村落保护研究——以巢湖市洪疃村为例［J］. 江淮论坛，（2）：24-28.

黄家平，肖大威，魏成，等 . 2012. 历史文化村镇保护规划技术路线研究［J］. 城市规划，36（11）：14-19.

纪晓君 . 2014. 非物质文化遗产价值评估体系研究［D］. 济南：山东大学硕士学位论文 .

冀名峰 . 2018. 农业生产性服务业：我国农业现代化历史上的第三次动能［J］. 农业经济问题，（3）：9-15.

蒋姣 . 2018. 乡村振兴战略下农民美好生活需要调查［J］. 合作经济与科技，（10）：112-114.

孔惟洁，何依 . 2018. “非典型名村”历史遗存的选择性保护研究——以宁波东钱湖下水村为例［J］. 城市规划，42（1）：101-106，111.

郐艳丽 . 2016. 我国传统村落保护制度的反思与创新［J］. 现代城市研究，（1）：2-9.

李和平 . 2003. 山地历史城镇的整体性保护方法研究—以重庆涞滩古镇为例［J］. 城市规划，27（12）：85-88.

李建伟，朱菁，尹怀庭，等 . 2008. 历史古镇空间格局的解读与再生——以华阳古镇为例［J］. 人文地理，23（1）：43-47.

李琳，陈曦 . 2017. 原真性保护下传统小城镇街道风貌设计研究——以木渎古镇为例［J］. 城市规划，41（5）：106-110.

李银秋 . 2006. 我国世界文化遗产管理体制研究：以沈阳故宫为例［D］. 沈阳：东北大学硕士学位论文 .

李志龙 . 2019. 乡村振兴—乡村旅游系统耦合机制与协调发展研究——以湖南凤凰县为例［J］. 地理研究，38（3）：643-654.

刘爱河 . 2009. 文化遗产原真性概念及其内涵演变述评［J］. 中国文物科学研究，(3)：8-11.
刘钰昀 . 2016. 历史性城镇景观（HUL）保护视野下的历史街区保护与更新策略研究——以汉中市东关正街历史街区为例［D］. 西安：西安建筑科技大学硕士学位论文 .
陆林，任以胜，朱道才，等 . 2019. 乡村旅游引导乡村振兴的研究框架与展望［J］. 地理研究，38（1）：102-118.
陆学 . 2019. 村民自治视角的乡村规划模式创新探讨［J］. 规划师，35（12）：51-56.
麻勇恒 . 2017. 传统村落保护面临的困境与出路［J］. 原生态民族文化学刊，9（2）：89-94.
苗红培 . 2014. 城市历史文化遗产保护与发展管理体制选择——基于对现有模式的分析［J］. 城市发展研究，21（3）：93-98，111.
祁庆富 . 2009. 存续“活态传承”是衡量非物质文化遗产保护方式合理性的基本准则［J］. 中南民族大学学报（人文社会科学版），29（3）：1-4.
伽红凯 . 2016. 中国传统村落保护的矛盾与模式探析［J］. 中国农史，35（6）：136-144.
单霁翔 . 2009. 乡土建筑遗产保护理念与方法研究（下）［J］. 城市规划，(1)：57-66，79.
宋敏，仲德崑，王单珩 . 2017. 历史文化村落保护与利用的体系规划探析——以浙江省江山市为例［J］. 城市规划，41（5）：69-77.
唐燕，严瑞河 . 2019. 基于农民意愿的健康乡村规划建设策略研究——以邯郸市曲周县槐桥乡为例［J］. 现代城市研究，(5)：114-121.
陶伟，叶颖 . 2015. 定制化原真性：广州猎德村改造的过程及效果［J］. 城市规划，39（2）：85-92.
佟玉权 . 2010. 农村文化遗产的整体属性及其保护策略［J］. 江西财经大学学报，（3）：73-76.
屠李，赵鹏军，张超荣 . 2016. 试论传统村落保护的理论基础［J］. 城市发展研究，23（10）：118-124
万敏，曾翔，赖峥丽，等 . 2015. 安远县老围历史文化名村保护规划探析［J］. 规划师，31（11）:127-134.
王景新，朱强，余国静，等 . 2016. 浙江历史文化遗产村落保护利用与持续发展［J］. 西北农林科技大学学报（社会科学版），16（5）：77-86.
王卫才 . 2018. 中原地区传统乡村文化重构与乡村旅游融合发展研究［J］. 农业经济，(3)：17-19.
王烨 . 2009. 快速城市化进程下的近郊风景名胜区保护对策［D］. 南京：南京林业大学硕士学位论文 .
王瑜 . 2018. 古村落及村落文化遗产保护策略探索［J］. 文化创新比较研究，2（2）：40，48.
吴必虎 . 2016. 基于乡村旅游的传统村落保护与活化［J］. 社会科学家，(2)：7-9.
闫小沛，张雪萍 . 2014. 城镇化进程中的乡村文化转型：文化变迁与文化重构——基于物质文化、制度文化与精神文化层面［J］. 华中师范大学研究生学报，21（1）：32-35.
杨辰，周俭 . 2016. 乡村文化遗产保护开发的历程、方法与实践——基于中法经验的比较［J］. 城市规划学刊，(6)：109-116.
杨开 . 2017. 价值与实施导向下的历史文化名村保护与发展措施——以江西省峡江县湖洲村为

例［J］. 城市发展研究，24（5）：26-34.
叶定敏，文剑钢. 2014. 新型城镇化中的古村落风貌保护研究——以楠溪江芙蓉古村为例［J］. 现代城市研究，（4）：30-36.
叶建平，朱雪梅，林垚广，等. 2018. 传统村落微更新与社区复兴：粤北石塘的乡村振兴实践［J］. 城市发展研究，25（7）：41-45，73，161.
尹仕美，廖丽萍，李奎. 2018. 乡村振兴规划共生策略构建及广西实践［J］. 规划师，34（8）：68-73.
袁国友. 2001. 论文化遗产的保护利用与开发——昆明历史文化遗产名城保护的研究与思考［J］. 思想战线，（3）：52-57.
袁奇峰，蔡天抒. 2018. 以社会参与完善历史文化遗产保护体系——来自广东的实践［J］. 城市规划，42（1）：92-100.
张谨. 2013. 当前我国文化遗产保护与开发的矛盾分析——兼谈对国外文化遗产保护经验的借鉴［J］. 理论与现代化，（5）：69-75，124.
张松. 2001. 历史城市保护学导论［M］. 上海：上海科学技术出版社.
张天洁，徐秋寅，祝采朋. 2019. 行动规划下乡村社会资本的培育——以湖北省堰河村为例［J］. 城市发展研究，26（7）：25-29.
赵晓红，罗梅. 2014. 保护与开发博弈下的非物质文化遗产创意化发展研究［J］. 民族艺术研究，27（3）：137-142.
周伟，曹银贵，王静，等. 2011. 村庄整治规划中迁村并点适宜性评价与判别研究［J］. 中国土地科学，25（11）：61-66.

第 8 章　生态环境保护规划

近年来，面对日益严重的农村生态环境问题，加强农村生态环境保护与修复成为美丽乡村建设的重要内容与生态文明建设的必然要求。伴随着城市化和城市空间扩张进程的推进，农村生态环境出现了一系列如空气污染、水污染、土地污染和荒漠化、盐碱化、肥力下降等问题，生态环境保护和修复工作亟待进一步加强。党的十八大提出，把生态文明建设放在突出地位，融入经济建设、政治建设、文化建设、社会建设各方面和全过程，努力建设美丽中国，实现中华民族永续发展，将生态文明建设推向了一个新的高度（付洪良等，2018）。2013 年中央一号文件提出，加强农村生态建设、环境保护和综合整治。2017 年中央一号文件从农业发展的视角提出了生态文明的具体方案，从多个维度提出农业发展的绿色生产方式。2018 年，中共中央、国务院印发了《国家乡村振兴战略规划（2018—2022 年）》，将推进农业绿色发展与加强乡村生态保护和修复作为乡村振兴的重要内容。面对日益严重的农村生态环境问题，在党和国家高度重视生态文明建设的背景下，探究农村的生态环境保护规划具有重要的意义。

8.1　生态环境问题与成因

8.1.1　生态环境问题表现

农村生态环境是村民生存、生产与生活的基本条件。进入 21 世纪以来，党和国家高度重视生态环境问题的治理和修复。随着生态文明建设、“绿水青山就是金山银山”和“山水林田湖是一个生命共同体”等科学论断的提出，党和国家全面开展生态环境的保护与修复工作。同时，在这个过程中人们的生态环保意识不断提高，切实保护生态环境，实现粗放式发展向高质量可持续绿色发展转变成为社会各界的共识。作为农民赖以生存的家园——村庄，“草木葱茏、绿树成荫、鸟语花香、空气清新、良好的生态环境”是我们记忆中的乡村形象，是美丽乡村建设过程中“乡愁”的重要组成部分。然而，由于受我国长期以来以经济建设为中心的发展理念、粗放式的经济增长方式等的影响，在我国城镇化建设取得举世瞩目成就、人民生活水平获得极大提高的同时，生态环境也遭到了严重的破坏，农村地区表现得尤为明显，质量恶化趋势日益显著（梁流涛，2009；王晓君等，2017）。随着产业的空间转移和企业内迁，生态环境脆弱的中西部地区更是雪上加霜（刘彦随，2015），生态环境污染、生态资源破坏（不合理利用）、生态景观异化及废弃宅基地等成为农村地区生态环境问题的具体表现。其中，生态环境污染主要包括水体污染、大气污染、土壤污染等；生态资源破坏（不合理利用）涉及矿石资源、耕地资源和植被资源的过度开采和利用；生态景观异化主要是旅游经济，特别是农家乐经济对农村生态环境冲击的结果。这些问题严重威胁着村民正常的生产和生活活动，制约了乡村地区的可持续发展。

（1）生态环境污染

近年来，大气污染成为农村生态环境问题的主要表现，是对人类影响最直接和最严重的生态环境问题。与城市相比有所不同，农村大气污染具有分散性、季节性（秸秆焚烧、冬季燃煤取暖）、高复合性等特点，治理难度更高（于钧泓和高桂林，2016）。污染源主要包括：一是在农业生产中，农药多以喷洒的方式施用，其中会有一部分不可避免地进入大气中，引发化学污染；露天焚烧秸秆导致有害物质直接进入大气，造成严重的大气污染；同时不科学的土地作业，造成土地裸露，在干燥有风的条件下容易形成扬尘污染，这种污染在春冬两季尤为严重。二是在农村生活中，日常做饭和冬季取暖多使用燃煤，由于燃烧效率低、焚烧总量大、传播面广，燃煤造成的空气污染也较为严重。三是在工业化现代化过程中，基于环保、生产成本、国家政策等多方面的原因，城市的工业生产功能逐渐向外疏解，农村以土地价格较低、用工资源丰富、生产成本低廉、治理污染代价较小等特点备受企业青睐，农村地区在经济尚不发达的前提下，环境准入门槛低、缺乏严格的监管机制，而资本在追逐利益的目的下，导致这些生产企业的废气不经处理或处理不达标即排放，从而引发大气污染。

水污染也是农村生态环境问题的主要表现形式。我国农村水资源主要以湖泊、池塘、河流、水库等形式存在（许晓玲，2010）。随着改革开放以来社会经济的迅速发展和城市化进程的不断加快，农村地区建设开发活动日益增多，农村水资源面临着严重的威胁。在市场经济的推动下，大量资本涌入充满发展机遇的农村地区，涌现了大量促进地方经济发展的乡镇企业。一方面加快了乡村的现代化建设步伐，提升了农民的生活水平；但另一方面由于缺乏对乡镇企业的监管经验和监管能力，纺织、染厂、化工厂、食品厂等高污染高能耗企业肆意排放工业废水。这些工业废水的毒性和污染危害严重，且不易净化，造成范围广、程度深的水体污染。农村的生活污水同样是水污染的源头。生活污水是人们日常产生的各种污水的混合物，成分复杂且总量较多，而大多数农村尚未形成完善的污水收集处理系统，使得生活污水难以得到统一收集，绝大部分的生活污水未经无害化处理便直接排入村庄周边的河流、湖泊或水库，造成水体污染（潘洪加等，2017）。农村生活垃圾亦能导致水体污染。与迅速提升的物质生活水平相比，农村生活垃圾的治理能力相对低下，垃圾肆意堆放，产生的垃圾渗透液直接下渗进入地下水体，或经地表径流携带后进入地表水体，造成严重的水体污染（刘明越和李云艳，2015）。化肥的过度施用不断引发农村水环境的恶化。虽然我国耕地面积不足世界的 10%，但是施用化肥总量接近世界总量的 1/3（闫湘等，2008），至 2018 年中国农业生产化肥施用量超过了 5.653×10^7 t（折纯量）。在农业生产中，只有部分化肥会附着于植物体为植物所用，其余均进入大气或散落在土壤和水体中（冉建平，2013），对地下水造成污染，长期危害水生态系统，诱发农村整体水环境退化。在畜牧业成为仅次于种植业的第二大农业产业的同时，禽畜粪便成为重要的农村水体污染源。大量养殖场的涌现为农村地区经济发展带来了助力，但其中规模较小、资金技术投入较少的中小养殖场无法有效处理日常产生的禽畜粪便，加之部分地区还存在着大量散养家禽及牲畜，使得农村地区广受禽畜粪便困扰，也对水体造成了严重污染（周祝琴，2017）。在水产养殖过程中，一方面为了追求经济利益而大量施用化学肥料提升水产品产量，导致水体富营养化（廖良美等，2016）；另一方面不当养殖行为会造成生物死亡进而引发由动物内脏引起的病菌、病毒污染等环境污染问题（吴伟和范立民，2014）。

在农业发展过程中，由于土地的过度和不合理使用，出现了严重的土壤污染问题。进入工业时代以来，伴随着科技的快速发展，农药和化肥等化工产品被广泛应用于农业生产领域，以提高农作物的产量。新的科学技术的广泛应用，一方面解决了人口大国的粮食问题，但另一方面却产生了一系列环境问题。以家庭为单位的耕种劳作导致了对化肥农药等的过度施用，致使农村土壤遭受重金属污染，不仅对农村生态环境带来危害，而且对我国的粮食与食品安全构成威胁。相关研究显示，2011 年广东省农药施用量为 1.141×10^5t，化肥施用量为 2.413×10^6t；广东省部分地区水稻年化肥施用量超过 4500kg/hm^2，远远超越了发达国家的警戒线（侯保疆和梁昊，2014）。2014 年，我国化肥施用总强度达到 337.7kg/hm^2（刘钦普，2014），远远超过国家环保部门制定的生态县和生态乡镇的化肥施用强度（王永生和刘彦随，2018）。为了谋取更高的利润和更高的产量，一些地区采用大量的塑料薄膜进行反季节蔬菜、水果和花卉等的种植与培育，从而造成“白色污染”问题，严重破坏了农村的生态环境（冯艳等，2016）。同时，土壤污染具有隐蔽性和滞后性（即污染进入土壤中，土壤对污染物存在吸附等效应）（徐帮学，2013），需要经过一定时间的积累后才能通过检测手段发现污染，从而进一步加剧了污染的影响。

（2）生态资源破坏

伴随着工业化和城市化进程加快，人们生活水平不断提高，我国社会主义建设进入新的发展阶段，人们对美好生活的向往愈发强烈，而美好生活离不开对数量充足、品质优良的生活物质的需求，这也引发了对自然资源，特别是生态资源需求的增加。以往“粗放式”的经济发展理念转变的滞后性，导致了对自然资源的过度挖掘和利用，超出了生态环境的供给能力，严重影响了生态系统的稳定性，产生了一系列的生态环境问题。在为城市提供大量物质的广大农村地区，矿石资源、耕地资源和植被资源的破坏表现得尤为突出。

改革开放以来，我国经济高速发展，城镇化快速推进，人口大规模的城-乡转移，催生了大规模的城市建设活动，房地产行业快速崛起，钢铁、水泥、玻璃等建筑材料的需求量急剧攀升，而这些化工产品的生产需要以矿石作为原材料，从而涌现了一批矿石开采的企业，结果不合理的矿产资源开发与利用方式对农村地区的山体、水体等造成了严重的破坏。生产建设的夷山造地与矿藏开采过程中的毁山采石等，均使山体明显受损，致使山林地带生态稳定性降低，进而极易引起山体滑坡、泥石流等地质灾害及水体污染、土壤污染等污染问题，造成一系列安全、生态和景观方面的问题，严重影响乡村的生态和村民的生命财产安全（高云峰等，2018）。

耕地作为农村地区生态要素的一种，在农村生态环境中占有重要地位（毛靓，2014）。伴随着城镇化进程的快速推进，耕地面积也在不断锐减（图 8-1）。以北京市、上海市和西安市为例，1995 年北京市耕地面积为 $3.94\times10^5 hm^2$，上海市农作物总播种面积为 $5.422\times10^5 hm^2$，西安市耕地面积为 $3.093\times10^5 hm^2$；到 2016 年年底，北京市耕地面积减少为 $2.16\times10^5 hm^2$、上海市农作物总播种面积减少为 $2.963\times10^5 hm^2$，西安市耕地面积减少为 $2.312\times10^5 hm^2$。20 余年的时间，北京市耕地面积约减少了 45%，上海市农作物总播种面积约减少了 45%，西安市耕地面积约减少了 25%。尽管随着农业机械化程度的提高，耕地利用程度显著提升，并且耕地利用方式更加科学化，但是在城市化快速推进中，农业生产条件一般、经济水平较低的地区出现大量农业人口进入城市另寻生计的现象，农村耕地大面积撂荒，导致了耕地资源的大量浪费。尚留守在农村从事农业耕作的传统农户却由于人均耕地不足，加之其收入所得依赖耕地，进而无节制地使用农用化学品、深耕田地、透支土壤肥力，导致水土流失、耕地土壤沙化、盐碱化和重金属污染等生态环境问题进一步加剧。耕地质量的下降，优质耕地资源面积锐减成为农村生态环境中的一个突出问题。

我国天然林覆盖率低，森林资源较少，山林地区生态环境本底较为脆弱是我国面临的现实困境。回顾改革开放 40 余年来农村的发展历程，作为重要生态元

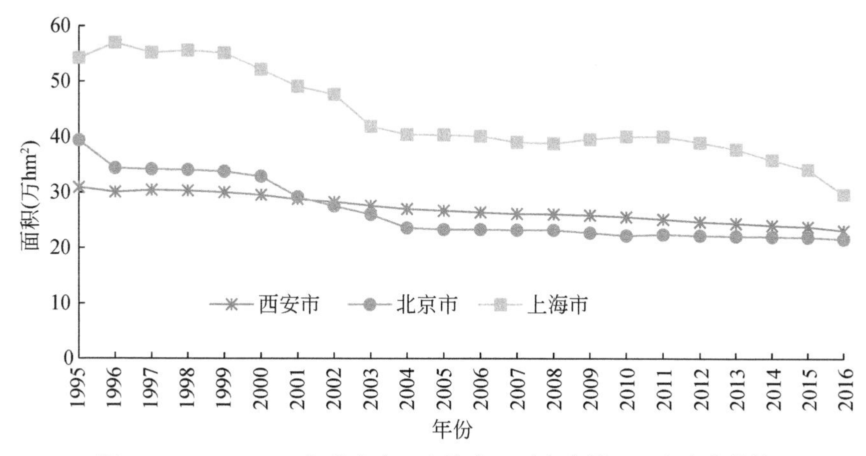

图 8-1　1995 ~ 2016 年北京市、上海市、西安市耕地面积变化趋势

上海市所采用的指标为年末农作物总播种面积

素的森林资源受到各方的关注，在利用过程中既存在严重的乱砍滥伐现象，也存在对林地和宜林地的不合理利用现象，使得原本就稀缺的植被资源日益减少。另外，森林资源的维护需要良好的水、土、气、生环境，然而水体、土壤、大气污染和生物多样性的锐减使森林资源面临着严重的威胁。在森林资源减少的同时，草地退化也在逐年加剧。在退耕还林政策的推进下，我国农村依然存在森林覆盖率低、草地资源破坏严重的问题，由此引发的水土流失、自然灾害频发的生态环境问题，直接威胁着农村经济可持续发展和国民经济安全（田春艳和吴佩芬，2014）。

（3）生态景观异化

伴随着城镇化的快速推进，乡村旅游业得以蓬勃发展，在一定程度上导致了乡村生态景观异化，村庄景观风貌和景观质量不断下降，农村的污染危机不断提高。因此，在国家生态文明建设的背景下，处理好乡村的生态景观问题，对乡村进行全面的生态修复和景观规划刻不容缓。

乡村旅游始于 20 世纪 80 年代，自 1998 年国家旅游局推出“华夏城乡游”形成第一次乡村旅游热潮以来，在中央和地方各级政府的积极引导和推动下，乡村旅游发展迅猛，乡村旅游的整体规模不断扩大、旅游产品种类不断增多、旅游模式不断丰富（彭顺生，2016）。乡村旅游发展不仅推动了农村产业结构的调整和优化，实现了农村产业的升级和转型，而且提高了农民收入，实现了农村劳动力的回流，有助于缓解我国的社会矛盾。然而，在乡村旅游业高歌猛奏的同时，乡村生态景观则逐渐被异化。“异化”源自于德国古典哲学，在《精神现象学》中黑格尔将其定义为在主体发展过程中分裂为二或者树立对立面的双重化过程，这种由主体所产生的对立物，对主体是一种压迫性、吞噬性的力量（尹继佐，

1981)，即在主体发展过程中，因本身活动所产生的外在的、异己的、阻碍自身进一步发展的对立面（樊忠涛，2013）。旅游业的发展导致乡村生态景观的异化是指伴随着乡村旅游业发展，维系乡村旅游活力和吸引力的两大要素——自然美丽景观与历史文化传统（翁伯琦等，2016），由于缺乏整体规划和管理措施，在利益诉求的驱动下不断被破坏，从而出现的乡村景观城市化、生态衰退化等问题（樊忠涛，2013）。

伴随着乡村旅游业的发展，乡村生态景观表现出城市化的特征，乡村旅游发展正面临危机。旅游的最根本动力在于差异，人们为了体验不同地区的自然景观、风俗文化和生活方式而进行旅游活动，乡村因其不同于城市且地域差异显著的乡村景观和传统文化，即“乡村性”，而吸引了大量的游客（吴必虎，2016），从而促进了农民的增收。但是，随着农民生活水平的不断提高，对生活现代化、环境舒适化的需求与维持传统的乡村生态景观之间产生了尖锐的矛盾。由于缺乏相应的规划引导和管控措施，村民为了满足现代化生活的需求往往采用两种方式：一是对村庄进行大规模的改造，使村庄短时间内涌现出一大批色彩纷杂、风格迥异的现代化建筑，严重破坏了村庄的整体风貌（樊忠涛，2013）；二是村民了解乡村景观风貌和历史文化传统的重要性，知晓其是获得经济利益的源泉，因而选择在邻近区域另建新村以实现对传统村庄的保护，但这种以丧失生活活力为代价的保护方式不仅难以维持乡村生态景观和历史文化，更使得乡村生态景观不断衰弱。此外，为了满足游客接待的需求，村庄建设了一大批现代化的多层和高层游客接待建筑，而建设过程中玻璃、水泥、瓷砖等大量非本土材料的应用又抹杀了村落的乡土特性。村庄清一色的水泥、沥青路面，在交通畅通、干净整洁的同时，却丧失了乡土气息，俨然成为城市道路的“翻版”；村内现代化的建筑搭配现代化的设施，在为村民提供良好生活环境的同时，却使人分不清这里到底是乡村还是城市。随着乡村与城市景观的差异不断缩小，乡村特有的景观风貌正不断丧失。

8.1.2 生态环境问题成因

生态环境问题对人们的正常生产和生活活动、身心健康等造成了严重的影响，深入剖析农村生态环境问题的成因对解决这些问题具有重要作用。农村生态环境问题的成因具有复杂性、多样性和综合性的特征，通过系统梳理相关文献，追根溯源对各个问题进行详细剖析，发现农村生态环境问题的产生与乡镇企业粗放发展、城市空间无序蔓延、旅游经济蓬勃发展、农业生产粗放低效、农民生活消费模式、环境管理体系缺失具有密切的关系。

(1) 乡镇企业粗放发展

乡镇企业粗放发展是环境污染的最重要因素。改革开放以来，在“离土不离乡”的理念下乡镇企业得以迅速成长，逐渐成为农村经济的重要组成部分。乡镇企业的崛起和迅速发展打破了我国农村自给自足、低水平循环的经济状态，从根本上促进了农村经济的繁荣，但其粗放的生产方式与低效的资源利用对农村生态环境造成了难以估量的损失。乡镇企业的发展很大程度上依靠土地资源、劳动力资源和自然资源的大量投入，由于农村土地、原料等资源价格相对低廉，非节约性生产严重浪费了自然资源，造成耕地面积急剧减少，工业废水、废气和废渣等不经处理直接排放，对农村生态环境造成严重污染。

虽然目前乡镇企业发展质量不断提升，但是对农村生态环境的不良影响仍未消解。乡镇企业污染物排放量的逐年增加，致使大气、水、固体废弃物污染问题也日趋严重。乡镇企业粗放型的经济增长方式、产业结构与布局的不合理、高速发展和科技水平落后之间的矛盾等均是乡镇企业污染严重的主要原因。乡镇企业大多为无组织的、自发性的、作坊式的小生产，布局具有小规模、分散化的特征，污染严重和比较严重的行业较多，大多采用以大量消耗资源、能源为基础的粗放型经济增长模式。同时，乡镇企业还存在设备简陋、工艺落后、科技含量低、技术人才严重匮乏等问题，不但直接影响产品质量，而且会造成资源浪费和环境污染（丁金海和周林森，2006）。

(2) 城市空间无序蔓延

城市空间无序蔓延加剧了农村的生态环境恶化。自改革开放以来，伴随着城镇化进程的快速发展，空间无序蔓延问题成为城市发展的一大通病（图 8-2）。1981 年，我国城市数量为 226 个，建成区面积为 7481km^2。2016 年，城市数量达到 657 个，建成区面积达到 54 332km^2。30 多年的时间，城市数量增加将近两倍，建成区面积增加了 6 倍多。为了满足新增城市人口的生产生活需求，城市空间必然向外扩张。然而，大量研究表明我国的城市空间扩张表现为城市无序蔓延（urban sprawl），即城市空间扩张速度快于城市人口增长速度的不正常现象（苏建忠等，2005；王家庭和张俊韬，2010），具有低密度、位于城市边缘、较强的负面效应等特征。城市空间无序蔓延建立在“对资源的不可持续利用和消耗”的基础上（Ewing et al.，2004），并带来了包括土地低效利用、自然景观破坏、生物多样性降低及区域生态系统衰退等问题（孙萍等，2011）。

同时，农村地区成为城市污染和垃圾的直接受害者。由于农村生产生活方式的转变，生活垃圾“围村”的现象也困扰着乡村自身。现如今农村不仅要处理自身日益增多的垃圾量，也成为城市生产和生活垃圾转移消化的场所，填埋、焚烧等垃圾处理方式给农村带来了严重的土壤、水和空气污染（唐江桥和尹峻，2018）。

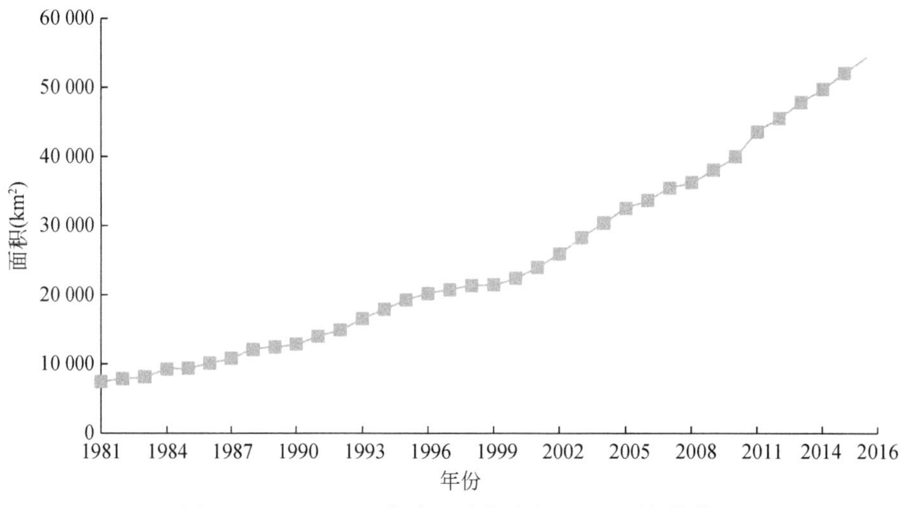

图 8-2　1981～2016 年中国城市建成区面积增长趋势

（3）旅游经济蓬勃发展

乡村旅游业的发展也导致乡村生态环境出现衰退化的趋势。乡村旅游往往被认为是“无污染”“环境友好”的产业类型，然而由于在开发建设、交通工具、环卫配置等方面存在不足，我国的乡村旅游给乡村生态环境带来了严重破坏。在乡村旅游开发建设方面，为了迎合游客的娱乐需求，挖山填湖、砍树拆屋（徐清，2007），积极建造户外骑行、影视拍摄、篝火晚会等休闲娱乐场地（高慧智等，2014），导致村庄原本的生态景观遭到破坏（彭顺生，2016）。在乡村旅游交通工具的选择方面，游客大多采用自驾的方式，大量燃油车驶入乡村致使乡村出现了空气污染问题，同时狭窄的乡村道路通车能力较差，车辆往往碾压村庄绿地和农田，造成乡村植被和农作物的破坏。乡村公共设施的缺乏，进一步加剧了乡村生态环境污染。在乡村旅游环卫配置方面，环境卫生设施、污水处理设施不足，造成垃圾随游客脚步蔓延至乡村的各个角落，再加上游客环保观念的淡薄，造成了严重的水污染问题（樊忠涛，2013）。此外，还有一部分乡村为了迎合游客对“乡村性”的需求，罔顾当地的地域文化特色，不顾当地的实际情况和乡村旅游业的发展条件，盲目要求规划师进行乡村旅游规划，或是大兴土木，将乡村打造成游客心目中的样子，最终形成与乡村本底条件不相符的乡村景观风貌；或是投入大量资金修建复古型建筑，打造小桥流水的景观风情，将乡村景观和空间符号化，最终形成了大量的仿造村落。这种肆意改造村庄景观环境的行为，不仅没有真正吸引来游客，促进当地社会经济的发展，反而造成了乡村生态环境和景观风貌的破坏（高慧智等，2014）。

（4）农业生产粗放低效

农业生产粗放低效极大地加剧了农村的生态环境问题（赵秀英，2016）。农业生产对土地资源具有高度依赖性，由此造成了农村森林资源被大量砍伐、土地资源过度开发的局面，导致生物多样性锐减、水土流失等恶性问题。在农业生产现代化的今天，我国仍有一部分地区生产水平相对落后，农业产业化和机械化程度较低。农业产业增收方式仍以扩大农业生产场地、加大肥料和饲料投入等粗放的方式为主。无节制地施用农药化肥对农田、水体、大气和食物造成了严重污染，引发了一系列生态环境问题，威胁到农村居民的生产生活安全；同时，无法有效利用的麦秸随处堆放、燃烧也严重威胁到农村的生态环境安全。

（5）农民生活消费模式

农民生活消费模式的不合理也是造成生态环境问题的重要因素之一。当前我国农村不合理的消费模式，不仅造成了资源的浪费，而且严重破坏了人们赖以生存的生态环境。改革开放 40 余年以来，我国农村居民生活水平获得了极大提高，消费结构不断优化，然而与发达国家和城市相比，总体水平仍然较低，并且存在严重的地区差异。

农村居民消费水平由 1978 年的 138 元增加到 2013 年的 7409 元，但与同期城镇居民消费水平相比，农村居民消费总水平仍偏低（图 8-3）。农村居民家庭恩格尔系数由 1978 年的 67.7% 降低到 2000 年的 49.1% 再到 2013 年的 37.7%（图 8-3），食品支出逐渐减少，交通通信、文教娱乐用品及服务和医疗保健等支出有所增加，消费结构不断优化。然而，食品、衣着、居住等维持基本生活需要的支出所占比例仍较大，制约着农民文化素质的提高，而农村仍盛行“大摆席，广宴宾”的风气，不仅导致了资源的极大浪费，也不利于农民财富的积累和自身素质的提升。此外，农民的消费观念没有随着物质供给的丰富明显提升，农村年长者因经历过物质相对匮乏的年代，在消费过程中过分追求价廉，虽然其基本需求得到满足，但导致大量“三无产品”的产生，极大地威胁到居民健康安全（杨艳等，2011）；同时低劣产品所伴随的高资源消耗、高环境污染，在浪费物质资源的同时给资源环境造成了巨大压力。

（6）环境管理体系缺失

环境管理体系缺失严重阻碍了农村生态环境保护和修复的进程。我国农村的环境管理体系是以城市污染和工业污染防治为目标建立起来的（苏杨，2006），农村环境管理体系的制定是以服务于城市为目标的，对自身问题的检测与解决却没有合理有效的应对之道。乡镇一级位于行政体系的末端，是政府治理与村民自治的重要联结点，本应发挥着承上启下的作用。但遍寻整个环境管理体系，可以看出在乡镇一级存在着明显的“结构真空”现象，并且人力、物力方面存在的

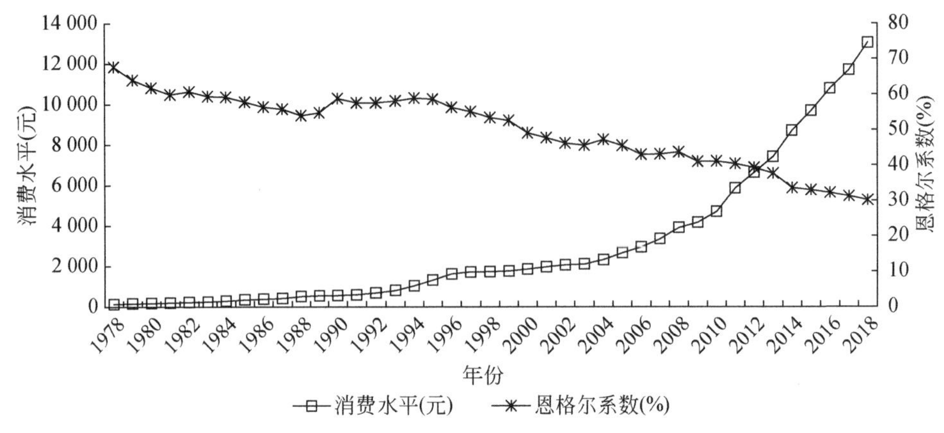

图 8-3 1978～2018 年农村居民消费水平及恩格尔系数变化趋势

缺陷，导致信息交互不畅，继而使得环境管理体系无法在农村地区有效运转（刘侃和栾胜基，2011）。在没有一套适合农村自身实际的环境管理体系的前提下，无法科学有效地解决农村生态环境问题，从根源上导致了当前农村的生态环境管理不到位。在此情形下更疏于对农村生态环境进行管理，造成管理缺位，使得环境系统运行缺乏有效引导，进一步凸显管理端的不足。同时，未建立起系统的农村环境质量监测体系，使得对生态环境状况没有一个整体清晰的认识，无法系统全面地诊断生态环境问题，再加上信息的滞后性，使得在应对系统性的生态环境问题时无法快速有效地实施针对性强的策略。

除此之外，还有如农民生态和环保意识缺乏、村民利益共同体在农村生态环境保护中的能动性与自治功能欠缺、现代化转型过程中农民价值观偏差及由此造成的农村环境资本滥用等因素，都对农村生态环境问题的产生具有重要影响（宋言奇，2007）。面对日益严峻的农村生态环境形势和纷繁复杂的成因，急需对其开展系统性的研究，寻找生态保护与修复的具体路径和策略。

8.2 生态环境保护规划原则

8.2.1 以人为本原则

农村生态环境保护的基本目标就是通过营建生态良好和环境友好的环境，实现村民日益增长的美好生活愿望的需求。因此，在进行农村生态环境保护规划的过程中，要坚持以人为本原则。以人为本的原则主要体现在两个方面，一方面要充分考虑人们对生态环境的诉求，将人们的合理性需求纳入农村生态环境保护规划中；另一方面大力发挥人们的主观能动性，生态环境的保护工作不是一个部门、一个机构、一份好的规划所能完成的，更重要的是要增强广大村民的环保意识，调动其环保热情和环保积极性，让每一个村民积极参与进来，在规划编制、设计、实施和监督的全过程中发挥作用。在规划编制前期，通过座谈、问卷、调研踏勘等方式对村民的基本诉求和保护建议进行调查摸底，了解生态环境保护过程中的问题和症结；在规划设计环节，进一步加强农村生态环境保护规划中的公众参与，随时将规划理念和阶段性成果向公众公示，保证公众的知情权，并进一步与公众或者公众利益诉求代表进行座谈，使规划方案能够体现大多数村民的意见和主流观点；在规划实施和监督环节，建立相应的公众监管反馈平台，对农村生态环境保护和修复的进度与成果进行监管，并建立相应的团队对相应的问题和规划的不足之处进行及时修正。坚持以人为本的原则，保证村民的基本利益和诉求得到最大化的满足。

8.2.2 因地制宜原则

区域自然条件和社会经济条件的差异导致了农村生态环境的差异，这就决定了农村生态保护规划应该坚持因地制宜的原则。自然条件是农村生态环境的基础，不同区域具有不同的地形、气候和水文条件，由此形成了千差万别的生态环境，如华北多平原、华南多山地，由此分别形成了迥然不同的平原生态环境和山地生态环境；北方干旱、南方多雨，由此北方形成了干旱缺水的自然环境，而南方形成了水量充沛的自然环境。同时，不同的地形、气候和水文条件，又孕育出不同的乔木、灌木、植被和动物类型。社会经济条件则是农村生态环境保护规划实施的重要保障。农村生态环境保护规划的实施需要投入大量的资金、人力和物力，生态环境保护应分阶段、有计划地实施，对社会经济条件良好的地区，生态环境保护规划的多项目标和任务可以同时进行，以最短的时间塑造良好的农村生态环境，而对社会经济条件较为薄弱的地区，则应考虑将规划目标和任务进行分解，从最迫切、最需要解决的主要矛盾和问题着手。

8.2.3 科学修复原则

农村生态环境保护规划应该坚持科学修复的原则。科学修复即针对农村生态环境问题，以适宜的科学修复技术为手段实现生态环境的保护要求，这是由我国农村生态环境的现状所决定的。在经历了 40 余年的粗放式发展之后，我国经济建设和人民生活水平在不断提高的同时，农村生态环境出现了严重的问题，当下和未来很长一段时间仍要为上一阶段发展模式所造成的生态环境问题“买单”。农村生态环境保护规划工作，需要对现存的良好的生态资源进行切实保护，增强保护规划的权威，更重要的是要对生态环境已经出现问题的山体、水体、农田和棕地进行修复，建构“山水林田湖草”生命共同体。通过综合利用定性和定量分析相结合的方法对农村生态环境进行评价，在此基础上明确农村生态环境所存在的问题，并选择针对性的生态修复技术和方法，从而结合当地的社会经济发展情况，制定相应的实施计划和保障措施。

8.2.4 积极营建原则

山体、水体、农田等生态环境要素除了具有生态维育作用以外，还具有营造乡村景观、突出乡村特色的作用。积极营建原则即在尊重自然、保护自然和维护自然生态过程的基础上系统科学地营建乡村景观环境系统（林莉，2009）。具体而言，就是在对农村生态环境进行切实保护的基础上，不仅要针对农村所存在的生态环境问题开展修复工作，而且要对农村生态环境进行合理利用，提高资源利用效率。农村生态环境保护规划不应是封闭式的保护，而是在进行保护的前提下，充分发掘生态环境的经济效益和社会效益，实现生态环境多维效益的统一，从而形成人与自然和谐发展的可持续发展模式。在利用过程中要注重对整体协调度的把控，保护生物多样性，避免进行大面积的建设改造，应从生态和环保角度通过“微更新”方式对景观环境进行塑造，最大限度地保护乡村的原生态景观环境，实现生态资源有控制地、可持续地开发利用。

8.3 生态环境保护与修复导向

农村生态环境保护首先对村域范围内的用地进行适宜性评价，从而划分用地类型，确定生态空间和生态保护红线，并制定相应的保护策略。在本书第5章对这一部分工作的方法和步骤进行了系统阐述，因此在此不再赘述。以下重点介绍生态环境要素（山体、水体、农田和棕地）及其保护和修复的内容和方法。

8.3.1 生态环境的构成要素

明确农村生态环境的构成要素是进行生态环境保护规划的基础。一方面，明确农村生态环境的构成要素有利于制定明确的保护措施和策略。农村生态环境各个要素具有不同的特征和保护要求，通过对构成要素特征和保护要求的梳理研究，有助于确定各类农村生态环境要素的保护范围和修复内容，制定明确的和具有针对性的保护措施与策略，从而对农村生态环境进行切实保护。另一方面，明确农村生态环境的构成要素有利于把控农村生态环境保护规划的进程和对其基本情况进行监督。关于农村生态环境构成要素的解析对明确各构成要素保护和修复基本目标具有重要意义，这是确定保护规划进程的重要依据。根据保护规划的基本目标和实施进程的安排，有助于实时监督其进程和实施成效，以便于对其基本情况进行及时反馈，保证农村生态环境保护规划的落实。从“修复农村生态环境，塑造生态宜居乡村”的基本目标出发，将保护与修复要求融为一体，以保护为基础，以修复为任务，可将农村生态环境的构成要素分为山体、水体、农田和棕地四个组成部分。

（1）山体

山体是一种基本的地貌类型，具有维护生物多样性、调节区域气候、提供发展资源保障、改善环境质量等多种作用，也是一种不可再生的自然景观资源（黄敬军等，2015）。山体被定义为具有一定海拔、相对高度和坡度的高地及其相伴谷底、山岭等所组成的地域。这些地区承载着特定的生态、经济、社会和文化功能（钟祥浩，2006；程根伟等，2012）。我国是一个多山的国家，有山地区约占我国国土面积的 2/3，平原地区约占 1/3，保护山体资源对广大的农村地区来讲具有重要意义。

山体在营造乡村景观和突出乡村特色方面也具有重要作用。我国自古以来就有对山体景观的崇拜和向往，有“三仙山”“四佛山”之说。山的意境也经常出现在文人名士的名篇当中，晋陶渊明的“采菊东篱下，悠然见南山”、唐张九龄的“灵山多秀色，空水共氤氲”及宋苏轼的“不识庐山真面目，只缘身在此山中”等，无不凸显山体景观的特殊地位。然而，为了加快我国的经济发展和城市建设，毁山取石造成了严重的山体破坏，常有“上海一座楼，湖州一座山”之说，造成了严重的生态环境问题，使得生物多样性锐减，破坏了生态系统的完整性和稳定性，加大了农村生态系统的脆弱性。

（2）水体

水体是农村生态环境的重要组成部分，包括河流、湖泊、沼泽、沟渠、池塘、水库等地表水水体和土壤水及地下水水体的不同形式（李贵宝等，2016）。水体是人类生产生活必不可少的条件，对农村经济的发展、农民的卫生健康和农村生态环境的维育具有重要作用（郑慧和赵永峰，2016）。水体除了具有生态功能之外，还具有文化价值、景观（美学）价值和经济价值（柳仪仪，2012）。

水和山一样，是能牵动人们情愫的一种文化符号，更是乡村灵性的集中体现，在塑造乡村景观、突出乡村特色方面具有重要意义，“日出江花红胜火，春来江水绿如蓝”“明月松间照，清泉石上流”“江水浸云影，鸿雁欲南飞”等体现了水在中华民族思想观念中的美好意境。此外，大江大河还具有交通运输功能，天然河道如长江、黄河等，实现了人员和物资的区域调配，更使得沿岸地区空前发展。水体也是水产养殖业的主要承载空间，生产供人们食用的鱼、虾、蟹等水产品，具有重要的经济价值。自改革开放以来，伴随着我国城镇建设用地的不断扩张，乡村水域面积不断减少，并且出现了大面积的水域污染，大多数农村地区的水质表现为劣V类，水体保护刻不容缓（宋国香等，2016；许玲燕等，2017）。

（3）农田

农田具有粮食供给、气候调节、水源涵养、生物多样性保护等生态服务功能（Foley et al.，2005；刘静萍和徐昔保，2019），保护农田对保护农村生态环境具有重要意义。同时，农田生态系统由生物和环境两部分组成，然而与自然生态系统存在较大区别的是农田生态系统的两大组成部分受人类的影响和干预程度较大，其系统稳定性与自然生态系统相比较为薄弱，并且生态系统的恢复力也较为脆弱（张永生，2018）。

改革开放以来，伴随着经济的快速发展和人口数量的激增，粮食不仅是人们生存所必需的食物来源，也是工业生产所需的重要原材料，国家对粮食作物的需求不断增加。但是，同期城镇化进程的不断加快，一方面促使城镇空间不断向外扩张，使得耕地面积不断减少；另一方面农业机械化水平的提高和农药、化肥等化工技术的不断发展，带来了严重的农村面源污染，农药、化肥和地膜的广泛应用给农村带来了严重的水污染和大气污染，在严重破坏了农村生态环境的同时也使得农田土壤结构发生了不可逆的转变，影响了农田的可持续利用（刘妙品等，2019）。农田是我国广大地区，尤其是平原地区占地面积最大的用地类型，对农田生态系统的保护和修复对实现农村生态环境的可持续发展十分重要。

（4）棕地

棕地（brownfield）一词最早出现于美国制定的《综合环境响应、补偿与责任法案》（CERCLA，Comprehensive Environmental Response，Compensation and Liability Act，也称“超级基金”Superfund Act），是指在城市产业经济结构进行调整过程中，一些具有重度污染的企业由于需求最优区位而进行搬迁，产生了大量可以再利用和开发的地块，主要包括采煤塌陷地、石油采空区、旧厂区、仓储地块等（宋飏等，2019）。学术界更多地将棕地定义于城市范围之内，将其作为城市中闲置和废弃的地块，涉及工业、农业、商业、交通和物流仓储等用地类型，并且一般是受到污染，需要整治后再开发的地块（郑舰等，2019）。

对乡村而言，20 世纪 90 年代之后，在经济全球化和全球产业分工格局重塑的大背景下，为了更好地承接发达国家和地区的产业转移，提高劳动生产效率，减少环境污染，在“三集中”① 发展策略的引领下大量的乡镇企业被整治和迁移，致使农村出现了大量的受污染和闲置地块。同时，伴随着城镇化的快速发展，农村的空心化趋势不断加剧，村庄内部出现了大量的废弃宅基地，严重影响了农村生态环境和景观风貌。研究认为棕地定义的核心是废弃和闲置两个方面，从而将乡村中废弃和闲置的地块确定为乡村生态保护和利用中的棕地，主要包括废弃工厂、仓储、养殖场、宅基地、房前屋后的空地等类型，在保护和修复规划中应对其进行系统梳理和分析，确定明确的修复措施和再利用规划。

宅基地的废弃和限制所引起的一系列负面效应严重影响了农村的健康可持续发展。一是造成耕地资源的严重流失。在快速城镇化发展的背景下，大量的村民外出务工，拥有一定经济实力后，在城市买房定居，但是由于其父母还在或传统习俗所致，这些人在农村还占有一定的宅基地，村内其他本地居民由于生活需要，需新建宅基地的，导致农村居民点用地继续增加，“一户多宅”现象很严重，造成宅基地资源的浪费。二是农村整体面貌难以改变。由于村民经济条件的改善，村民对房屋质量及外观都有了较高的要求。从而房屋更新速度加快，住房质量逐渐提高，而农村的整体面貌却没有得到根本改善。村庄内部的空心性及其外部的广延性直接引起岔口村宅基地更大程度的分散，给公共基础设施建设带来极大困难；村内道路基本沿袭原来的道路系统，狭窄弯曲，进出艰难；村外新宅竞相抬高地基，使一些村内旧房成为雨后“蓄水池”。三是乡村人居环境受到破坏。闲置宅基地打破了原有村庄相对集中、同族临近的居住空间格局，“四世同堂”、亲缘邻近、邻里和睦的关系逐步弱化，并影响到各种社会经济关系的重构。农村宅基地的无序状态也淡化了村民的集体意识，宅基地审批中的违规行为影响了基层干群关系；农宅地基盲目攀高引发的民事纠纷给社会治安和农村社会稳定留下隐患。尽管农房建设数量不断增加，但是农民居住环境没有得到根本改善。村内旧房子成为农村火灾的主要源头和卫生防疫的死角，威胁农村安全和美丽乡村建设。

8.3.2 山体保护与修复导向

山体保护主要包括山体轮廓保护与本体保护两个方面（图 8-4）。山体轮廓保护即对峰、岭、沟、谷等形态进行保护，防止过度开发造成形态轮廓的破坏（吕向华等，2015）。同时，人工建（构）筑物要因山就势，与自然生态融为一体，严禁建设形象过于突兀的建筑物和与自然生态不相协调的活动空间。山体保护是指对确

---

① “三集中”是指工业向园区集中、农民向社区集中、农用地向规模经营集中。

定为需严格保护的山体，严禁对其进行开挖、破坏其植被的活动，并且应该扩大森林面积，以实现水土保持、维持生物多样性和生态系统稳定的保护目标。

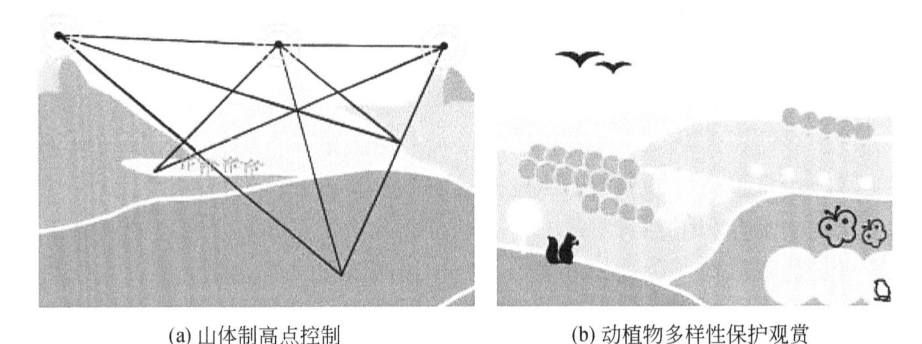

(a) 山体制高点控制　　(b) 动植物多样性保护观赏

图 8-4　山体保护示意图

山体修复主要针对因建设和开采活动造成严重破坏的山体，从安全治理、生态恢复和景观塑造三个方面依次展开。首先，对山体发生崩塌和滑坡等地质灾害的可能性进行评估，对存在地质灾害风险的山体，通过采用工程技术以保证山体的稳定。其次，对因开采和挖掘而造成植被破坏、水土流失和生物多样性锐减的山体，依托生态学和景观生态学等规划设计方法，通过裸露边坡复绿、缓坡补植补栽等方式，利用种植、灌溉或维护等措施恢复遭到破坏的生态环境系统。最后，通过增加少量设施、建造部分建（构）筑物等营造生态环保型的游憩休闲活动场所，提升乡村景观风貌和活力，充分发挥山体的多维价值。

对山体景观而言，要积极保护村域内原有的山水格局与自然景观风貌，对山体、沟坡、植被等进行生态保育。同时，保持村域内原有山体形态，对由人为破坏或自然条件恶化而导致的山体地表裸露区域重新种植与周边生态体系适宜的植物，适度调整绿地结构，提升其水土保持和生态涵养能力。另外，不应以人工景观替代原本的自然生态景观，宜恢复并保持自然景观风貌，不宜在村域内及周边的自然山体上建设体量、规模过大的建（构）筑物。

8.3.3　水体保护与修复导向

水体保护的主要内容包括村域内的河流、湖泊、湿地、池塘、水源及水源涵养地等的保护。按照河流等级设定安全管理范围，在安全范围内对河流进行严格保护，不允许对河流进行随意整修和开发建设活动。湖泊、池塘和湿地等要依据相关评价结果和有关管理规定明确保护范围，并制定相应的保护管制措施。水源及水源涵养地应根据相关规定划定各级保护区域，制定相应的保护措施。

水体修复主要从水域本体（沟、塘、河道）、水系周边（驳岸）两个层面出发。水域本体层次的整治措施主要包括：整治和清理村域内的河道、坑塘内的淤泥、落叶、固体废弃物等，保持河道、坑塘的清洁；通过生化方法，消解水体中的营养物质，保障村域水体水质的清洁；建设防灾设施，以维护村民的生命财产安全。水系周边层次的整治措施主要包括：在保证水岸稳定的前提下，防止河道淤泥堆积，建设生态驳岸，推荐建设透水性能良好的海绵驳岸，实现对河道附近道路地表径流收集和入河的雨污水滞蓄与净化的目标；保留和利用村域内原有的天然河流地貌，保护河流两岸原生植被、原生态水体和驳岸。

对村庄水系景观，保留和利用村域内原有的天然河流地貌，保护河流两岸原生植被、原生态水体和驳岸，部分水域可结合村庄布局进行景观建设（图 8-5），应采取自然驳岸和人工驳岸相结合的方式，包括修建水边步道、亲水平台等景观设施，绿化配置应适宜合理、养护到位，无废弃物；水岸边宜种植适应当地气候条件的亲水型植物，采取适宜自然生态的布置方式，形成乔木、灌木、草本向水面自然铺展的绿化形式，营造自然式滨水植物景观；水体护坡宜采取自然护坡，适度采用硬质材料，如干砌鹅卵石、乱毛石等；不应在水上建设餐饮、住宅等可能污染水体的建（构）筑物，水上游览设施设计应控制尺度与规模，不宜过度占用水面面积；村庄内河道应设置安全警示标识牌，并使用护栏等进行隔离防护，安全警示标识牌与护栏应醒目、整洁、美观（图 8-6）；对村庄内河道坑塘进行整治、清淤，保持河道、沟渠、水塘清洁，无黑臭、无异味、无垃圾。

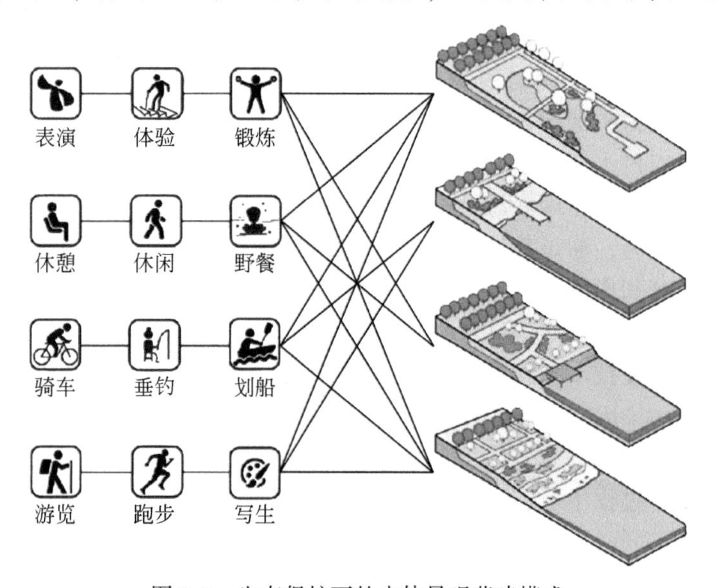

图 8-5　生态保护下的水体景观营建模式

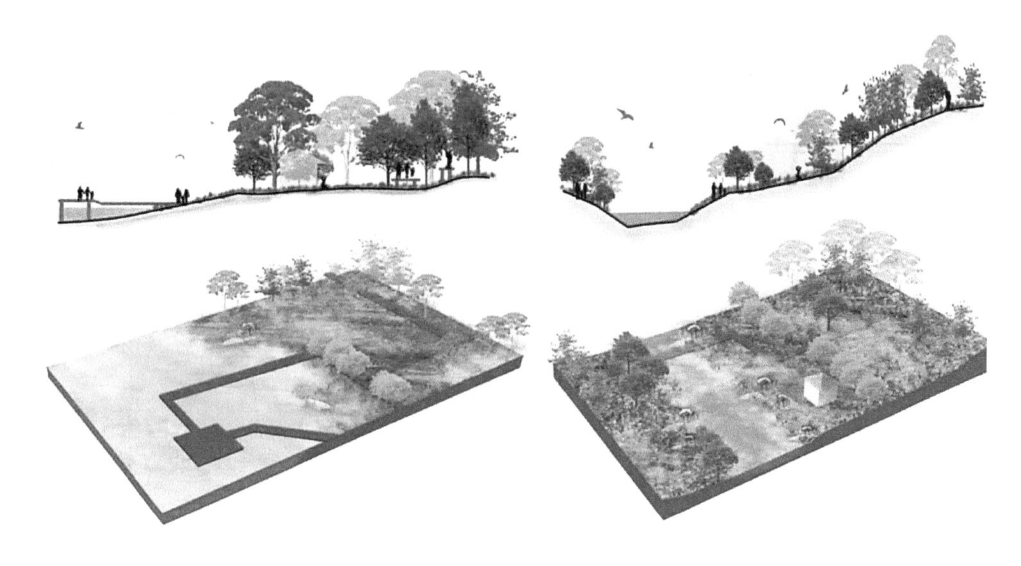

图 8-6　水体保护中驳岸营建模式

8.3.4　农田保护与修复导向

农田一般分为永久基本农田和一般农田，不同类型的农田具有不同的保护要求。依据乡镇或市县国土空间规划，结合村庄空间管制规划的具体情况，明确农田类型，科学划定永久基本农田保护线。对所确定的农田进行严格保护，严禁以任何名义和形式侵占永久基本农田。

农田的生态修复应树立“治立足于防”的观念，以农田保护为出发点，开展农田修复，从源头保护、绿植隔离和土壤修复三个层次展开。首先，从源头保护抓起。加强农村水体保护、固体废弃物的整治、农田周边环境的监管和乡镇企业污染源的控制，防止因水污染和固体垃圾等其他污染源引发次生土壤污染。其次，进行绿植隔离，通过栽植防护林等方式减少对周边农田的影响。最后，进行土壤修复，充分利用现代科技方法手段和管理模式来解决土地污染、农田土壤肥力下降等方面的问题。

利用植物修复技术，将重污染农田改作苗圃，栽种林木净化土壤等，实现对土壤中重金属污染因子的吸收作用，由此可以将土壤中重金属污染因子的浓度降低，从而实现对土壤的有效修复（李宁宁，2019）。通过创新生产、管理和组织模式，实现生产过程中对农田的科学合理、统一化利用与土地经济效益的可持续发展良性循环。同时，通过实行间种套种，在合理提高农田利用程度的同时，改善土壤状况，保护土壤肥力，加强生态干扰，提高农田区域的生态多样性，达到维持农田生态稳定性的目的。

8.3.5 棕地修复导向

农村棕地主要是指村域范围内闲置和废弃，并且受污染或者景观条件较差的地块，主要包括工矿业废弃地、垃圾填埋地、废弃宅基地等。

对工矿业废弃地修复，应采用生态设计和景观设计相结合的方式（任昭，2014）。一方面对工业废弃地进行生态整治，通过清除垃圾，增植乡土树种来实现生态环境的恢复；另一方面通过对原有建筑进行更新改造，将其建设成为村民的公共活动场所，实现再利用。

垃圾填埋场修复应根据场地的实地情况，采用植被修复技术对垃圾填埋场的土壤及周边环境进行修复。通过草、灌木、乔木的合理搭配，构建出多类型、多树种、多层次和多功能的人工植物群落，增强修复植物的抗逆性，提升植物群落对有毒有害气体和渗沥液的净化能力，促进地区生态环境的持续改善（陈金平，2018）。

对废弃宅基地而言，更为严峻的则是其权属问题，具体修复措施应根据实际情况而定。对长期闲置且建筑质量较差的宅基地，则应通过与户主协商之后，将其拆除，通过增加绿化，塑造景观，形成村庄的公共活动场所；对仍有短期居住需求的村民，则应敦促其按照村庄风貌建设的要求进行整改，并在其宅旁增加绿化，美化生态环境。经协商同意拆除的可进行拆除处理，拆除后可供村民自行种菜或绿化或形成广场等公共空间。考虑到周围环境的影响，根据不同的主题意向，营造具有可识别性的村庄公共空间，形成良好的空间序列，丰富和完善村民住宅用地过于单一的结构形式。面积比较大或者与周围废弃宅基地统一整治而形成比较大面积的符合地区特点的可进行集中养殖或还田。建立村民与村委会协商补偿机制，政府参照被征地农民补偿办法办理社会保障，不应影响居民的切身利益。

8.4 实证案例研究

8.4.1 汉中市城固县原公镇青龙寺村实证案例

1. 研究区概况

青龙寺村[①]位于陕西省汉中市城固县原公镇，距城固县城 15km，距原公镇镇

① 本案例来自《汉中市青龙寺村美丽乡村建设规划》，主要编制人员包括李建伟、沈丽娜、孙圣举、程元、李国傲、李金刚、李贵芳、李海峰等。

区 4km。北依秦岭，南傍湑水，是城固县北部地区重要的物资集散中心。周边有桔园景区、朱鹮湖生态休闲度假区等多个景区，具有近城区和近景区的双重区位优势。

2016 年底，青龙寺村总户数为 623 户，总人口为 1988 人。土地条件优良，雨水充沛，农业生产条件好。全村拥有耕地面积 250. 67hm^2，主要种植柑橘、枇杷、蔬菜，全村柑橘年平均产量保持在 1 万 t 以上，占农民人均年收入的 80% 以上，形成了采摘-打蜡-销售一条线生产服务，产值约 1600 万元。畜牧业以羊、牛、土鸡、野山鸡为主，全村养殖山羊 100 只以上的大户有 8 户，饲养总数近 1000 只，产值达百余万元。

2. 生态环境特征

得天独厚的景观风貌。青龙寺村北靠秦岭，山体连绵，地势总体北高南低，海拔最高约 650m，最低约 500m，地势起伏大；青龙寺水库水域面积为 5. 3hm^2，村域内现有泄洪渠（宽约 10m）自西向东横穿而过，村域段长约 7200m；青龙寺村地处内陆，具有冬无严寒、夏无酷暑、雨量充沛、四季湿润、雨热同季、干湿交替的气候特征，被誉为西北地区“小江南”。青龙寺村山水格局呈现出“两山夹一水”的空间格局，周边山体连绵，拥有较多山体制高点，形成了天然观景平台；青龙寺水库是不可多得的宝贵财富，也是未来发展生态休闲旅游的资源。村落处于山环水绕之中，青龙寺村地形平坦，顺应山水走势呈现组团式分散布局，部分区域以自然景观为主，建筑点缀于山水之间，村委会及周边的组团位于山谷地带，苗家山组团、侯家圪瘩组团位于半山坡上，新建村位于南部平缓地带，整体构成了“山水林田村”交织的整体景观风貌。

优美壮阔的农田景观。柑橘是青龙寺村的主导产业，拥有兴津、宫川、少核朱红桔、日楠一号、大蒲等众多品种，柑橘产业已成为全村的支柱产业和农民增收的主要渠道。全村主要种植柑橘、枇杷、蔬菜。其中柑橘种植面积比例最大，发展果园面积达 113. 33hm^2，占总耕地面积的 81. 6%；粮食作物以大米、玉米为主；特色蔬菜主要有生姜、豇豆、大蒜等，形成了波澜壮阔的橘海农田生态景观（图 8-7）。

图 8-7　城固县青龙寺村生态环境风貌

任重道远的生态保育。地处秦岭山区的青龙寺村，一方面坐拥优良的生态环境条件和良好的自然景观风貌，具有得天独厚的资源环境优势，另一方面也面临着生态环境保育的基本任务。素有“国家中央公园”之称的秦岭是我国重要的生态屏障，被人们赋予了众多称号，如“中央空调”“中央水库”“中央物种基因库”“中央氧吧”等，充分彰显了秦岭的生态功能。中央和陕西省委对秦岭的生态保护工作高度关注，出台了大量针对秦岭的保护性法规、条例和政策。在维护乡村景观风貌的和进行秦岭生态保护的前提下，最大限度地发展产业，在能源消耗、环境保护等方面的压力逐渐增大的情况下，位于秦巴生态保护区的青龙寺村面临前所未有的挑战。

3. 生态环境保护与修复

青龙寺村生态环境保护和修复涉及山体、水体、农田和棕地等各个要素，其中山体和农田以保护为主，而水体和棕地等在保护的同时需要重点关注修复问题。村域范围内具有大面积的山地，山区面积占整个村域的 80% 以上。山区又可分为林区和浅山区，林区以天然丛林为主，属于青龙寺村的重点保护区域；浅山区水土条件良好，是青龙寺村柑橘种植的主要区域，也是青龙寺村需要重点保护的区域。

村域范围具有多种形式的水体，包括点状的池塘，线状的河流、灌溉渠和集中建设区内的排水渠，面状的水库，在对这些水体进行积极保护的基础上，要重点开展修复工作，特别是流经集中建设区的水体，由于村民活动的影响，水体的驳岸、水质等往往受到较大影响，应针对生态环境条件较恶劣的水体进行生态修复工作。另外，青龙寺村拥有较多的闲置废弃地块，主要包括青龙寺砖厂、杨树林、闲置废弃宅基地。

青龙寺村整体上生态环境状况良好，但是受村民活动的影响，位于村庄集中建设区范围内的自然生态环境则受到一定程度的破坏，对村庄集中建设区范围内受破坏的生态环境要素进行修复则成为生态环境修复工作的核心内容，涉及的区域主要包括山体、水体、农田和棕地（杨树林片区、废旧砖厂片区等）（图 8-8）。

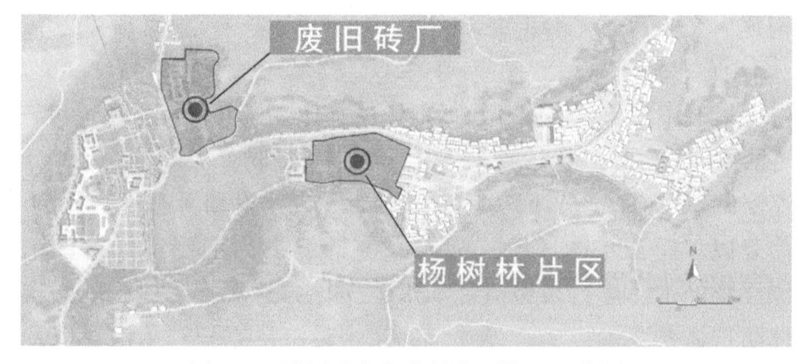

图 8-8　城固县青龙寺村主要棕地区位图

（1）山体保护和修复

通过对青龙寺村的实地踏勘、上位规划解读和生态适应性评价，综合确定生态环境保护的基本范围，将地形起伏较大的山区林地划定为重点保护区，该区域以生态保育为主导功能，在该区域内严禁开发建设，并且划定的保护边界严禁突破。

最大限度地保留原始地形面貌，对自然高差和坡地等条件加以巧妙合理利用，不破坏山体结构、不高填深挖；对沿线地形要素和地景素材，如陡坡、断崖等应随行就市、恰到好处地进行选择或处理。未经过开发改造的山岭、坡地、荒林等往往难以达到理想的要求，合理的做法应该是：有景用景、无景造景、用景改景，自然景观与人造景观相结合，方能更好地实现物我所用。形式上以自然为主，“虽由人作，宛自天成”；内容上，如对景、借景、夹景等能够很好地体现地形地貌景观的生态特点。青龙寺村生态环境脆弱，故应针对不同区域的生态景观采取不同的做法，最大限度地减小对生态本底的影响。

（2）农田保护和修复

对农田景观的营造，青龙寺村农田生态景观规划设计包括三部分，一是划定保护范围，严格遵照各级基本农田保护区的法律法规进行保护，不得侵占进行其他用途的开发建设；二是确定该区域的生产景观类型，并明确种植作物种类和种植区域。基于当地的自然环境条件及农业基础，将该区域的农田景观确定为种植业景观，种植业以柑橘种植为主，并且合理进行作物搭配，形成丰富的乡村生产景观，向体验农业、观光农业等方向发展；三是农田景观的营造，应系统考虑村庄农业景观布局，有效整合农田资源，对荒芜、贫瘠的农田加以整治，根据农田地形、方位和面积等进行综合景观规划。农田景观宜结合村庄地理环境特征、农耕文化和风土人情等要素，突出地域性和乡村特色，同时应根据农作物特征在田间小路或田埂上搭配栽植合适的绿植，形成多样化、多层次的农田景观格局，并且要结合地形、田埂、水系等景观要素进行穿插排列，营造出有韵律、有层次、有节奏、丰富的农业风貌景观序列。另外，农田景观还应结合村庄格局与周边环境布局，构建人文与自然融合的景观。

（3）水体保护和修复

流经村庄集中建设区的水体存在局部地区水体富营养化，漂浮垃圾较多，水体景观由自然植物构成、以陆生植物为主、缺乏水生植物，驳岸生硬、缺乏美感，以及亲水设施较少等问题（图 8-9），主要涉及青龙寺水库和河道两个组成部分。

水体修复以“整治水体环境，营造优美景观”为主要目标。首先，对受到污染和有漂浮物的水体进行垃圾清理和水体净化；其次，增加绿化层次，建构多层次的水体防护体系；最后，建设一定的亲水设施，充分利用水体，发挥水体生态环境的多维效益（图 8-10 ~ 图 8-13）。

图 8-9　城固县青龙寺村水体生态环境现状

(a) 修复前

(b) 修复后

图 8-10　城固县青龙寺水库驳岸生态修复策略

①延伸景观平台；②增加景观绿化、休闲设施；③改造建筑功能；④设计滨水码头；⑤清理垃圾，净化水体

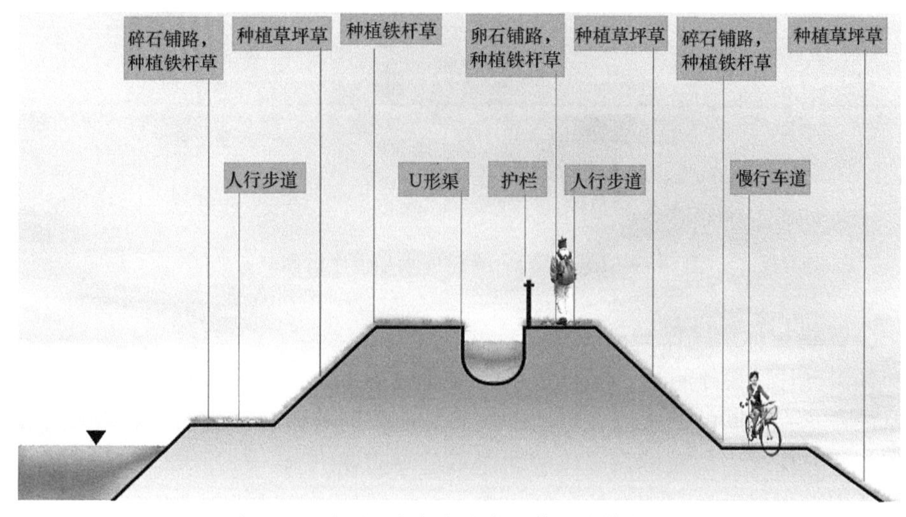

图 8-11　城固县青龙寺水库坝体生态修复策略

(a) 修复前　　(b) 修复后

图 8-12　城固县青龙寺村河道生态修复策略

①整理电线杆；②道路整治，安全通畅；③增加防护绿篱；④清理河道，引水美化；⑤绿篱隔离河道

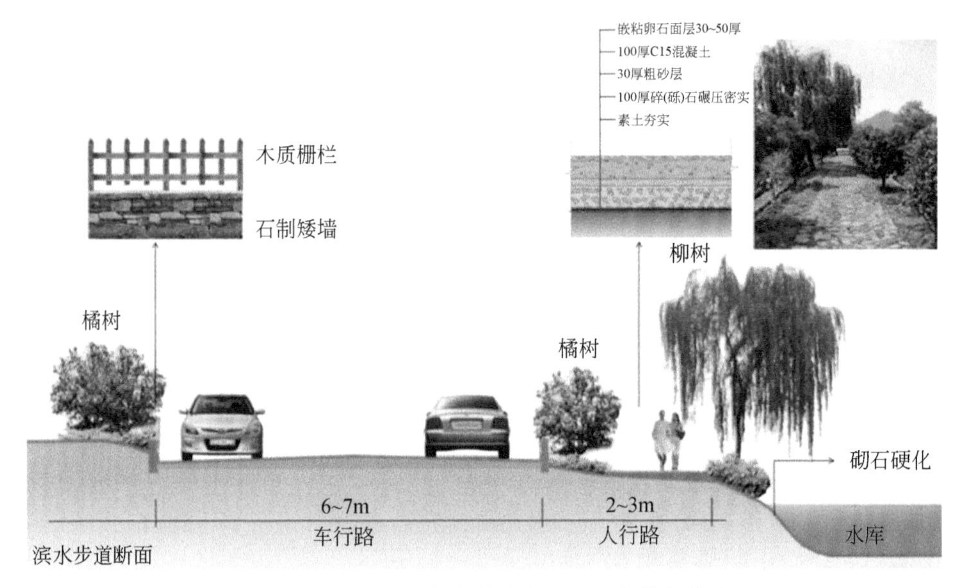

图 8-13　城固县青龙寺村滨水步道生态修复策略

（4）杨树林片区保护和修复

杨树林片区位于青龙寺水库以东，主要包括滩涂地、林地和水渠。杨树林片区原是青龙寺水库的回水区，目前种植有大面积的杨树林，生态植被较好，但存在部分地表裸露、垃圾堆积、休憩功能不足等问题。

从生态修复和景观塑造的角度出发，对杨树林片区进行生态修复和景观塑造（表 8-1）。一是对该片区堆砌的垃圾进行清理，并在裸露地段进行绿化处理，保育生态环境；二是以“野趣”为主题进行景观设计，发挥杨树林片区的生态景观资源优势，具体修复营建项目包括山坡垂直绿化、滨水驳岸/亲水平台、杨林观海、亲水栈道、曲水流觞、水乡驿站、桥头广场等（图 8-14）。

表 8-1　城固县青龙寺村杨树林片区修复整治措施

修复建设重点	修复整治措施
山坡垂直绿化	针对沿主要道路山坡裸露问题，种植爬山虎、常春藤等藤蔓植物进行垂直绿化
滨水驳岸/亲水平台	砌筑河道北岸护坡，防止侵蚀路基；疏浚河道，整治南岸护坡，采用自然驳岸，驳岸顶部可设置 1～2m 宽的卵石或木质旅游步行道，适当增设亲水平台
杨林观海	针对林地可进入性差问题，规划布设架空木栈道，在不破坏树林的基础上自由布设，栈道可随机设置休息平台，也可在不同标高上穿行，打造丛林探秘的幽深意境
亲水栈道	在水库东部架设木栈道，增加水库可进入性，可种植荷花、芦苇等观赏性植物
曲水流觞	对水库东侧的滩涂地进行修整，设计连续多变的水面和木栈道，形成曲水流觞的乡野景观
水乡驿站	结合景观设计，可规划设计乡野别墅、木屋等住宿设施，打造水乡驿站
桥头广场	整治原移民搬迁广场，作为多功能集散广场和停车场；现状公厕搬迁至道路以北

其中，滨水步道应在道路两侧布设石质矮墙，在北侧可设置矮墙与木质栅栏，同时要清洁并整平道路，车行道南侧应铺设卵石人行道，沿车行路两侧种植橘树，沿水库种植垂柳（图 8-15）。曲径通幽栈道的布设严禁破坏现状树木，并且应采用木质等天然材质，以实现环境友好型建设的目标，栈道高度一般为 0.6～1m，局部地段可设置 3～5m，宽度约 2m，采用自由式布局，同时应将原水渠南岸改造为台阶式亲水驳岸。曲水流觞湿地首先要对滩涂进行整治，扩宽联通水库西部湿地水面，形成生态岛屿，在湿地景观区布设木质景观栈道，并种植荷花、芦苇等水生植物，在观景平台设置景亭、小型座椅等设施，同时还应增加照明设施，形成滨水景观。

（5）废旧砖厂片区整治和修复

废旧砖厂片区位于青龙寺水库以北，自从砖厂停产之后，该地块长期闲置，杂草丛生、垃圾遍地，严重影响了青龙寺村的生态环境和景观风貌，因而需对该地块进行重点整治。

由于该地块依山傍水，从发展乡村旅游的角度出发，在对该地块进行生态修复的基础上，对其进行重新开发利用，将其规划建设为综合服务中心，主要建设项目包括游客服务中心、民俗体验区、住宿餐饮区、印象橘乡、荷塘月色、亲水平台等（表 8-2、图 8-16、图 8-17）。

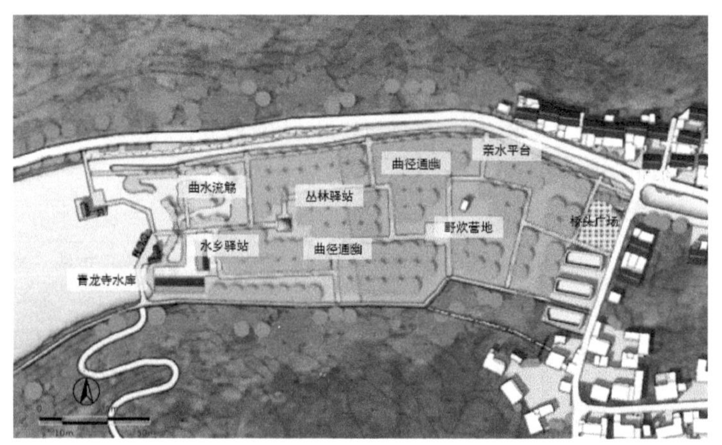

图 8-14　城固县青龙寺村杨树林片区生态修复设计示意图

图 8-15　城固县青龙寺村杨树林片区生态修复设计鸟瞰图

表 8-2　城固县青龙寺村废旧砖厂片区修复整治措施

建设重点	修复整治措施
荷塘月色	在水里种植荷花增加观赏性，形成一大特色区
亲水平台	在水库边增加亲水平台，为游客增加趣味性
印象橘乡	保留现状橘树片区，植入步道，增加乡村文化要素
游客服务中心	在原有旧砖厂的基础上设计游客服务中心，方便游客。栽种大树或设置景观石作为标识，景观小品的设计应结合当地的农具进行，在道路两侧应设置文化墙以彰显村庄的文化，将原有公厕改造为商业设施，并打造亲水平台和游船码头
民俗体验区	为来此的游客提供民俗体验，感受青龙寺当地的不同民俗风情
住宿餐饮区	结合游客服务中心、民俗体验区在此配套住宿餐饮以方便游客

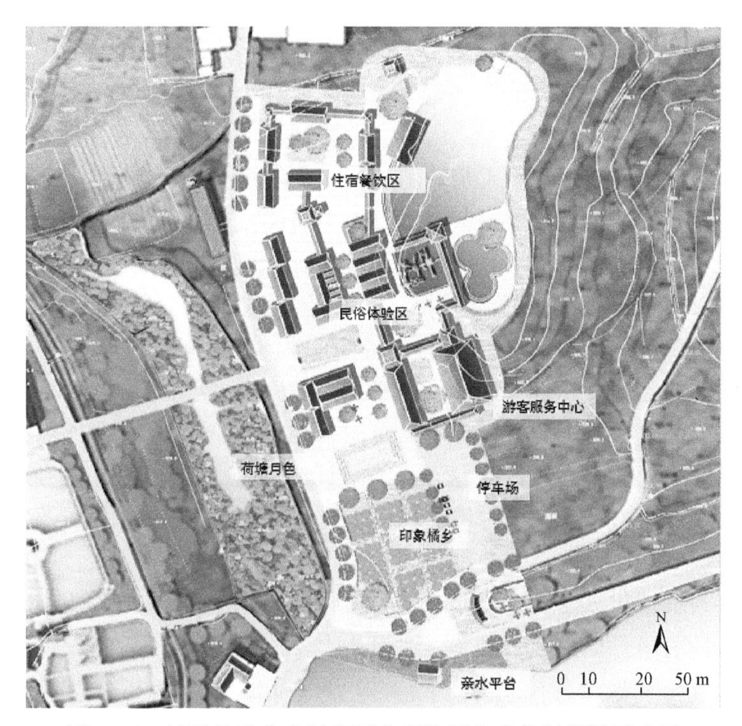

图 8-16　城固县青龙寺村废旧砖厂片区生态修复设计示意图

图 8-17　城固县青龙寺村废旧砖厂片区生态修复设计鸟瞰图

8.4.2 渭南市经济技术开发区龙背街道东风村实证案例

1. 研究区概况

东风村[①]位于渭南市经开区龙背街道办，紧邻经开区南环路，共包含3个自然村（东北社、东中巷社和东南社）8个村民小组，742户2792人，耕地面积为265hm^2。东风村原名东窑子村，建国以前邻近省市逃难流浪人员在此地聚集，居住房屋紧张，来人都挖土窑居住，因此而得名，在解放之初“大跃进”时期改名先锋村，“文化大革命”结束后改名为东风村，沿用至今。

东风村沿村庄主要道路与县道316相接，距离龙背街道办3.8km，距离经开区中心城区10km，对外交通以南环路为主，与经开区、渭南市连通，郑西铁路在村庄北部穿村而过，村庄距离渭南北站11km左右，交通条件便利。内部道路交通问题较为突出，3个自然村均存在东西向联系便捷、各村之间及各村内部南北向交通不畅的问题。

东风村为贫困村，主导产业以粮食种植、养殖和劳务输出为主，现状无二类产业企业，目前第三产业收入主要来源于村民外出务工所得，在三次产业总收入中所占比例较高，2017年全村人均收入为7800元，并于该年注册成立“渭南经开区惠农特色种植农民专业合作社”。

2. 东风村生态环境特征

农田是东风村生态环境的主要构成要素。南环路西侧为村庄现状建成区，村庄建设区分布较为集中，由于郑西铁路及建成区的切割，该区域的农林用地（耕地）较为零碎，难以开展较大规模农业产业活动；南环路东侧主要为东风村的农林用地（耕地），面积广阔，集中连片，形成了成片的农业景观。总体而言，南环路对东风村的景观风貌进行了分区，南环路以西为村庄的生活景观区，南环路以东为村庄的生产景观区和生态景观区，形成了分区明确、完整而连续的农田生态景观（图8-18）。

面临的生态保护和修复任务压力较大。由于濒临渭河，东风村生态保育工作繁重。渭河，古称“渭水”，是黄河最大的支流，是关中地区的母亲河，对维持关中地区的生态环境具有重要意义，同时也是关中地区文化的象征之一。在这样的背景下，濒临渭河的东风村面临着严峻的渭河保护与生态修复工作。村庄存在严重的空心村问题，很多建筑被废弃，断壁残垣，满目疮痍，很多道路未实现硬

---

① 本案例来自《渭南市经济技术开发区东风村村庄整治规划》，主要编制人员包括王月英、吴哲、李小明、刘畅、白鑫、苏子航等。

图 8-18　渭南市经开区东风村自然生态环境风貌

化，雨雪天气严重影响居民的出行和活动。同时，垃圾、粪堆、临时建筑等空间占据了邻里空间的主体，有的甚至侵占道路空间，给村庄的生态环境造成严重威胁。

3. 东风村生态环境保护与修复

（1）农田生态环境的保护与修复

东风村生产景观风貌以农业种植景观为主，辅以养殖业景观。东风村主要种植作物为小麦、玉米，一年两熟，换茬接种。现状种植活动主要集中于南环路东侧，包含 10hm^2 黄金蟠桃、2hm^2 猕猴桃、20hm^2 普通桃树、33hm^2 蔬菜（白菜、红萝卜、白萝卜等）。村内有集中养殖场 3 处，以猪、牛养殖为主，平均每处养殖 100 头左右。

针对东风村现状，通过结合生态农业、观光农业和体验农业的发展，打造宜业、宜游的乡村生产景观。在村域范围内打造生产景观的四大板块，即现代农业示范区、农耕文化体验区、多彩花卉观光区和特色农业种植区，形成多类型的乡村生产景观（图 8-19）。其中，现代农业示范区位于铁路以北，基于现状种植和养殖业，规划布置有种苗培育基地、现代设施农业园、现代养殖园、特色农产品贸易集散中心等，通过布置现代设施农业园及现代养殖园，转变农业发展方式。农耕文化体验区位于铁路以南、河堤路以东，是村庄集中生活区域，策划有特色农产品展销、旅游服务中心、农耕体验区、设施观赏体验园、创意作坊、特色民宿等，通过结合东府文化和渭河文化打造乡村体验、休闲旅游品牌。多彩花卉观光区位于河堤路以东，策划有摄影体验基地、生态湿地、湿地步道、多彩花卉（荷花、薰衣草、油菜花）等，通过规划种植花卉、生态湿地体验游等项目，形成以渭河景观带为核心的乡村观光主题。特色农业种植区位于渭河沿岸，距离渭河最近，在遵循渭河保护规划的基础上，发展生态影响最小的特色低矮种植，规划沿河步道。

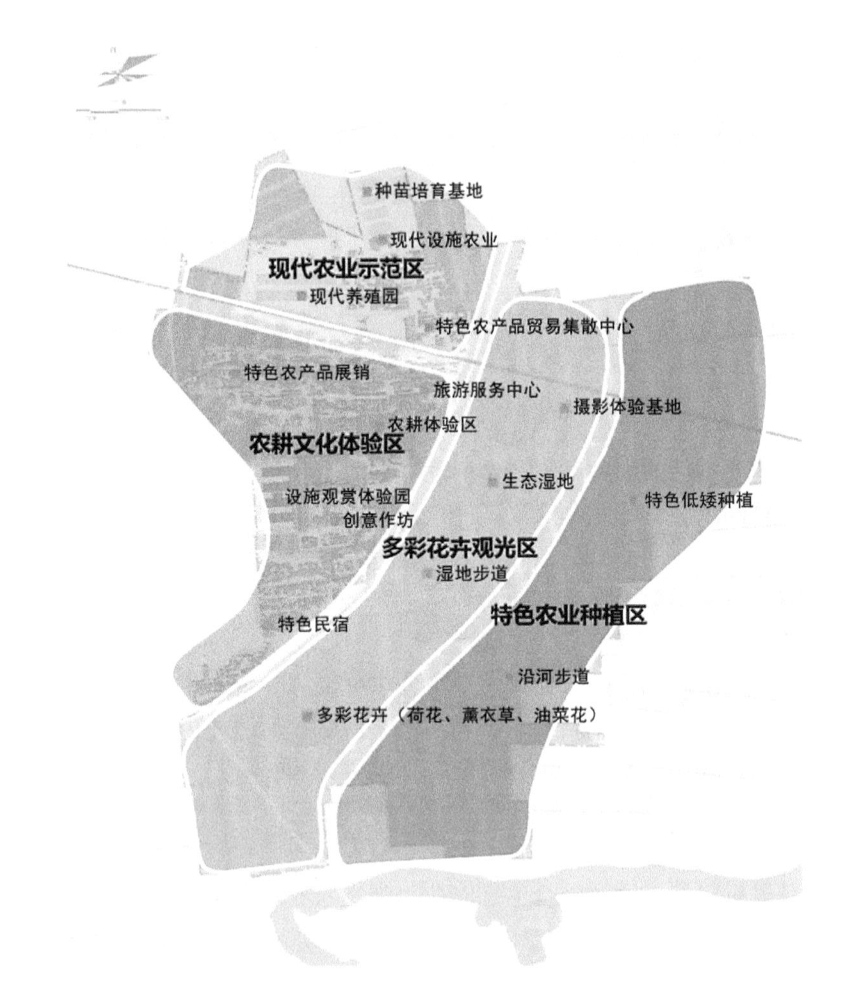

图 8-19　渭南市经开区东风村产业布局示意图

（2）水体生态环境的保护与修复

结合东风村的空间布局结构（图 8-20），东风村生态保护与修复主要从渭河及河道两侧、滩涂地、生态河堤三个方面入手（图 8-21、图 8-22）。

渭河及其河道两侧区域位于东风村南端，是生态环境保护与修复的核心区域。渭河及河道两侧生态修复主要包括渭河河道湿地修复和水生植物景观修复与设计两方面。一方面，要对河道两侧湿地进行修复，为生物栖息及繁衍提供前提条件。通过恢复河流生态功能，在东风村临河段整理河道形态，改变渭河水系切割的垂直堤岸为缓坡形态。另一方面，对水生植物景观进行修复与设计，考虑河道两侧淹没，在河道两侧整治条件下种植水生植物，在物种的选择及配置上以本土种植为主，构建可以自我维持且稳定的水生态系统。

图 8-20　渭南市经开区东风村规划总平面示意图

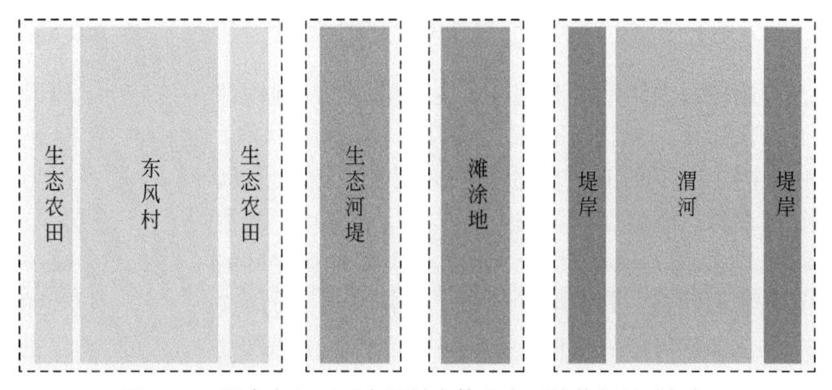

图 8-21　渭南市经开区东风村水体生态环境修复整治框架

南环路以东为滩涂地，是渭河的泄洪区，现状为村民的粮食作物种植区，为了恢复其生态和泄洪功能，拟对该区域进行重点修复。在滩涂地生态修复与景观

图 8-22　渭南市经开区渭河及河道两侧生态环境修复空间格局

设计上，因东风村内为渭河泄洪区，故近期在河滩地内邻东风村一侧建设生态湿地，结合东风村滨水旅游，形成景观性与功能性结合的节点空间，摒弃硬质铺装、钢筋混凝土等不利于生态建设的形式，形成以生态驳岸、绿色植被为主的湿地斑块。远期滩涂湿地建设为完全的滨水生态湿地，从渭河引入水流，与渭河大桥荷塘种植片区形成一体，形成主城片区与经开区之间的生态连通区域。

河堤紧靠南环路，其上虽然种植了植被，但是仍存在生态建设不足的问题，急需开展生态保护与修复工作。关于生态河堤的生态修复与景观设计，主要通过规划进行生态河堤建设，进一步优化景观构成，将之打造成为主城片区与经开区之间的生态联通区域；在河堤西侧结合东风村进行层次景观建设，设置供休憩的设施及休闲游园；在河堤东侧堤面种植观赏性植被，灌木乔木结合，结合西侧形成连贯的线性空间。

（3）废弃宅基地的整治修复

由于常年没人居住，并且得不到有效的管理与整治，建筑质量及景观面貌已经严重毁坏，无法满足人的使用需求，并且具有一定的社会不安全因素，影响农村的整体面貌，造成土地资源的严重浪费。但由于农村特殊的社会经济结构及农民乡土情结，该类住宅成为村民与自己家族联系的感情基点，要充分考虑农民的社会、经济、文化诉求。

由于村民对该类闲置宅基地的使用意愿有所不同，整治的方法也不同。在此次东风村的规划中，由于同意整治的闲置宅基地户数较少、面积较小，并且分布也相对分散，无法进行集中整治，所采用的办法就是将其规划为地上停车用地或者村庄休闲活动绿地。对不同意整治的闲置宅基地，村民可围绕“关中传统民居”主题自行对宅基地进行风貌整治，其中建筑色彩可采用传统民居的浅灰色调。规划选取东风村内现状废弃宅基地进行功能置换与空间整治，建立服务于村民的休闲游憩空间（图 8-23）。场地周边建筑立面美化处理，增加健身器材、休闲座椅等文化与活动设施，完善环卫与照明设施，硬质铺装与软质铺装相结合，丰富场地与道路绿化。

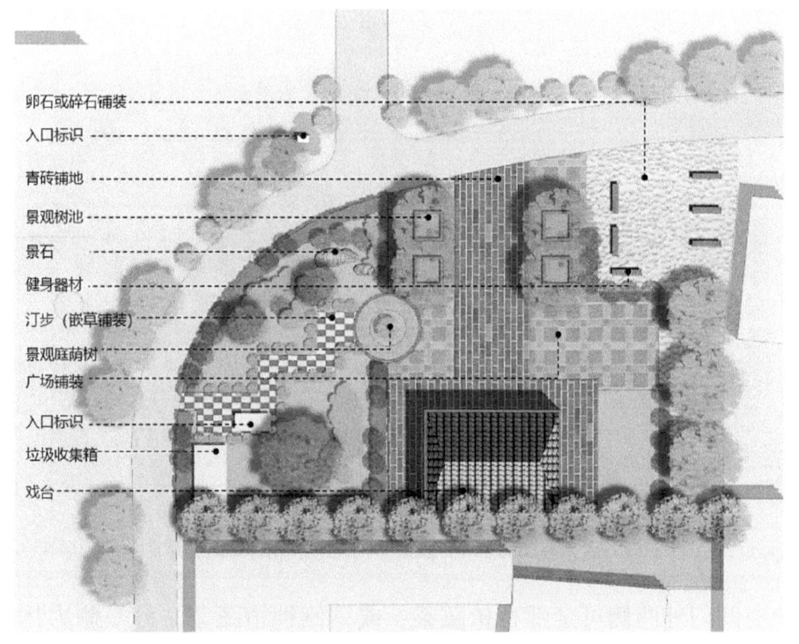

图 8-23　渭南市经开区休闲游憩空间设计示意图

（4）宅前空闲地的整治修复

环境建筑门头（门房）与道路之间有一定的入户空间，直接影响村庄的景观风貌（图 8-24）。一方面，对门前用地进行整治，两侧硬质铺装改为菜地或者花坛；另一方面，增加景观和便民设施，以种植花卉和有机蔬菜为主，必要时增设栏杆，形成美观的宅院空间边界。对于建筑外立面，将裸露外立面粉刷为白色，增加 3D 文化墙；对于残垣断壁、破损护坡，采用红砖修复，外层刷水泥；对于乱堆乱放、户外垃圾，规划将其整理，农宅门前统一采用木质栅栏；同时对门前屋后绿化进行提升，增加植物景观种植，有条件情况下栽种 1 ~ 3m 长的绿化植物，鼓励农民进行绿化种植，形成绿色的村庄。

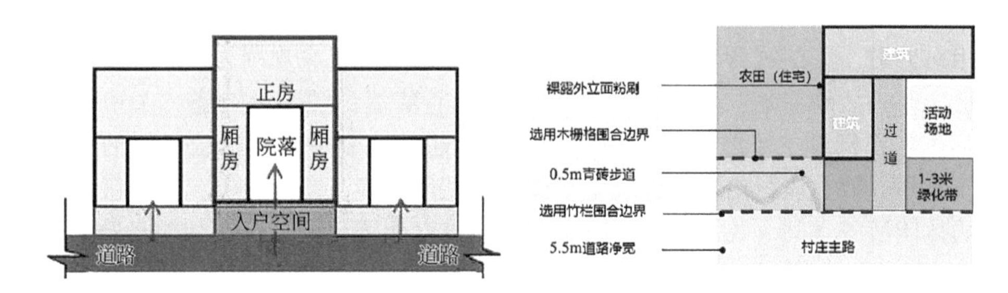

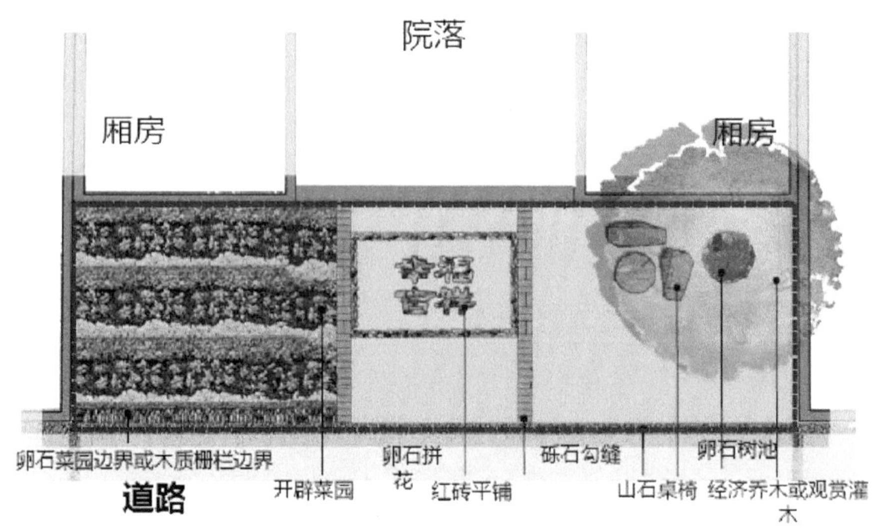

图 8-24　渭南经开区宅前空闲地的整治修复示意图

入户空间门外两侧可全部种植蔬菜，或一侧种植蔬菜，另一侧为休闲空间，增设休闲设施；亦可种植经济乔木（柿子树、核桃树等），也可选择樱花、合欢等具有观赏性质的乔木或灌木，休闲设施可采用石桌石椅，或木质桌椅。针对部分没有挡土墙的门前空间，可使用青砖或碎石闭合形成空间边界，将菜园外围与道路临近一侧种植花卉或观赏灌木。

8.5 本章小结

1）随着城镇化的快速发展，农村生态环境形势日益严峻。改革开放以来，农村生态环境不断恶化，主要包括水体污染、大气污染、土壤污染等生态环境污染，矿石资源、耕地资源和植被资源等生态资源破坏，旅游经济引发的生态景观异化等问题。究其原因，农村生态环境问题的产生与乡镇企业粗放发展、城市空间无序蔓延、旅游经济蓬勃发展、农业生产粗放低效、农民生活消费模式、环境管理体系缺失等因素具有密切的关系。

2）从“修复农村生态环境，塑造生态宜居乡村”的基本目标出发，坚持以人为本、因地制宜、科学修复和积极营建的原则，将保护与修复要求融为一体，从山体、水体、农田和棕地四个要素开展农村生态环境保护与修复规划。其中，山体保护包括山体轮廓保护与本体保护两个方面，山体修复主要从安全治理、生态恢复和景观塑造三个层次展开；水体保护包括村域内的河流、湖泊、湿地、池塘、水源及水源涵养地等的保护，水体修复主要从水体自身（沟、塘、河道）、水系周边（驳岸）和水系所处环境（流域）三个层次展开；农田保护主要包括基本农田和一般农田，不同类型农田保护和管控要求有所差异，农田生态修复则主要从源头保护、绿植隔离和土壤修复三个层次展开；棕地修复则主要针对工矿业废弃地、垃圾填埋地、废弃宅基地、房前屋后空闲地等进行，依据地块的类型采用不同修复措施。

参考文献

陈金平. 2018. 生活垃圾填埋场生态修复与再利用规划的技术整合研究［J］. 规划师，34（11）：108-112.

程根伟，钟祥浩，郭梅菊. 2012. 山地科学的重点问题与学科框架［J］. 山地学报，（6）：747-753.

丁金海，周林森. 2006. 农村生态环境破坏机理初探［J］. 中国环境管理干部学院学报，（2）：47-50.

樊忠涛. 2013. 乡村旅游的异化与回归分析［J］. 南方农业学报，44（1）：181-184.

冯艳，胡继燕，刘传龙. 2016. 基于海绵城市理念的我国乡村景观规划问题与策略［J］. 城市发展研究，23（11）：19-22.

付洪良，曹永峰，于敏捷. 2018. 浙江美丽乡村生态文明建设动力机制的实证研究［J］. 生态经济，34（5）：218-223.

高慧智，张京祥，罗震东. 2014. 复兴还是异化？消费文化驱动下的大都市边缘乡村空间转型——对高淳国际慢城大山村的实证观察［J］. 国际城市规划，29（1）：68-73.

高云峰，徐友宁，祝雅轩，等. 2018. 矿山生态环境修复研究热点与前沿分析——基于

VOSviewer 和 CiteSpace 的大数据可视化研究［J］. 地质通报，37（12）：2144-2153.
侯保疆，梁昊. 2014. 治理理论视角下的乡村生态环境污染问题——以广东省为例［J］. 农村经济，（1）：91-95.
黄敬军，赵立鸿，缪世贤，等. 2015. 江苏省山体资源保护区划及对策［J］. 长江流域资源与环境，24（8）：1337-1344.
李贵宝，周怀东，王东胜. 2003. 我国农村水环境及其恶化成因［J］. 中国水利，（14）：47-48，60.
李宁宁. 2019. 重金属污染场地土壤修复技术选择. http：//huanbao. bjx. com. cn/news/20191106/1018931. shtml.［2019-11-6］.
梁流涛，马凯，杨渝红. 2009. 经济增长与耕地消耗的关系研究——基于协整理论的分析［J］. 地域研究与开发，28（6）：63-67.
廖良美，廖程胜，李平. 2016. 中国水产品人工养殖对天然生产的挤出效应分析［J］. 湖北农业科学，（23）：6316-6321.
林莉. 2009. 增城北部三镇乡村景观生态建设探讨［J］. 广东园林，31（4）：63-66.
刘静萍，徐昔保. 2019. 不同管理模式对农田生态系统服务影响模拟研究——以太湖流域为例［J］. 生态学报，39（24）：1-11.
刘侃，栾胜基. 2011. 论中国农村环境管理体系的结构真空［J］. 生态经济，（7）：24-28，37.
刘妙品，南灵，李晓庆，等. 2018. 环境素养对农户农田生态保护行为的影响研究——基于陕、晋、甘、皖、苏五省 1023 份农户调查数据［J］. 干旱区资源与环境，33（2）：53-59.
刘明越，李云艳. 2015. 农村垃圾污染的危害与治理［J］. 生态经济，31（1）：6-9.
刘钦普. 2014. 中国化肥投入区域差异及环境风险分析［J］. 中国农业科学，47（18）：3596-3605.
刘彦随. 2015. 土地综合研究与土地资源工程［J］. 资源科学，37（1）：1-8.
柳仪仪. 2012. 城市线性文化景观的保护与利用研究——以长沙市为例［D］，长沙：中南大学硕士学位论文.
吕向华，马喜锋，曹恺宁. 2015. 大秦岭西安段生态环境保护规划探析［J］. 规划师，31（1）：101-108.
毛靓. 2014. 生态生产性土地视角下的辽西地区村落生态基础设施研究［M］. 哈尔滨：东北林业大学出版社.
潘洪加，黄晓君，崔韶丽. 2017. 乡镇污水处理工艺的应用现状解析［J］. 建筑工程技术与设计，（7）：2348.
彭顺生. 2016. 中国乡村旅游现状与发展对策［J］. 扬州大学学报（人文社会科学版），20（1）：94-98.
冉建平. 2013. 我国农村水体污染现状、原因及其对策研究［J］. 资源节约与环保，（8）：27.
任昭. 2014. 山西省煤矿废弃地景观设计策略研究［D］. 哈尔滨：东北林业大学硕士学位论文.

宋国香，郑京晶，刘康，等．2016. 基于文献计量学的水体修复技术研究趋势及热点分析［J］. 湿地科学，14（2）：185-193.
宋言奇．2007. 我国农村生态环境保护的社区机制研究［J］．长春市委党校学报，（6）：71-75.
宋飏，张新佳，吕扬，等．2019. 地理学视角下的城市棕地研究综述与展望［J］．地理科学，39（6）：886-897.
苏建忠，魏清泉，郭恒亮．2005. 广州市的蔓延机理与调控［J］．地理学报，(4)：626-636.
苏杨．2006. 警惕农村现代化进程中的环境污染——新农村建设中一个不可忽视的问题［J］．中国发展观察，(5)：19-21.
孙萍，唐莹，Robert J Mason，等．2011. 国外城市蔓延控制及对我国的启示［J］．经济地理，31（5）：748-753.
唐江桥，尹峻．2018. 改革开放 40 年来城镇化背景下农村生态环境问题探析［J］．现代经济探讨，(10)：104-109.
田春艳，吴佩芬．2014. 改革开放以来农村生态环境问题研究综述［J］．农业经济，(10)：28-30.
王家庭，张俊韬．2010. 我国城市蔓延测度：基于 35 个大中城市面板数据的实证研究［J］．经济学家，(10)：56-63.
王晓君，吴敬学，蒋和平．2017. 中国农村生态环境质量动态评价及未来发展趋势预测［J］．自然资源学报，32（5）：864-876.
王永生，刘彦随．2018. 中国乡村生态环境污染现状及重构策略［J］．地理科学进展，37（5）：710-717.
翁伯琦，仇秀丽，张艳芳．2016. 乡村旅游发展与生态文化传承的若干思考及其对策研究［J］. 中共福建省委党校学报，(5)：88-95.
吴必虎．2016. 基于乡村旅游的传统村落保护与活化［J］．社会科学家，(2)：7-9.
吴伟，范立民．2014. 水产养殖环境的污染及其控制对策［J］．中国农业科技导报，16（2）：26-34.
徐帮学．2013. 低碳环境：打造属于我们的地球氧吧［M］．天津：天津人民出版社.
徐清．2007. 论乡村旅游开发中的景观危机［J］．中国园林，23（6）：83-87.
许玲燕，杜建国，汪文丽．2017. 农村水环境治理行动的演化博弈分析［J］．中国人口・资源与环境，27（5）：17-26.
许晓玲．2010. 福建省乡村水岸景观营建［D］．福州：福建农林大学硕士学位论文.
闫湘，金继运，何萍，等. 2008. 提高肥料利用率技术研究进展［J］. 中国农业科学，41（2）:450-459.
杨艳，刘慧婷，徐懿佳．2011. 转变农村消费模式与实现生态消费［J］．农村经济，（1）：58-62.
尹继佐．1981. 国外学者对于异化理论的研究［J］．学术月刊，(1)：37-41.
于钧泓，高桂林．2016. 完善我国农村大气污染防治的法律思考［J］．环境保护，44（5）：51-53.

张永生，欧阳芳，袁哲明 . 2018. 华北农田生态系统景观格局的演变特征［J］. 生态科学，37（4）：114-122.

赵秀英 . 2016. 基于改进农村生态环境的生态农业经济发展策略［J］. 现代农业科技，（3）：331，341.

郑慧，赵永峰. 2016. 论农村经济与生态环境协调发展［J］. 农业经济，（3）：67-68.

郑舰，陈亚萍，王国光. 2019. 2000 年以来棕地可持续再开发研究进展——基于可视化文献计量分析［J］. 中国园林，35（2）：27-32.

钟祥浩 . 2006. 山地环境研究发展趋势与前沿领域［J］. 山地学报，24（5）：525-530.

周祝琴 . 2017. 畜禽养殖造成环境污染控制措施［J］. 中国畜禽种业，13（4）：48.

Ewing R, Rolf P, Don C. 2004. Measuring Sprawl and Impact［M］. Washington, D. C.：Smart Growth America.

Foley J A, DeFries R, Asner G P, et al. 2005. Global consequences of land use［J］. Science, 309（5734）：570-574.

第9章　信息管理平台建设

推进乡村信息化快速发展是实现我国农村农业现代化发展的必然选择，是落实乡村振兴战略的重要措施（白桂清，2010；朱卫未和孙秀成，2010；傅宝玉，2009）。美国、法国、德国、日本、韩国等发达国家在农村信息技术应用方面处于世界领先水平（贺文慧和杨秋林，2006）。我国城镇信息化、数字化建设相对比较快，但仍缺乏村域层面的规划技术开发及技术集成和系统研究，农村信息管理平台相对较少。增城市、阜康市、安吉县、勐腊县、锦溪镇、王家寨等地开展了农村信息管理平台建设的实践和研究（邓毛颖和周婷婷，2012；海青，2016；马成忠，2009；高威等，2012；李晓静等，2008）。总体而言，既有农村信息管理平台的空间信息管理能力较弱，且面向公众信息公开程度较低。

构建村庄空间规划及建设管理信息平台，推动农村信息化的快速发展，是落实乡村振兴战略的重要举措。按照“多规合一”的实用性村庄规划的基本要求，应包括空间规划信息管理功能、农村土地流转管理功能、农村“三资”管理功能及其他配套支撑管理功能。本章基于GIS的平台建设要求及原则、总体架构、网络结构、关键技术的探讨，以渭南市富平县岔口村为例，从空间基础数据库、后台管理平台、前端门户网站、共享交换系统、运维管理系统五方面提供了一套较为完整的平台建设方案。根据乡村振兴战略的目标和需求，选取渭南市富平县岔口村为例，在对岔口村1：2000地形图（其中，涉及村庄建设用地采用1：500、地形图）测量的基础上，广泛收集各部门的各类空间和非空间数据，通过GIS平台对基于宗地统一编码的村庄空间规划及建设管理信息平台构建的功能、要求、原则、架构、关键技术、建设方案等进行研究和探讨。

9.1　平台功能需求分析

9.1.1　空间规划信息管理功能

村庄空间规划及建设管理信息平台按照《中共中央 国务院关于实施乡村振兴战略的意见》中提出的“统筹山水林田湖草系统治理”的要求和习近平总书

记提出的编制“多规合一”的实用性村庄规划的战略方向，将与村庄相关的各类空间信息进行整合，形成“山水林田湖草”空间一体化的空间规划信息基础数据库，包括各类用地现状、权属现状、空间规划及其他专题图件等。而村庄空间规划的建设和管理过程均具有明显的空间地理属性，因此，村庄空间规划及建设管理信息平台与以往的政府（企业）办公管理系统相比，需具备对空间规划信息管理的功能。村庄空间规划及建设管理信息平台通过将各类属性数据在空间位置一一落实，进而对空间信息进行存储、查询、计算、统计、检索、测量等，为村庄基层发展提供更好的决策和分析能力。

9.1.2 土地流转管理功能

《中共中央 国务院关于实施乡村振兴战略的意见》中明确指出“巩固和完善农村基本经营制度”“深化农村土地制度改革”。首先，要完善农村承包地集体土地所有权、农户承包权、土地经营权的“三权分置”制度，规范化管理农村土地承包经营权流转；其次，要探索宅基地所有权、资格权、使用权“三权分置”；最后，要规范农村集体经营性建设用地使用权出让。针对上述要求，村庄空间规划及建设管理信息平台需提供农村土地、宅基地、集体经营性建设用地等农村土地流转管理功能，将各类农村土地流转信息进行实时发布，并具备在线审批乡村建设规划许可证的功能。

9.1.3 “三资”管理功能

此外，《中共中央 国务院关于实施乡村振兴战略的意见》还提出“深入推进农村集体产权制度改革”“全面开展农村集体资产清产核资、集体成员身份确认”“推动资源变资产、资金变股金、农民变股东”。因此，村庄空间规划及建设管理信息平台需要对农村集体“三资”（资金、资产和资源）进行管理。

9.1.4 其他配套支撑管理功能

上述管理等功能的设计均需要按照国家、地方的相关法规、政策、文件执行，且在管理过程中设计如合同、表格等制式文件，为支撑上述功能的实现，村庄空间规划及建设管理信息平台还应该具备政策法规发布、资料文件下载等其他配套支撑管理功能。

9.2 平台总体设计

9.2.1 平台构建要求及原则

村庄空间规划及建设管理信息平台主要是基于统一的标准与规范，系统整合乡村各类基础空间信息、农村土地流转信息等，建立县-镇-村共享共用的管理信息平台。该平台是一个基于空间规划信息、面向村域基层建设管理的应用系统，平台的构建功能上应简单实用，又能够灵活定制；技术上应切实可行，有一定的超越性；时间上应分段实施，既满足目前需求，又能在一定程度上适应未来业务变更；标准上应满足政府业务相关 IT 技术的基本要求和规范（王俊和何正国，2011）。具体而言，村庄空间规划及建设管理信息平台构建过程中，应充分体现以下原则。

1）实用性和易用性原则：要求系统建设中所覆盖的业务功能不但能满足政府各部门的规划管理业务需求，适应各类业务角色的工作特点，还必须易于使用、管理与维护。整个系统的设计应遵照标准的用户界面设计规范，充分考虑政府各部门人员的操作习惯，通过人性化界面提供业务处理功能。

2）高效性原则：系统运行、响应速度快，各类数据组织合理，信息查询、更新、出图顺畅，并且不因投入运行的时间长、数据量的不断增加而对系统的整体性能产生明显的影响。

3）集成性原则：系统建设中所涵盖的各业务流程之间应有机衔接，通过数据库关联、业务数据整合、数据交换等技术实现数据共享与通存通取。

4）标准化和开放性原则：系统建设要严格遵循国家、行业有关的标准和规范，如建设用地分类，空间坐标系、行政区划编码、元数据标准等。在系统架构、应用技术、平台选用等方面都必须遵守 IT 行业标准，具有良好的开放性。应用系统的各个模块之间应保持相对独立。

5）经济时效性原则：在保证功能、性能指标的前提下，应尽可能降低成本，尽可能利用现有的资源，按计划在规定时间内实现工程建设目标。

6）可扩展和可维护原则：考虑到未来机构、业务的变化，平台的设计应满足可扩展和可维护的原则。在相关数据、文档和资料格式变化时，能够快速进行转换、导入、导出和扩充等，既保证了动态条件下业务流程的正确性，又保留了足够的业务可扩充性。

7）保密性原则：由于整个平台所涉及的数据是国家和政府的内部资料，这些数据的安全性和保密性至关重要。除了安全保密以外，还应避免破坏，对重要的数据应进行自动备份。另外，系统的安全性还体现在保证数据的真实性不被修改，保证信息变更的真实性、正确性不被篡改，因此系统应设置使用权限，不允许任何人随意动用机要内容，仅有管理人员具有使用权，以保证系统信息的保密安全。

9.2.2 平台总体架构

村庄空间规划及建设管理信息平台是一个涉及遥感、地理信息系统、异构分布式数据库、计算机网络、通信等技术的复杂系统工程。根据平台公用性和基础性的特点，村庄空间规划及建设管理信息平台采用面向服务（service-oriented architecture，SOA）的理念和技术，利用多层结构体系，充分利用 J2EE、Web Service、XML、数据库事务等成熟技术，以实现不同层次间的相互独立，保障系统的高度稳定性、实用性和可扩展性，并支持局域和广域网络环境下的分布式应用，可实现信息共享与便捷信息服务。平台总体架构包括基础设施层、数据资源层、平台服务层和应用系统层（图 9-1）。

基础设施层包括服务器、存储设备、网络设备（网络交换机、路由器、政务网络）、安全设备等基础硬件，以及软件操作系统、数据库管理系统等基础软件（付仲良等，2015）。

数据资源层是平台的根基，包括矢量规划数据、栅格规划数据、遥感卫星数据、社会经济数据、相关附件文档等。这些数据都按照统一的技术规范进行整合处理，采用分布式存储与管理模式。在为平台服务层提供数据过程中，基础数据层通过 XML 等标准数据交换格式与平台服务层进行数据交互。

平台服务层是平台的纽带，可将业务和数据有效地分离。主要包括 Supermap iserver 地图服务、Web Service、XML、业务流转控制接口、空间成果管理接口等。平台服务层负责连接底层数据资源层与上层应用系统层，对外提供资源服务、地图服务等应用程序接口（application programming interface，API）。该层实现数据的采集、共享、交换、融合、管理等功能，提供多媒体、地图、影像、空间分析等服务。

应用系统层面向乡村基层政府部门和村民，是信息的使用者和处理者，在平台服务层的支持下管理与处理乡村数据，包括前端门户网站和后台管理平台两个平台。提供村庄空间规划的信息展示、查询、分析、应用、共享与维护及农村土地管理和“三资”管理等各类服务，并提供移动端接入方式。

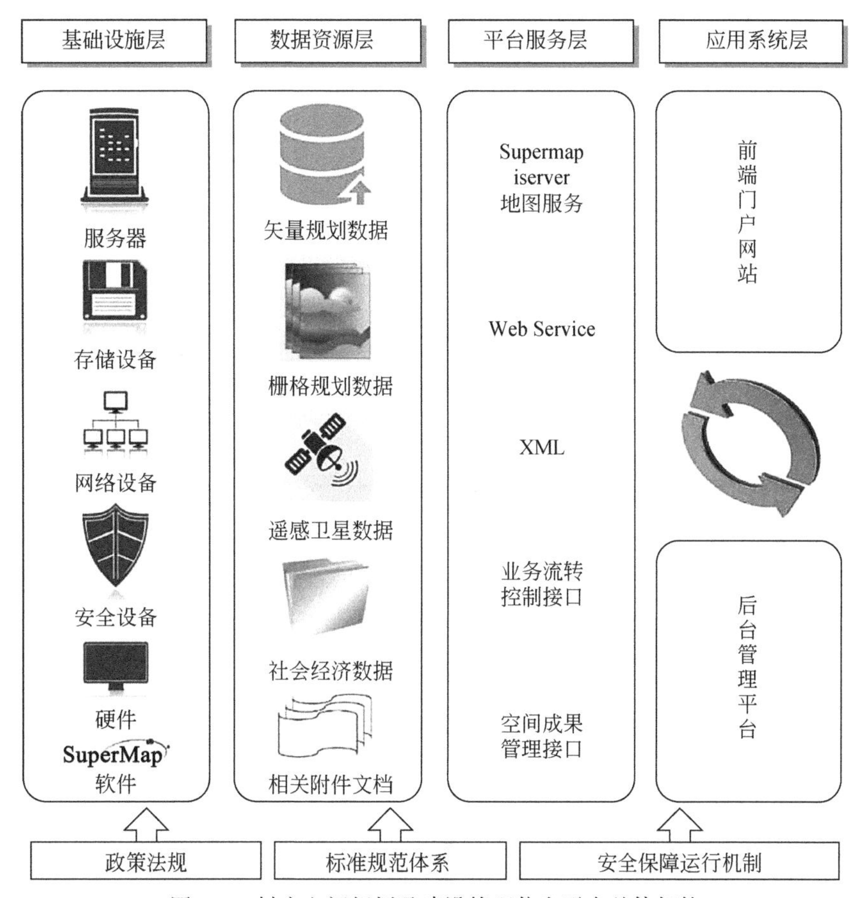

图 9-1　村庄空间规划及建设管理信息平台总体架构

9.2.3　网络结构

平台网络结构采用 B/S 架构，集中部署、统一更新，县-镇-村各相关部门通过政府内网访问系统，使用网络浏览器即可访问。对公众开发的数据发布到政府网站服务器上，社会公众可通过互联网进行访问，政府内网与互联网进行物理隔离，中间采用 Web Service 服务，以端口形式进行数据传输（图 9-2）。

9.2.4　关键技术

首先，根据各类成果数据特点，制定乡村编码标准、数据加工方案；其次，

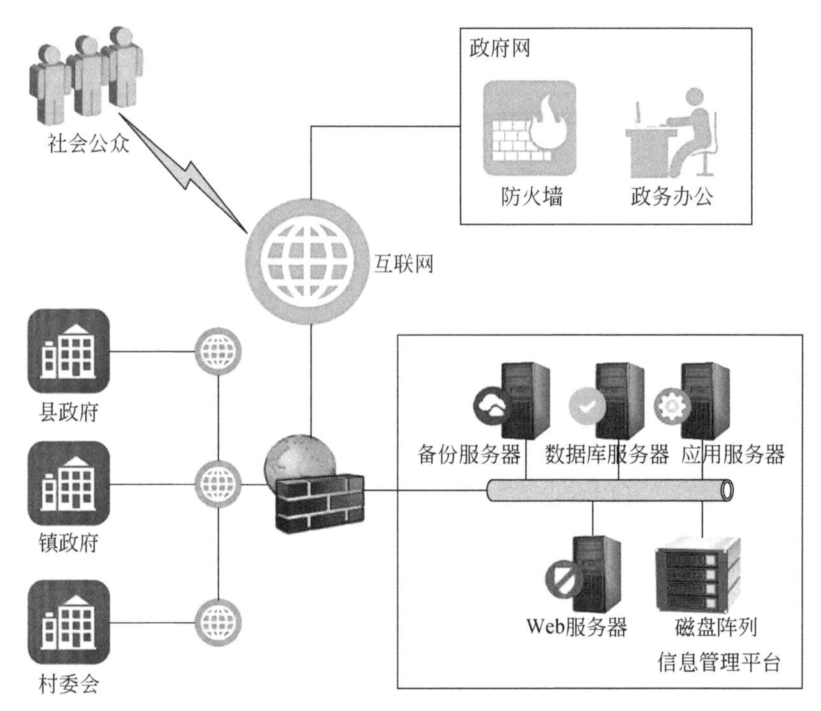

图 9-2　村庄空间规划及建设管理信息平台网络结构

以 GIS 为数据库平台，建设一个集乡村人口、经济等现状与规划信息、基础地理信息的综合数据库；最后，通过对建设管理人员的培训，进行空间规划及建设管理技术示范。平台的关键技术包括：SOA 地理信息服务架构技术、浏览器/服务器（brower/server）、B/S 分布式系统、SuperMap iServer 服务器、J2EE/Spring MVC 技术和地图发布动静态瓦片结合技术。

SOA 系统架构以服务层为核心层将前端门户网站和后台管理平台剥离开来，对上响应业务模型，对下调用相关组件群完成业务需求。从数据层面上也要求业务管理数据库和发布数据库分离，以降低二者的耦合性，保持各自的独立运行，当任何一方产生问题时不至于影响另一方。SOA 架构，从业务架构上实现了统一，增强了系统的可扩展性，一方面利于和现有系统或者未来系统之间进行集成，另一方面也加快了开发速度，针对不断变化的业务过程，降低了激变的风险。

B/S 架构中 Web 浏览器是客户端最主要的应用软件，客户机上只要安装一个浏览器，服务器安装 SQL Server、Oracle、MYSQL 等数据库，浏览器即可通过 Web Server 与数据库进行数据交互（吴智刚等，2015）。

采用国产 GIS 服务器 SuperMap iServer 来提供地图服务。SuperMap iServer 以其卓越的性能和强大的功能广受业界赞许，作为二次开发平台非常合适。

采用基于 J2EE/Spring MVC 技术进行数据交换和服务调用接口的设计开发。J2EE 是一种利用 Java2 平台来简化企业解决方案的开发、部署和管理相关的复杂问题的体系结构，提供了一个企业级的计算模型和运行环境，用于开发和部署多层体系的应用。J2EE 技术的基础就是核心 Java 平台或 Java2 平台的标准版，J2EE 不仅巩固了标准版中的许多优点，实现了“一次编写、到处运行”的特性、方便存取数据库的 JDBC API 及能够在 Internet 应用中保护数据的安全模式等等，同时还提供了对企业级 JavaBeans、Servlet、JSP 及 XML 技术的全面支持。J2EE 提供的多层分布式应用模型、组件重用、一致化的安全模型及灵活的事物控制，加快了应用程序的设计和开发，可以容易快速地建立融合了 Internet 技术尤其是 Web 技术的分布式企业应用。基于 J2EE 技术的 B/S 结构具有可维护性好、可扩展性好、安全性好等优点，较好地解决了 C/S 结构所固有的可扩充性差、部署不便等弊端。J2EE 中的 Spring web MVC 框架提供了 MVC（模型—视图—控制器）架构和用于开发灵活和松散耦合的 Web 应用程序的组件。MVC 模式可以实现应用程序的输入逻辑、业务逻辑和 UI 逻辑的分离，同时提供这些元素之间的松散耦合。

动静态瓦片结合技术是指在发布地图的某个图层时，在小比例尺下，地图读取范围较大，但生成瓦片少，占用磁盘空间小，可以使用静态瓦片发布；在大比例尺下，地图读取范围较小，但生成瓦片多，占用磁盘空间大，可以使用动态瓦片发布。动静态瓦片结合技术可以提供平稳顺畅的在线地图浏览功能。

9.3 平台系统建设

9.3.1 空间基础数据库建设

村级规划的各类基础数据坐标、数据平台、符号库、规范标准等千差万别，需要进行异构数据的融合统一。异构数据融合统一必须按照统一的技术标准，在 GIS 平台对村庄现有数据进行整理，形成数据格式（Supermap UDB 类型数据）、规划范围、比例尺、坐标体系（西安 1980 坐标系）、规划用地分类体系等均一致的平台空间基础数据库。空间基础数据库包括基础地理数据库、现状数据库、空间规划数据库、社会经济数据库，此外因数据来源多样、时态不同，为方便使用和维护，还需建设元数据库（邹军和叶晨，2013）（图 9-3）。

对上述空间基础数据需开展基于统一编码的数据入库处理工作。首先，进行图形编辑，统一空间坐标，建立索引和拓扑关系；其次，进行属性数据的编辑和校核，将空间数据与属性数据一一对应（表 9-1），并确定 20 位的统一编码，统

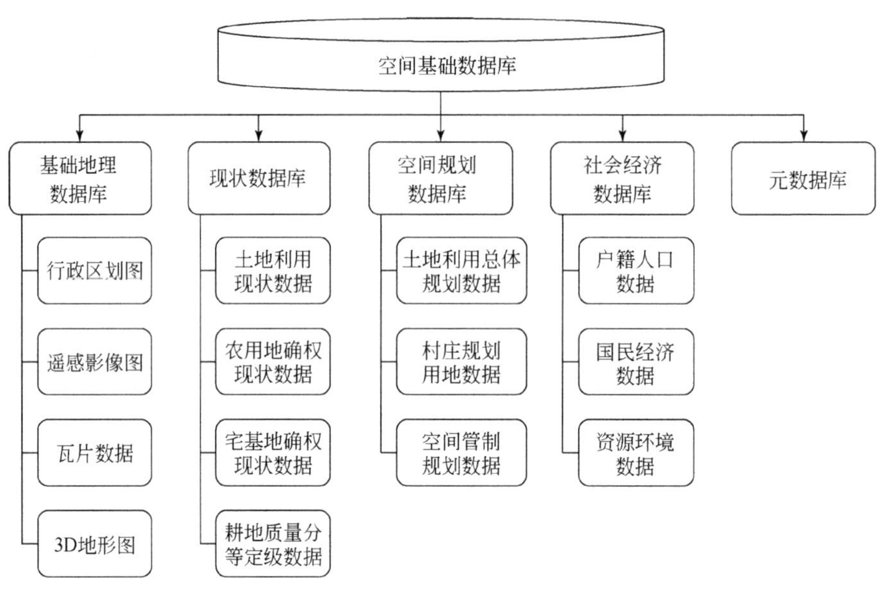

图 9-3 空间基础数据库内容构成

一编码是各空间数据唯一标识的代码（图 9-4），统一代码的建立将为平台的准确查询和后续扩充提供支撑服务；最后，对数据进行符号化配置，设置合理的图层显示次序，形成完善的空间基础数据库。

表 9-1 基于统一编码的农业用地确权数据属性表

序号	字段名称	字段类型	约束条件	值域
1	统一编码	长整型	M	>0
2	地块名称	文本型	M	—
3	地块东至	文本型	M	—
4	地块西至	文本型	M	—
5	地块南至	文本型	M	—
6	地块北至	文本型	M	—
7	地块类别	文本型	M	—
8	土地用途	文本型	M	—
9	指界人姓名	文本型	M	—
10	发包方编码	文本型	M	—
11	承包方编码	文本型	M	—
12	发包方名称	文本型	M	—
13	承包方名称	文本型	M	—
14	面积	双精度	M	≥0

610	528	113	209	050	00001
省级代码	市级代码	县级代码	镇级代码	村级代码	地块代码

图 9-4　统一编码结构图

9.3.2　后台管理平台建设

后台管理平台包括现状数据管理、规划成果管理、地价管理、土地流转信息管理、农村“三资”监管、乡村建设规划许可证管理等功能。此外，后台管理平台提供政策法规发布、资料上传等功能。

现状数据管理、规划成果管理、地价管理等功能依托平台基础数据库，实现平台建设成果的可视化展示功能，并提供放大、缩小、平移、测距、测面、图层管理、打印输出、图例展示、查询功能。对空间数据的查询为核心功能，支持平台数据的空间定位查询与属性查询，空间定位查询是指通过点选图斑，图斑查询结果以高亮显示和窗口形式展现所有空间属性；属性查询是指平台根据统一编码、行政区划等关键字查询定位，用户通过输入查询的关键字，点击查询按钮，对应的查询结果在查询框下方以列表窗口的形式展现，图斑在地图上高亮显示（图 9-5）。

图 9-5　后台管理平台之土地利用现状数据管理界面

土地流转信息管理是指发布农村土地、集体经营性建设用地和宅基地流转供、需、成交信息。与传统发布的文本信息不同，平台发布信息实现了图文一体化，对各类流转用地除必需的文字描述外，还有详细的地图以准确表达流转土地的地理坐标（表9-2、图9-6）。

表9-2　农村土地经营权流转转出项目公告信息填写表

<table>
<tr><td colspan="2" rowspan="9">地图</td><td>项目名称：</td><td></td></tr>
<tr><td>项目编号：</td><td></td></tr>
<tr><td>流转方式：</td><td></td></tr>
<tr><td>项目地址：</td><td></td></tr>
<tr><td>流转期限：</td><td></td></tr>
<tr><td>报名起止时间：</td><td></td></tr>
<tr><td>竞价起止时间：</td><td></td></tr>
<tr><td>发布时间：</td><td></td></tr>
<tr><td>项目状态：</td><td></td></tr>
<tr><td colspan="4"></td></tr>
<tr><td colspan="4">土地信息</td></tr>
<tr><td>土地名称</td><td></td><td>坐落</td><td></td></tr>
<tr><td>流转面积</td><td></td><td>土地性质</td><td></td></tr>
<tr><td>土地质量</td><td></td><td>土地等级</td><td></td></tr>
<tr><td>流转期限</td><td></td><td>项目编号</td><td></td></tr>
<tr><td rowspan="2">土地四至</td><td>东：</td><td colspan="2">南：</td></tr>
<tr><td>西：</td><td colspan="2">北：</td></tr>
<tr><td>地上附着物</td><td>名称：</td><td>数量：</td><td>权属关系：</td></tr>
<tr><td>其他描述</td><td colspan="3"></td></tr>
<tr><td>流转土地用途</td><td colspan="3"></td></tr>
<tr><td colspan="4"></td></tr>
<tr><td>承包方信息</td><td colspan="3"></td></tr>
<tr><td>承包方类型</td><td></td><td>承包方名称</td><td></td></tr>
<tr><td>承包方电话</td><td></td><td>证件类型</td><td></td></tr>
<tr><td>证件号码</td><td></td><td>承包方住所</td><td></td></tr>
<tr><td colspan="4"></td></tr>
<tr><td>流转信息</td><td colspan="3"></td></tr>
<tr><td>流转方式</td><td></td><td>是否属再次流转</td><td></td></tr>
<tr><td>流转价格</td><td></td><td>付款方式</td><td></td></tr>
<tr><td>其他条件</td><td></td><td>受让方条件</td><td></td></tr>
<tr><td>是否缴纳保证金</td><td></td><td>交易保证金</td><td></td></tr>
<tr><td>缴纳形式</td><td></td><td>公告期（工作日）</td><td></td></tr>
</table>

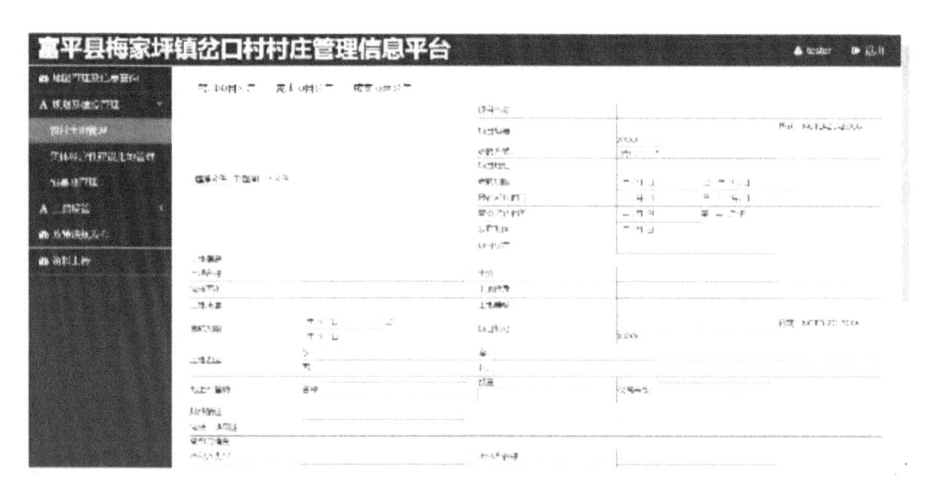

图 9-6　后台管理平台之农村土地流转管理界面

农村“三资”监管主要对资金、资产、资源建立台账，记录资金收入和支出；登记各项资产的名称、类别名称、数量、单价、金额、使用状态、所属组织和责任人；登记各类资源的类别名称、计量单位、面积、经营情况、所属组织、坐落位置和责任人（图 9-7）。

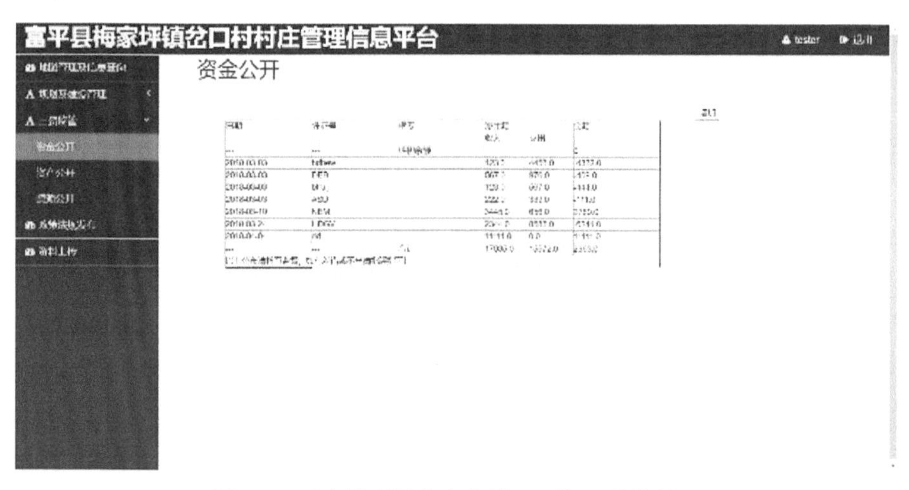

图 9-7　后台管理平台之农村“三资”监管界面

乡村建设规划许可证管理是按照规定的业务流程核发乡村建设规划许可证。乡村建设规划许可证核发流程包括窗口报建、收件受理、业务审批和已办业务查看及归档等多个阶段（陈鑫祥等，2014）。窗口报建阶段由业主方通过政务中心窗口向当地城乡规划主管部门提交乡村建设规划许可申请，生成项目编号，报建完成后发送城乡规划主管部门审批。收件受理阶段城乡规划主管部门登录平台的待办项获取所有的代办任务，选择任务并签收办理。业务审批阶段城乡规划主管部门下载相关附件，检查业主方申请材料，填写审批意见，办理完毕后的项目审批过程结束，政务中心窗口通知业主前来收件，并在前端门户网站发布公示以提醒业主。已办业务查看及归档阶段主要对已办项目进行归档保存（图9-8）。

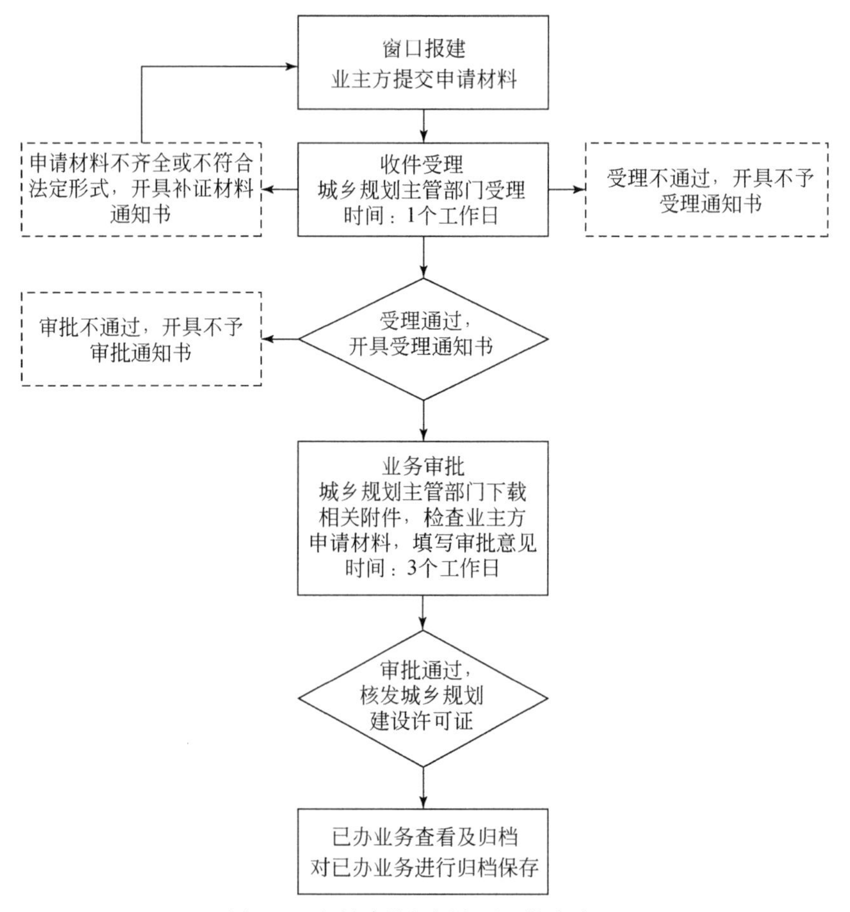

图9-8　乡村建设规划许可证核发流程

9.3.3　前端门户网站建设

前端门户网站是向公众发布信息的窗口（庄奕铖和黄玲，2011）。前端门户网站建设包括规划及建设管理、“三资”监管、政策法规发布和资料下载等功能（图9-9）。其中，规划及建设管理功能重点围绕农村土地、集体经营性建设用地和宅基地的流转，发布转让、需求及成交公告信息，提高土地管理效率；“三资”监管功能是发布村庄资金、资产和资源情况，实现村庄“三资”信息公开和实时动态更新；政策法规发布功能是发布相关政策法规；资料下载功能是提供相关文件、资料下载。

图 9-9　前端门户网站主界面

9.3.4　共享交换系统建设

建设共享交换系统，实现后台管理平台与前端门户网站交互信息实时发布和管理。后台管理平台可以很方便地扩展并发布服务，以面向服务（SOA）的先进理念构建，各模块以基于 SOAP 协议的 WEB 服务的方式贡献作用，服务支持跨语言、跨操作平台，为与其他子系统的对接打下良好基础（张鹏程等，2016）。

9.3.5　运维管理系统建设

运维管理系统包括系统管理、图层管理、权限管理、日志管理。系统管理包含用户管理、流程设置等功能。图层管理包含增、删、改图层，调整图层显示顺序，并按角色确定可见图层权限。权限管理对每个页面的操作进行权限点的控制，使用户的权限更细化更精准。日志管理实现系统的服务监控，包括对用户服务调用、访问，使用流程的监控、统计、分析。

9.4 结　　论

按照“多规合一”的实用性村庄规划的基本要求，依托 GIS 数据处理、空间分析及可视化表达功能，村庄空间规划及建设管理信息平台总体架构包括基础设施层、数据资源层、平台服务层和应用系统层等方面。平台的关键技术包括 SOA 地理信息服务架构技术、浏览器/服务器（brower/server）、B/S 架构的分布式系统、SuperMap iServer 服务器、J2EE/Spring MVC 技术和地图发布动静态瓦片结合技术。通过空间基础数据库、后台管理平台、前端门户网站、共享交换系统和运维管理系统的建设，村庄规划管理信息平台为村庄空间规划的实施管理、农村土地流转、农村“三资”监管、乡村建设规划许可证核发等提供保障服务，促进乡村信息化管理、科学化决策和规范化规划。建设村庄空间规划及建设管理信息平台，推动农村信息化的快速发展，是落实乡村振兴战略的重要举措，是“多规合一”的实用性村庄规划的具体体现。

参 考 文 献

白桂清. 2010. 新农村信息化建设模式与对策研究 [J]. 情报科学，28（7）：985-989.

陈鑫祥，吴锦超，李志中. 2014. 面向政务应用的地理信息公共平台建设 [J]. 测绘与空间地理信息，37（3）：170-172.

邓毛颖，周婷婷. 2012. 基于地理信息系统的村镇公共管理服务平台 [J]. 测绘与空间地理信息，35（9）：1-4，8.

付仲良，孙伟伟，俞志强，等. 2015. 美丽乡村地理信息服务平台的设计与实现 [J]. 测绘与空间地理信息，38（1）：23-26.

傅宝玉. 2009. 新农村信息化建设的现状及对策研究 [J]. 经济研究导刊，（15）：43-44.

高威，孙成明，刘涛，等. 2012. 基于 GIS 的新农村信息服务平台构建——以锦溪镇为例 [J]. 上海农业学报，28（2）：85-90.

海青. 2016. 阜康新农村综合服务地理信息平台的设计与实现 [J]. 测绘与空间地理信息，39（10）：144-146.

贺文慧，杨秋林. 2006. 国外农村信息化投资发展模式对中国的启示 [J]. 世界农业，（4）：18-20.

李晓静，张义文，张加鑫. 2008. 基于 GIS 的王家寨乡村旅游地理信息系统的开发研究 [J]. 中国科技信息，（11）：106-107.

马成忠. 2009. 数字乡村地理信息系统服务平台的方案设计——以勐腊县为例 [J]. 地矿测绘，25（4）：28-32.

王俊，何正国. 2011.“三规合一”基础地理信息平台研究与实践——以云浮市“三规合一”地理信息平台建设为例 [J]. 城市规划，35（S1）：74-78.

吴智刚，张鹏涛，赵耀龙，等. 2015. 村镇区域空间规划技术集成与应用平台的设计与开发［J］. 华南师范大学学报（自然科学版），47（5）：126-133.

张鹏程，徐志杰，王明省，等. 2016. 基于 ServiceGIS 的“三规合一”共享交换平台设计与实现［J］. 地理空间信息，14（6）：38-40，49，7.

朱卫未，孙秀成. 2010. 我国新农村信息化建设的研究现状及发展趋势［J］. 南京邮电大学学报（社会科学版），12（3）：18-24.

庄奕铖，黄玲. 2011. 统一数据服务平台在电子报批系统中的应用［J］. 城市规划，35（S1）：84-87.

邹军，叶晨. 2013. 区域性城乡规划信息数据库及应用平台建设［J］. 城市规划，37（2）：31-34.

第10章 主要结论

本书立足于乡村振兴战略实施和国土空间规划体系改革的大背景，以村庄规划为研究对象，按照“多规合一”实用性村庄规划的基本要求，重构村庄规划的编制体系，并结合相关案例探索村庄规划的相关理论与技术方法，形成了以下主要结论。

1）从“以人为本，村民自治”“生态优先，绿色发展”“服务均等，公平共享”“文脉传承，留住乡愁”的价值取向出发，“多规合一”实用性村庄规划包括发展战略、产业发展、土地利用、支撑体系、人居环境整治和近期建设六方面内容的编制体系。其中，发展战略规划是村庄规划的核心环节，主要包括明确村庄性质和发展目标等；产业发展规划是村庄规划的重点，主要包括确定产业发展方向、产业发展策略、产业发展布局等；土地利用规划是实现“三生”空间和谐发展的核心举措，主要包括建设空间、农业用地、生态空间等的安排与布局，是“多规合一”的具体体现；支撑体系规划包括综合防灾规划、基础设施规划、历史文化保护规划和基本公共服务设施规划等；人居环境整治规划是提高人民生活水平、彰显村庄特色的重要措施，主要包括基础设施、建筑风貌、景观环境、公共服务设施等；近期建设规划的重点是确定村庄近期急需建设的项目，确定建设时序安排和建设投资，主要内容为确定近期建设项目，提出整治计划和时序安排及投资估算。

2）在新的发展形势下，村庄发展应积极培育壮大农村集体经济，促进第一、第二、第三产业融合发展，从而构建完善的现代农业体系。结合陕西村庄的立地条件，将村庄划分为城郊集约型、现代农业型、休闲旅游型、路域经济型和文化传承型五种基本模式。城郊集约型村庄应在不断挖掘优势资源、推进集约经营的基础上，积极承接城镇的功能转移，为城镇和周边农村提高优质化的服务。现代农业型村庄应大力推进城乡融合，促进城乡要素的互动，依托当地资源优势，优化转型农业产业体系，同时要不断推进农业产业体系整体创新能力的提升和经营环境的转变。休闲旅游型村庄应在提升设施服务水平的基础上，打造乡村休闲旅游亮点，营造“生态+”的品牌效应。路域经济型村庄应在完善配套设施和保护自然环境的基础上，围绕道路培育沿线村庄的产业体系。文化传承型村庄应不断提高村民的保护意识，健全村庄文化遗产和特色空间的管理制度，积极推进农村文化产业的发展。

3）村庄空间管控边界的划定按照用地适宜性评价—村庄发展规模预测—“两规”差异对比分析—管控边界划定的基本步骤进行，首先进行“三生”空间用地适宜性评价，对村庄用地进行整体评估和划分，基本明晰“三生”空间的适宜保护与开发区域；其次综合确定村庄未来发展的合理人口规模及用地规模；再次通过多规协同，对比差异图斑，建构“统一基础、多规协调、空间管控、一张蓝图”的编制思路；最后落实上位国土空间规划中关于“三生”空间的各项控制性指标，明确村庄保护边界与村庄建设边界，进而制定相应的管控措施。在此基础上，立足于村庄用地适宜性评价和空间管控边界的划定结果，提出村庄“三生”空间的优化策略。

4）乡村人居环境建设应以环境卫生整治、设施配套完善、建筑特色塑造及绿色家园营建为重点。其中，环境卫生整治包括生活垃圾治理、生活污水处理和卫生厕所改建三个方面，设施配套完善主要包括道路畅通安全、饮水安全提升和电网升级改造三个方面，建筑特色塑造包括危房改造、旧房整治、传统建筑保护和新建建筑指引四个方面，而绿色家园营建则主要包括门户景观营建、街巷景观美化、滨水空间营造、线缆乱拉治理和绿化水平提升五个方面。

5）村庄历史文化遗产的保护应坚持整体性、原真性、效益性和“活化态”的基本原则，按照村庄评估—明确对象—制定策略的思路对村庄历史文化遗产进行保护，并将村庄历史文化遗产保护分为自然生态空间保护、人工物质空间保护和精神文化空间保护三部分。自然生态空间保护主要涉及村庄的山水格局、农田、植被、视线通廊等要素；人工物质空间保护主要涉及街巷格局、乡土建筑、历史要素等要素；精神人文空间保护主要涉及寺庙、戏楼、酒楼、茶楼、特色食品和工艺品作坊等反映民俗文化的空间场所，码头、馆驿、商道等反映商贸文化的要素及重要革命战役、会议场所和人物故居等反映红色文化的要素等。在保护策略方面，一是创新利用方式，以用促保让文化活起来；二是完善机制体制，强化政府的引导和管理；三是加强公众，鼓励社会力量参与保护。

6）从“修复农村生态环境，塑造生态宜居乡村”的基本目标出发，坚持以人为本、因地制宜、科学修复和积极营建的原则，将保护与修复要求融为一体，从山体、水体、农田和棕地四个要素开展农村生态环境保护与修复规划。其中，山体保护包括山体轮廓保护与本体保护两个方面，山体修复主要从安全治理、生态恢复和景观塑造三个方面依次展开；水体保护包括村域内的河流、湖泊、湿地、池塘、水源及水源涵养地等的保护，水体修复主要从水体自身（沟、塘、河道）、水系周边（驳岸）和水系所处环境（流域）三个层次出发；农田保护主要包括基本农田和一般农田，不同类型农田保护和管控要求有所差异，农田生态修复则从源头保护、绿植隔离和土壤修复三个层次展开；棕地修复则主要针对工矿业废弃地、垃圾填埋地、废弃宅基地、房前屋后空闲地等进行，依据地块的类型采用不同修复措施。

7）按照“多规合一”的实用性村庄规划的基本要求，依托 GIS 数据处理、空间分析及可视化表达功能，村庄空间规划及建设管理信息平台总体架构包括基础设施层、数据资源层、平台服务层和应用系统层四个方面。